U0887155

化学工业出版社"十四五"普通高等教育规划教材

果品蔬菜采后贮藏学

任廷远　朱玉苹　主编

化学工业出版社
·北京·

内容简介

《果品蔬菜采后贮藏学》主要介绍了果蔬的质量与质量评价、采后生理、采收和采后处理、贮藏方式与设备、贮藏技术、贮藏病害以及鲜切果品蔬菜贮藏及保鲜、生鲜果蔬冷链保鲜与物流品质监测技术等内容。本书以工程应用为导向，力求理论与实践结合，应用现代技术手段，解决鲜果蔬贮藏难题，确保市场供应和助力乡村振兴。

本书可作为高等院校食品科学与工程、食品质量与安全、食品营养与健康、园艺、农学、林学、植保等专业师生教材，也可作为食品科学、食品工程、农产品质量管理、农产品贸易等方面的科研、管理人员的参考用书。

图书在版编目（CIP）数据

果品蔬菜采后贮藏学 / 任廷远，朱玉苹主编 . 北京：化学工业出版社，2025. 8. --（化学工业出版社“十四五”普通高等教育规划教材）. -- ISBN 978-7-122-48408-6

Ⅰ. TS255. 3

中国国家版本馆 CIP 数据核字第 2025BH7032 号

责任编辑：尤彩霞　　文字编辑：白华霞
责任校对：宋　夏　　装帧设计：韩　飞

出版发行：化学工业出版社
（北京市东城区青年湖南街 13 号　邮政编码 100011）
印　　装：河北延风印务有限公司
787mm×1092mm　1/16　印张 12¾　字数 310 千字
2026 年 1 月北京第 1 版第 1 次印刷

购书咨询：010-64518888　　售后服务：010-64518899
网　　址：http://www.cip.com.cn
凡购买本书，如有缺损质量问题，本社销售中心负责调换。

定　　价：45.00 元　

前 言

果品蔬菜采后贮藏学是高等院校食品类相关专业的必修专业课之一，该课程主要介绍果品蔬菜原料的采后生理结构与贮存技术等基础知识，课程内容以果品蔬菜采后生态与病害知识为依据，以果品蔬菜的实际保鲜作业与任务为基础，以工程化运用为目的，力求搭建起教学和实际应用之间的桥梁。学生通过该课程的学习，可以掌握果蔬采后的基本理论和生产管理方法，提高工程化应用及解决果蔬贮藏领域问题的能力，以便将来在工作中能够提高果蔬采后处于新鲜条件下的优异性能。

果品蔬菜采后贮藏学是研究生鲜果蔬贮藏与保鲜的一个重要应用学科，该学科以植物学、微生物学、植物生理学、物理学、化学、制冷技术等为基础知识。

随着现代化与工业化的进步，食品工业发生了巨大的变化。人们对食物的需求日益多样化，应用现代技术手段，解决鲜果蔬贮藏难题，有助于确保市场供应和推动乡村振兴。清洗消毒技术（超声波技术、天然植物源清洗消毒剂）、新型冷杀菌技术（低温等离子体技术、辐照技术），以及防腐保鲜剂、活性包装膜、磁场保鲜技术、分子保鲜技术等，已在国内外果蔬基地和贮运业得到全面应用，编者在市场调研基础上结合多年的科研实践及教学经验编写本书。

全书由任廷远、朱玉苹统稿，其中任廷远（贵州大学）编写了第 1 章、第 3 章、第 6 章、第 8 章、第 9 章；朱玉苹（贵州医科大学）编写了第 2 章、第 5 章、第 7 章、第 10 章；谢姣（贵州医科大学）编写了第 4 章。李呗、赵子怡、罗天婷、徐佳琪、潘雪、王品杰、卢悦悦等参与了资料整理。

鉴于时间仓促，编者水平有限，书中疏漏之处在所难免，敬请读者批评指正。

编者

2025 年 6 月

目 录

第1章 绪论

1.1 果品蔬菜采后贮藏保鲜的意义

果品蔬菜即为水果和蔬菜，它内部蕴含人体所必需的一些维生素、无机盐以及植物纤维，是人类不可缺少的营养之源。果蔬产品种类繁多，分布广，生产较为分散。目前，市场上除了大量的“生鲜果蔬”外，为了适应消费者的多样化需求，还包括“鲜切果蔬”“半加工果蔬”“最小化加工果蔬”等。果品蔬菜是人们日常生活中不可或缺且无法替代的重要食品。同粮食等大宗农产品一样，果蔬也是世界上产量较高的一类农产品。我国作为果蔬生产大国，栽培历史悠久，果蔬种类繁多。我国自改革开放以后，全国果蔬产量不断攀升，果品蔬菜总产量占据世界首位。

果品蔬菜采后贮藏是果蔬产业健康发展的关键环节，果蔬市场的不断发展给现有的采后贮藏技术提出了新的挑战。而稳步推进采后贮藏技术的创新是减损、增产、增值的有效途径，同时，建立果蔬贮藏标准化体系是确保农民收入和产量稳定增长的基础。

1.1.1 果品蔬菜营养价值高

果品蔬菜是食品不可分割的部分，果品蔬菜在日常饮食中占比较大。同时，果品蔬菜又是食品生产的原料，果蔬营养品质直接影响加工食品和日常膳食的质量。果品蔬菜是良好的微量营养素来源，能够提供多种维生素（包括维生素前体）和矿物质。相比主食类食物，果品蔬菜热量低，膳食纤维含量丰富，不仅能够向人体提供微量营养素，还可以提供某些植物活性成分。如，蔬菜含有较多的有机酸、芳香物质和色素等成分，使蔬菜具有良好的感官性质，对增进食欲、促进消化、赋予食物多样化具有重要意义。水果中的有机酸含量丰富，能刺激人体消化腺分泌，有利于食物消化。同时水果中的各种维生素是大多数酶的辅酶，如维生素 B_6 能够参与氨基酸脱羧、色氨酸合成、含硫氨基酸代谢和不饱和脂肪酸代谢等。此外，水果中还含有黄酮类物质、芳香物质、香豆素、D-柠檬萜等植物化学物，这些物质具有特殊生物活性。现研究发现，适当增加果品蔬菜食用量可以有效控制能量过剩问题，同时还可以改善某些人微量营养素缺乏状况。

1.1.2 调节市场与供需平衡

果品蔬菜的生产具有明显的季节性，在不同的季节需求和供应都会发生变化。如，许多果品蔬菜成熟期大多在8～10月份，水分含量高、营养丰富、体积较大、质地鲜嫩；同时此阶段气温较高，不科学的采收及采后不及时进行适宜的贮藏，极易导致腐败。我国幅员辽阔，各地区气候、土壤、水源等自然条件差异较大，不同地区适宜种植的果蔬品种也存在差异。

果品蔬菜生产需充分考虑市场需求和消费者偏好。坚持“以市场为导向、以质量为中心”的原则，以种植-加工-销售一体化管理模式，依靠先进的科学技术，除了在果蔬生产中采取新品种选育，早熟、中熟、晚熟品种配套，保护地生产等措施之外，还需要通过运输、贮藏的方法来调节供需的时空矛盾。因此，合理的贮藏保鲜、运输流通也能增加果蔬生产的经济效益和社会效益。

1.1.3 促进果蔬采后处理技术以及商品化技术的研发

果蔬商品化加工的前提条件是采后处理技术与能力，采后处理效率的提高能够有效提升果蔬流通速度，进而加快商品化加工速度。先进的采后处理技术能够降低生产成本，提高利润。例如，改变以往传统的人工处理方式，利用红外线扫描等方式处理果蔬，可提高果蔬采后处理效率，减少不必要的资源浪费。另外，可以适当加大半成品果蔬、果蔬干等商品果蔬的比重，提高大众对半成品果蔬的接受度。当前，我国果蔬的商品化加工产业链逐步完善，使用高新技术处理果蔬越来越频繁，果蔬商品化处理水平得以提高。在未来的技术研究中，应加大对加工装备制造技术的研发力度，扩大果蔬产业的发展空间。

1.1.4 果蔬消费空间大且果蔬采后贮藏可提高经济效益

根据我国居民膳食指南建议，每天需摄入200～400g的果品及300～500g的蔬菜[1]。医学杂志《柳叶刀》发布的全球饮食报告显示，由于饮食结构问题造成全球20%的死亡案例，我国存在的果蔬消耗不足问题尤为突出，死亡案例占比更高[2]。这意味着我国人均果蔬消费还有很大的提升空间，果蔬保鲜贮藏的研究工作显得尤为迫切和重要。

1.1.5 提高就业率并促进地方经济和区域性高效农业产业发展

发展地方农业优势和特色产业，积极推动果蔬贮藏及加工，提升产品附加值，实现农业资源多渠道的开发利用，对增强出口创汇能力及带动产业发展具有重要意义。此外，果蔬贮藏及加工的发展可将就业岗位留在当地，为城乡居民解决就业难题，从而可加快推进地方经济及农业产业发展进程。与此同时，通过实现农民增收，农业增效，推动区域性经济与社会可持续发展，对缓解“三农”问题具有举足轻重的现实意义。

1.2 国内外果蔬贮藏保鲜技术发展现状

生物技术的不断进步促进了果蔬贮藏技术的提升，果蔬贮藏技术在果蔬产业化生产过程中起到了至关重要的作用，能够保证产品损失率低、价值稳定。

1.2.1 我国果蔬贮藏保鲜技术发展现状

经过长期生产实践，国内的果蔬贮运加工业积累了不少宝贵经验，贮藏保鲜技术得以完善，适用于各种果蔬的贮藏技术逐渐问世，例如低温保鲜、冷杀菌保鲜、涂膜保鲜、保鲜剂保鲜等。目前，果蔬贮藏保鲜行业采用了多种生物涂膜剂、化学杀菌剂和生物活性调节剂等保鲜技术，可有效延长果蔬贮藏周期。另外，部分前沿高新技术也正在逐步向果蔬贮藏保鲜领域靠拢。

1.2.1.1 冷藏保鲜技术

冷藏保鲜的目的是抑制微生物的滋生及繁衍，从根本上降低病原菌危害和果蔬腐烂的发生率，延缓果蔬变质速度，以实现延长果蔬贮藏期和保持其新鲜程度的目标。在冷藏过程中应避免果蔬冷害、冻害及耐低温细菌的生长繁殖。

1.2.1.2 气调贮藏保鲜

气调贮藏分为自发气调贮藏和人工气调贮藏两种形式。气调贮藏通过调节气体组分来达到贮藏保鲜的效果，采用低温、低氧和增加 CO_2 浓度来减缓果蔬养分的损耗和代谢活动，抑制微生物的滋生和繁衍，从而有效延缓果实的衰败，并使其保持较高新鲜度。

1.2.1.3 减压贮藏技术

减压贮藏又可称为低压贮藏、真空贮藏，其工作原理是将放置果蔬的密闭环境中的空气抽净，使内部压力降至常压的 10%以下，同时根据果蔬特性调整 O_2 浓度、湿度及气压条件，以此降低果蔬的蒸腾作用及呼吸强度。减压贮藏被誉为“21 世纪的保鲜技术”，相较于气调保鲜技术和冷藏技术，其具有降氧迅速、能耗低、杀菌高效、净化便利等优点，在果蔬贮藏领域应用广泛。

1.2.1.4 防腐保鲜剂技术

防腐保鲜剂利用化学方式消灭果蔬中的细菌，可在果蔬表面形成保护膜以防细菌再滋生，从而达到降低腐烂率及延长保鲜期的效果[3]。市面上有多种类型的防腐保鲜剂可供选择，包括植物生长调节剂、苯并咪唑及其衍生物等数十种。此外，防腐保鲜剂技术仍在不断进步和探索中，以实现能耗低、无副作用、无污染等多功能防腐的目标。

1.2.1.5 臭氧保鲜技术

臭氧本身具有较强的氧化性，能迅速有效地将 C_2H_4 分解为 CO_2 和 H_2O，减缓果蔬新陈代谢过程及熟化度，同时可在微生物内部与细胞组分发生不可逆反应，进而达到消灭微生物的效果。此外，臭氧对果蔬组织创伤具有愈合作用，可增强机体抵抗力，延长果蔬寿命及贮藏期。

1.2.1.6 辐射贮藏保鲜技术

辐射贮藏及保鲜系统采用 ^{137}Cs、^{60}Co 等高放射性元素辐射出的 X 射线或 γ 射线，使电子透过生物体，导致果蔬的水分及其他成分电离形成高分子的游离基，进而彻底去除袋装及散装果蔬中的病菌和害虫，以保护果蔬新鲜度。辐射贮藏工艺安全、无化学物质添加、能耗小，经过辐射处理后的水果在口感、色泽和外观上被完整地保留下来，有利于长久贮藏。

1.2.1.7 生物保鲜技术

生物保鲜技术的本质是利用微生物与青霉菌、绿霉菌等病原菌的拮抗作用，在果蔬营养和空间上产生竞争关系，以抑制有害微生物的滋生及繁衍，进而达到保持果蔬原有品质的效果。相较于其他方法而言，生物保鲜技术具有一定优势，如对贮藏环境要求低、无污染、易控制、低能耗、低成本等，适用于各种类型的水果和蔬菜进行保鲜处理。

1.2.1.8 微酸性电解水

微酸性电解水的主要灭菌成分为次氯酸分子，其制取方便、绿色环保、成本低、无毒害，可做到瞬时杀菌，安全高效，已相继在果蔬领域开展大量研究，有利于促进保鲜行业的高效发展。

1.2.2 国外果蔬贮藏保鲜技术发展现状

果蔬采后损失可能由多种因素引起，包括处理不当、缺乏预冷、贮存温度控制不当、存在微生物病原体等。国外在果蔬贮藏保鲜技术上也在不断寻找和开发可持续的解决方案。

1.2.2.1 脉冲光技术

脉冲光主要通过紫外线的杀菌作用灭活微生物，特别是UVC会破坏微生物DNA和蛋白质，导致细胞死亡。该技术属于非热微生物灭活方法，功率高，持续时间短，可以更快更有效地杀灭微生物，并保留果蔬原来的质地和营养成分。

1.2.2.2 冷等离子体技术

等离子体是物质的第四种状态，是通过对气体施加热量、电磁场或电压而产生的。气体在电离、激发和解离作用下产生活性物质，如带电粒子、自由基和紫外线辐射，可达到延长果蔬保质期的目的。

1.2.2.3 纳米技术

食品包装中的纳米材料包括铜纳米颗粒、金纳米颗粒、铂纳米颗粒、银纳米颗粒和氧化锌纳米颗粒等，银纳米颗粒绿色合成，工艺简单，杀菌高效，抗菌效果明显，在延长果蔬保质期的同时也可提高经济效率。

1.2.2.4 涂膜技术

涂膜技术的原理是在果蔬表面涂抹可食用涂料，用于形成薄膜屏障，以控制果蔬水分流失，降低呼吸速率及乙烯产生，并抑制微生物活动。应用最为广泛的涂料有壳聚糖、果胶、纤维素、淀粉，可采用浸入、喷洒、刷涂、洗淘等方式处理果蔬，延长保质期。

1.2.2.5　纳米乳剂涂料

食用性纳米乳剂涂料在油相中可有效地封装天然抗氧化剂或抗褐变化合物，如类胡萝卜素、α-生育酚，与单独使用抗氧化剂相比，纳米乳剂涂料可以最大限度地降低果蔬的褐变指数。

为了促进贸易发展及降低劳动者的损失，国家和政府需要采取有效措施来促进果蔬贮藏保鲜技术的发展，这对提高果蔬品质及促进农业产业链的可持续健康发展具有重要意义。

1.3　果品蔬菜贮藏的现状及存在问题

1.3.1　设施贮藏保鲜能力不足

我国北方果蔬产量虽增长迅速，但是很多地区在果蔬采摘后的分选及分级、清洗、预冷、冷藏和运输等环节中面临着基础设施及经济条件不足的问题，导致在后续的流通过程中损失惨重。据统计，2022 年我国蔬菜产量超 7.99 亿吨，水果产量超 3.13 亿吨，但因采后处理不当，造成的损失高达 2.7 亿吨，约占总产量的 25%，相当于浪费约 866.7 万公顷耕地[4]。尤其是北方寒冷地区，果蔬保鲜技术的研究及应用较为薄弱，传统方式贮藏效果并不理想。因此，对果蔬采后引发的问题应给予足够重视。

1.3.2　品种结构不合理

鲜食果蔬品种单一且老化，品种自身结构不合理。其重要原因归咎于配套的贮藏保鲜技术不够齐全，例如苹果、梨、葡萄、大蒜、洋葱等优良品种因为没有配套的贮藏技术而不能量产。

1.3.3　缺乏完善的规范标准

直至目前，我国果蔬贮藏标准屈指可数，仅有《蒜薹简易气调冷藏技术》《苹果冷藏技术》《海棠贮藏技术》及《鲜食葡萄冷藏技术》等几部，大部分果蔬的贮藏保鲜几乎是推荐性标准，没有可执行标准，当前果蔬市场仍存在运作混乱等问题，需进一步加强监管力度。

1.3.4　技术研究投入不足

部分传统的水果种植区域，与二十年前相比，技术水平并没有太大差异。果农只是简单地增加了农药和肥料的投入，成本也随之上升，但水果的质量和产量并未得到改善，导致传统优质水果产地逐渐失去市场竞争优势。尽管一些地区开始重视果蔬贮运技术，但整体投入力度不够，并且忽视了贮运技术研究及新品种的保鲜，使得新品种的发展和推广受到限制。

1.3.5　缺乏专业人才

各领域的发展与进步都离不开专业人才，果蔬贮藏保鲜领域亦是如此，但大部分个体户都是依据自身经验对果蔬进行贮藏，对新兴技术及设备的应用不重视，间接反映了果蔬贮运管理缺乏专业人才。专业人才的缺乏对果蔬产业可持续发展造成了严重影响。

1.4 发展果品蔬菜贮藏的对策

随着果蔬贮藏保鲜行业的不断进步，预计该行业将继续以迅猛的速度发展。目前，发展我国果蔬贮藏保鲜业的主要对策包括以下几方面。

1.4.1 把控源头果蔬原料

果蔬原料应具备适宜的成熟度、完好的外观，并且无机械损伤、无病虫害。采前、采时、采后越注意果蔬品质的把控，越有利于延长保鲜时长。

1.4.2 加大政府政策扶持

政府主管部门要制定具体的扶持惠农政策，整合相关项目资金，加大对果蔬保鲜设施建设的支持力度；引导、扶持农业龙头企业、农民专业合作社等经营主体建设移动式冷库或箱式冷藏车；有关部门要落实农业用电政策，切实保障果蔬保鲜库用电，以便最大限度地减少果蔬采后损失，保证果蔬品质；制定标准化措施，确保果蔬在贮藏保鲜期间的营养品质，降低损耗量，延长贮藏期。

1.4.3 加强标准体系建设

当前的果蔬市场建设依旧存在体系建设不健全的问题，应结合果蔬市场的发展特点，以不断提升目前果蔬保鲜水平为目标，结合保鲜工作的性质，进一步加大果蔬贮运标准体系的建设力度。此外，对于不符合现阶段发展要求的标准应及时做出整改，以便后续工作的顺利开展。

1.4.4 培养专业技术人才

果蔬产业经营者应加大专业人才的培养力度，不断增强相关工作人员对果蔬保鲜的重视程度，使其提高知识储备，掌握要领技术，培养创新意识，提高管理能力，以促进我国各地区果蔬产业的可持续发展。

1.5 果品蔬菜贮藏的发展趋势

我国是果蔬生产大国，果蔬年产量极大，果蔬生产已然成为农村经济发展的重要产业。因此，做好果蔬贮藏保鲜工作对我国乡村振兴、农业发展以及提高人民群众的生活水平具有重要的指导意义。

1.5.1 建立健全保鲜系统

我国的果蔬总产量正在逐年提高，但是从贮运能力上来看却较为落后。除此之外，每年由于腐烂而导致的损失也是一个不小的数目，这就要求我们必须建立一个完善的保鲜系统，确保果蔬损失率能够得到有效控制。

1.5.2 推动果蔬贮藏发展的多样化

在我国消费能力不断提升的背景下，大众对于果蔬也有了多样化要求，特别是部分地方性的果蔬，其贮运与保鲜必定会成为日后研究的重点，这也会推动贮运行业的发展。

1.5.3 开发天然性或植源性贮藏保鲜技术

从长期发展的观点来看，天然保鲜剂具有良好的发展前景，所以要求我们将精力集中在天然保鲜剂的研究与应用上。

1.6 本课程的特点及学习要求

果品蔬菜采后贮藏学研究的领域甚是广泛，要做好果蔬采后的保鲜与贮藏工作，并使之不断地发展提高，就必须具备植物学、蔬菜学、果蔬病理学及采后生理学、食品营养学、制冷学、有机化学等相关学科的基本知识，还应关注各学科间的相互渗透及最新研究成果的应用，以为我国果蔬贮运保鲜业发展奠定坚实的知识基础。

参考文献

[1] 商义，李玲，商雨寒．论饮食观念平衡对居民营养健康的重要性——评《中国居民膳食指南》[J]．中国社会医学杂志，2024，41 (04)：430.

[2] 姜飞熊．《柳叶刀》发布全球吃饭报告 [J]．中华针灸电子杂志，2019，8 (04)：170.

[3] 华雪兰．鲜切果蔬加工工艺与保鲜技术分析 [J]．农业开发与装备，2022 (09)：210-212.

[4] 赵靓，田世平，郜海燕，等．果蔬茶贮藏与加工过程品质调控研究现状及趋势 [J]．中国食品学报，2024，24 (05)：19-29.

第2章

果品蔬菜的质量与质量评价

2.1 果品蔬菜的质量

果蔬质量定义涵盖多维特性，依据国家标准《质量管理体系　基础和术语》（GB/T 19000—2016），指果蔬固有特性满足要求的程度。质量评估涉及外观、口感、营养、安全性等方面，非单一维度考量。实践中，果蔬质量分为四个主要方面：卫生质量、感官质量、营养质量、商品化处理质量。各方面需明确具体质量特性值，并制定相应标准体系，以此作为果蔬质量分级依据。

2.1.1 卫生质量

在现代社会，随着健康意识觉醒与生活品质提升，人们越发注重食品卫生质量和营养价值。果蔬是日常饮食的重要部分，其卫生质量关乎消费者健康安全。因为生产标准严格、化学残留低，人们倾向选择有机、绿色和无公害食品。卫生质量是衡量果蔬品质的关键指标，表面清洁度、农药残留、重金属及亚硝酸盐等有毒有害物质含量共同构成果蔬卫生质量全貌，影响人体健康。果蔬表面尘土、杂质及微生物污染可能威胁食用者健康甚至引发疾病。所以，确保果蔬清洁安全是农业生产者的责任，也是食品供应链各环节须遵守的标准。新鲜果蔬卫生质量主要从农药残留、重金属污染和微生物污染三方面阐述。

2.1.1.1 农药残留情况

农药残留对人体健康有急性和慢性风险。一是可能导致胃肠道疾病，残留物在消化系统积聚可引起慢性腹泻、恶心等。二是肝脏需超负荷分解毒素，长期易致肝硬化、肝积水等病变。三是可能使身体免疫力下降，影响神经系统，甚至影响生殖系统和胎儿发育。

为控制果蔬农药残留、保障食品安全，国家颁布严格标准。如《食品安全国家标准　食品中农药最大残留限量》（GB 2763—2021），涵盖多种食品，明确规定不同农药在果蔬中的最大残留限量。国家还不断修订完善该标准，并制定相关标准规范，如《农产品质量安全监测管理办法》《农药管理条例》等。对于相同农产品，不同质量标准等级下，允许的农药类型及残留限度有差异。

无公害果蔬是产地环境、生产过程和产品质量符合国家有关标准和规范的要求，经认证合格获得认证证书并允许使用无公害农产品标志的未经加工或者初加工的食用农产品[1]。无公害果蔬注重生产过程中的环境保护与农产品质量安全保障。产地环境须符合生态标准，土壤、水源和空气不能被严重污染。生产中合理使用农业投入品，采用科学种植和管理技术，确保果蔬有一定产量的同时，将农药残留、重金属含量控制在安全范围，以保障消费者食用安全。

无公害果蔬生产所用农药须符合《食品安全国家标准　食品中农药最大残留限量》(GB 2763—2021) 规定，且遵守无公害农产品管理要求。允许使用生物农药、矿物源农药及低毒低残留化学农药，如苏云金杆菌、苦参碱、波尔多液、石硫合剂、吡虫啉、啶虫脒等；禁止使用高毒高残留农药，如六六六、滴滴涕等。该标准详细规定了不同种类农药在各种果蔬中的最大残留限量。例如，有机磷类农药敌敌畏在苹果中的最大残留限量为 0.1mg/kg。蔬菜禁用甲胺磷、氧化乐果、克百威等农药，对允许使用的吡虫啉、啶虫脒、氯氰菊酯等也有相应限量。以黄瓜为例，禁用甲胺磷、对硫磷等，吡虫啉、啶虫脒最大残留限量均为 1mg/kg。这些限量值通过综合考虑农药毒性、人体每日允许摄入量及果蔬消费情况确定。此外，标准还规定了甲胺磷等 29 种禁用农药的 792 项限量值、氧化乐果等 20 种限用农药的 345 项限量值。

无公害果蔬生产使用农药须遵守一系列准则：依据农药标签说明，选择适合的果蔬种类使用；严格按推荐剂量使用，不得超量；遵守安全间隔期，确保农药残留安全；优先采用农业措施，如作物轮作、生物防治等，减少化学农药使用；特殊情况下选用对环境和人体健康影响较小的农药，并采用适当施药技术。此外，无公害农产品生产和销售须经相关部门认证，包装有标识，便于消费者识别其安全性。

绿色食品是我国对无污染、安全、优质食品的总称，它是指产自优良生态环境，按照绿色食品标准生产，实行全程质量控制，并获得绿色食品标志使用权的产品[1]。绿色食品标准体系涵盖从生产到消费全过程，包括产地环境、生产技术、产品、包装贮运等标准。绿色食品分为 AA 级和 A 级。AA 级不使用化学合成物质，A 级允许限量使用限定化学合成物。绿色食品生产中农药残留量须符合《食品安全国家标准　食品中农药最大残留限量》(GB 2763—2021)。AA 级允许使用生物源、矿物源农药，A 级允许在一定条件下使用更多农药品种，但要遵循使用准则和残留限量标准。

绿色食品标准限制部分农药使用，对残留限量要求更严格。如《绿色食品　农药使用准则》(NY/T 393—2020) 规定了绿色食品生产和贮运中的有害生物防治原则、农药选用及使用规范和残留要求等。该准则修订调整农药种类时综合考虑环境、土壤、有益生物（水生生物、天敌昆虫尤甚）、害虫抗药性及终产品安全等因素。该准则下允许用于绿色食品的农药有 141 种，其中原执行标准中允许使用的 23 种被删，36 种为新增。虽农药种类增多，但用药要求未降低，还增加残留限量项目并制定严格指标。例如，《绿色食品　茄果类蔬菜》(NY/T 655—2020) 新增 17 项，《绿色食品　绿叶类蔬菜》(NY/T 743—2020)、《绿色食品　白菜类蔬菜》(NY/T 654—2020)、《绿色食品　根菜类蔬菜》(NY/T 745—2020) 等标准新增 7 项。绿色食品产品标准相较于《食品安全国家标准　食品中农药最大残留限量》(GB 2763—2021)，农药残留限量指标更严格。例如烯酰吗啉在大白菜上，GB 2763—2021 中无残留限量要求，而《绿色食品　白菜类蔬菜》要求最大残留限量为 0.01mg/kg[2]。

为了与国际标准接轨并确保果蔬产品的安全性，我国采取了一系列措施来管理和控制农药残留。我国发布的《食品安全国家标准　食品中农药最大残留限量》(GB 2763—2021)，不仅涵盖了国内批准使用的农药品种，而且限量数量达到国际食品法典委员会 (CAC) 相关标准的近2倍。同时，还加强了农药残留的风险评估和监测工作，以确保农药残留量在安全范围内。这包括对农药残留进行跟踪评价和修订，以及建立风险评估的技术和数据基础。

2.1.1.2 重金属等有毒有害物质污染情况

重金属指密度大于4.5g/cm^3 的金属元素，如铅、镉、汞、铬、砷等，其在环境中难降解，易在生物体内积累，危害人体健康。蔬菜和水果是人类接触重金属的常见来源，占金属摄入量的90%，其余来自皮肤接触和吸入灰尘污染。在不同的种植系统中，温室栽培系统的果蔬健康风险相对较高[3]。中国有超410万公顷农田用于温室栽培，使其成为重金属污染关注点[4]。

果蔬中重金属污染主要源于工业“三废”排放及农业生产中化肥、农药使用。工业活动产生的废气、废水和固体废物含有重金属，会进入土壤和水体，污染果蔬生长环境。使用未经处理或处理不达标的污水和废水灌溉农田也会导致土壤和果蔬受污染。农业生产中农药、化肥和有机肥不当使用，尤其是含重金属的有机肥（如饲料添加剂含有的重金属导致畜禽粪便中重金属积累），均会污染土壤进而造成果蔬重金属污染。

为保障食品安全和人体健康，我国颁布了《食品安全国家标准　食品中污染物限量》（GB 2762—2022），其规定了食品中多种污染物限量指标，涉及新鲜水果蔬菜的有铅、镉、汞、砷、铬、亚硝酸盐等，其限量指标见表2-1。同时，规范果蔬种植条件，如种植地环境空气质量应符合《环境空气质量标准》（GB 3095—2012）二级标准，灌溉水质量应符合《农田灌溉水质标准》（GB 5084—2021）规定，土壤环境质量应符合《土壤环境质量　农用地土壤污染风险管控标准（试行）》（GB 15618—2018）规定，该标准对土壤中污染物含量进行规定并分级。此外，《无公害农产品　种植业产地环境条件》（NY/T 5010—2016）针对无公害农产品种植的土壤和灌溉水中重金属含量设定限量指标。

表2-1　水果蔬菜中污染物限量指标（GB 2762—2022）

污染物	食品类别/名称	限量/(mg/kg)
铅(以Pb计)	新鲜蔬菜(芸薹类蔬菜、叶菜蔬菜、豆类蔬菜、薯类除外)	0.1
	叶菜蔬菜	0.3
	芸薹类蔬菜、豆类蔬菜、薯类	0.2
	新鲜水果(蔓越莓、醋栗除外)	0.1
	蔓越莓、醋栗	0.2
镉(以Cd计)	新鲜蔬菜(叶菜蔬菜、豆类蔬菜、块根和块茎类蔬菜、茎类蔬菜、黄花菜除外)	0.05
	叶菜蔬菜	0.2
	豆类蔬菜、块根和块茎类蔬菜、茎类蔬菜(芹菜除外)	0.1
	芹菜、黄花菜	0.2
	新鲜水果	0.05
汞(以Hg计)	新鲜蔬菜	0.01
砷(以As计)	新鲜蔬菜	0.5
铬(以Cr计)	新鲜蔬菜	0.5
亚硝酸盐(以$NaNO_2$计)	腌渍蔬菜	20

2.1.1.3 微生物污染情况

果蔬中的微生物污染是指果蔬在生长至销售等过程中，受各种微生物侵袭污染，致表面或内部存在有害微生物，如细菌、真菌、病毒等。这些微生物可引起果蔬腐烂变质，降低品质和营养价值，还可能威胁人体健康，引发食物中毒等疾病。微生物污染分采前和采后污染。采前污染源于种植环境的土壤、灌溉水等，粪肥、污水污泥、灌溉水及动物粪便等可成为病原微生物的主要来源，堆肥不当、未处理粪便和受污染昆虫也可能致污。采后污染来自贮藏、加工及运输环节，如净化不充分的水、鲜切处理、被感染工人接触等。果蔬中主要致病性微生物的污染源如表 2-2 所示。

表 2-2　果蔬中主要致病性微生物的污染源

致病性微生物	污染源
沙门氏菌(*Salmonella*)	动物粪便、受污染的水源、加工过程中的交叉污染
李斯特菌(*Listeria monocytogenes*)	加工设备、冷藏设施、土壤
大肠杆菌(*Escherichia coli*)	动物粪便、灌溉水、人类接触
志贺氏菌(*Shigella*)	人类和动物粪便、受污染的水源
金黄色葡萄球菌(*Staphylococcus aureus*)	加工人员、加工设备、包装材料
曲霉菌(*Aspergillus*)	土壤、空气中的孢子、贮存条件不当
酵母菌(Yeast)和霉菌(Mould)	土壤、空气中的孢子、不当的贮存和加工条件
诺如病毒(*Norovirus*)	人类接触、受污染的水源
空肠弯曲菌(*Campylobacter jejuni*)	家禽、受污染的水源
副溶血性弧菌(*Vibrio parahaemolyticus*)	受污染的水源、海产品交叉污染
军团菌(*Legionella*)	水冷却系统、加湿器、水雾

为保障果蔬质量安全，国家出台一系列标准规范果蔬中微生物限量。如《食品安全国家标准　预包装食品中致病菌限量》（GB 29921—2021）规定了包括果蔬常见致病菌（如沙门氏菌、金黄色葡萄球菌等）的限量要求，明确了不同食品类别中致病菌限量指标。此外，因农药使用可能影响果蔬微生物群落，进而可间接影响微生物污染情况，《食品安全国家标准　食品中农药最大残留限量》（GB 2763—2021）规定了果蔬中农药残留限量。

2.1.2　感官质量

现代消费者对食品品质要求高，不只关注营养成分，更注重感官体验。食品质量好坏常体现于感官性状，用感官指标鉴别食品简便、灵敏且实用。如消费者选水果，关注甜度、酸度等口感及色泽、香气等指标。

感官质量是人们通过视、嗅、味、触对果蔬外观、色泽、气味、口感、质地综合评价的结果。外观包括形状、大小、颜色、表面光洁度、有无损伤和病虫害等，良好外观应无损伤、无病虫害且表面光洁。色泽反映果蔬成熟度和新鲜度。气味可体现果蔬的品种、成熟度和新鲜度。口感包括果蔬的甜度、酸度、苦味、涩味、多汁性等。质地是指果蔬的组织结构和硬度、脆度、柔软度等。质地良好的果蔬应该具有坚实、脆嫩或柔软的口感。以 NY/T 844—2017《绿色食品　温带水果》为例，其规定了多种果品的感官要求，如苹果、梨、桃、草莓、山楂等，应符合表 2-3 要求。

表 2-3　感官要求

<table>
<tr><th>项目</th><th>要求</th><th>检验方法</th></tr>
<tr><td>果实外观</td><td>具有本品种固有的形状和成熟时应有的特征色泽；果实完整，果形端正，整齐度好，无裂果及畸形果；新鲜清洁，无可见异物；无霉（腐）烂，无冻伤及机械损伤；无不正常外来水分</td><td rowspan="4">品种特征、成熟度、色泽、新鲜度、清洁度、霉（腐）烂、冻伤、机械损伤和病虫害等用目测法进行检验；气味和滋味采用鼻嗅和口尝方法进行检验</td></tr>
<tr><td>病虫害</td><td>无病果、虫果，无病斑，果肉无褐变</td></tr>
<tr><td>气味和滋味</td><td>具有本品种正常的气味和滋味，无异味</td></tr>
<tr><td>成熟度</td><td>发育充分、正常，具有合适市场或贮存要求的成熟度</td></tr>
</table>

2.1.3 营养质量

果蔬是人体所需维生素、矿物质与膳食纤维的重要来源，果蔬还含有大量水分、碳水化合物（即糖类）、有机酸、蛋白质等维持人体正常生命活动所必需的营养物质[5]。随着人们健康意识的不断增强，果蔬在人们膳食营养中的作用也日趋突出。

2.1.3.1 水分

水分在果蔬中至关重要，可影响口感、质地和营养价值，对贮存、运输和加工也有重要作用。其中，自由水占果蔬总水分70%～90%，游离于细胞间隙和液泡，流动性强，易蒸发，能溶解营养物质，便于人体吸收，也是新陈代谢的重要介质。结合水占总水分10%～30%，可与亲水性物质结合，流动性差，不易蒸发和结冰，对果蔬结构和稳定性起重要作用。当果蔬中的结合水被破坏时，果蔬会出现失水、变软、萎缩等现象。

水分对果蔬口感和质地至关重要。充足的水分使果蔬鲜嫩多汁，适口性增加，此外，水分还影响硬度等质地特性。如新鲜黄瓜口感清脆，失水则绵软。果蔬水分可溶解营养物质，便于人体吸收，也能参与生化反应，维持营养价值，如维生素C发挥抗氧化作用需要水分的参与。水分含量影响果蔬贮存和运输，过高会加速腐烂变质，贮存运输中需采取冷藏、干燥等措施控制水分含量。果蔬水分含量和存在形式对加工性能也有重要影响，如果蔬汁加工需提取自由水以提高产量和品质。

2.1.3.2 碳水化合物

果蔬组织中的碳水化合物主要包含可溶性糖、淀粉、纤维素、半纤维素和果胶类物质等[6]，是干物质的主要成分。

（1）可溶性糖　葡萄糖、果糖和蔗糖是主要可溶性糖类物质，其含量常作为衡量果蔬成熟度和品质的重要指标。随着果蔬成熟，可溶性糖含量逐渐增加。在水果中，可溶性糖含量提高会使甜度增加、酸度降低、口感改善，如成熟葡萄口感甜美，未成熟则酸涩。对蔬菜而言，可溶性糖含量也影响品质，如番茄成熟时可溶性糖含量增加，味道更浓郁，口感更好。较高可溶性糖含量可提高果蔬渗透压，抑制微生物生长，延长贮藏期。此外，可溶性糖还影响果蔬加工性能，如制作果酱、果汁时，可溶性糖含量高的果蔬可生产出更浓稠、口感更好的产品。

（2）淀粉　淀粉含量和性质影响果蔬口感与质地。高淀粉含量的果蔬未成熟时质地硬、口感差，成熟过程中淀粉水解为可溶性糖类，质地变软、口感变好，如香蕉后熟期淀粉持续水解为低聚糖和单糖，使食用品质提升。

（3）纤维素和半纤维素　纤维素和半纤维素都是植物细胞壁的主要构成部分，对组织起着支持作用[7]。例如，芹菜、芦笋等蔬菜纤维素含量高，质地硬，口感清脆。而一些水果，如草莓、蓝莓等，纤维素含量相对较低，质地较软，口感较为细腻。纤维素虽不能被人体消化吸收，但可促进肠道蠕动，增加粪便体积，预防便秘等肠道疾病。半纤维素在植物体中有着双重作用，既有类似纤维素的支持功能，又有类似淀粉的贮藏功能。

（4）果胶　果胶是由半乳糖醛酸组成的长链聚合物，有原果胶、果胶、果胶酸三种形态，存在于果蔬细胞壁，起连接和支撑细胞作用，含量因果蔬种类而异，如在苹果、柑橘、草莓等水果中含量较高。未成熟果蔬果胶含量相对较高，成熟过程中会变化。果胶有胶凝作用，在食品加工中常用作增稠剂、稳定剂，使果酱等产品有好的质地和口感。此外，果胶在果蔬贮藏和加工中起重要作用，影响果蔬硬度和脆度，决定新鲜度和货架期，合理利用其特性可提高产品质量和稳定性。

2.1.3.3　维生素

维生素是维持人体正常生理活动不可或缺的营养素。大多数维生素以辅酶或辅因子的形式参与生理代谢[8]。虽然人体对维生素的需求量甚微，但缺乏会导致人体生理代谢失衡并引发各种疾病。果蔬中维生素种类很多，一般可分为水溶性维生素和脂溶性维生素两类[7]。

(1) 水溶性维生素

① 维生素 C　具有抗氧化作用，能增强免疫力，促进胶原蛋白合成等。但维生素 C 易溶于水，易被氧化或还原[7]。在柑橘类水果（如橙子、柚子）、草莓、猕猴桃、鲜枣、青椒、西蓝花等果蔬中含量较高，在根茎类蔬菜如土豆、萝卜中含量相对较少。

② B 族维生素　包括维生素 B_1（硫胺素）、维生素 B_2（核黄素）、维生素 B_3（烟酸）、维生素 B_6（吡哆素）、维生素 B_9（叶酸）、维生素 B_{12}（钴胺素）等，在能量代谢、神经系统功能、细胞生长等方面发挥重要作用。如维生素 B_6 参与合成神经递质血清素，缺乏维生素 B_6 可能导致情绪低落、抑郁等问题。柑橘类水果含有一定量的维生素 B_1、维生素 B_2、维生素 B_6，菠菜、西蓝花、胡萝卜等富含维生素 B_1、维生素 B_2、维生素 B_3、维生素 B_6。

(2) 脂溶性维生素

① 维生素 A　植物体中不含维生素 A，但有维生素 A 原，如类胡萝卜素。果蔬中的类胡萝卜素被人体吸收后，在体内可以转化为维生素 A。维生素 A 对视力、生长发育和皮肤健康至关重要。在胡萝卜、南瓜、芒果、菠菜、红薯中含量较高，大部分绿叶蔬菜中 β-胡萝卜素含量相对较低，但也含有一定量。

② 维生素 E 和维生素 K　维生素 E 具有抗氧化作用，可保护细胞免受自由基损伤；维生素 K 参与血液凝固和骨骼代谢，缺乏时会导致凝血功能障碍，可能出现鼻出血、牙龈出血、皮下出血等症状，严重时甚至会出现内脏出血。绿叶蔬菜等是两种维生素的主要来源。

2.1.3.4　有机酸

果蔬中的有机酸包括苹果酸、柠檬酸、酒石酸、琥珀酸、咖啡酸、绿原酸、阿魏酸等，其中苹果酸、柠檬酸和酒石酸在水果中含量较高，又称果酸。不同果蔬在不同发育时期所含有机酸种类和浓度不同。蔬菜含酸量少，除番茄外，多数无酸味，部分如苋菜、菠菜、竹笋等含较多草酸，可能影响钙吸收。幼嫩果蔬含酸量相对高，随生长发育有机酸含量下降，成熟采收期有机酸含量相对稳定在较低水平，此时果蔬风味最佳，酸甜适中。

2.1.3.5　矿物质

矿物质是人体重要营养物质，既是人体结构组分，又可维持体液渗透压和 pH，还参与生化反应，人体缺乏某些矿物质会产生营养缺乏症。果蔬含多种矿物质，如钾、钙、镁、磷、铁、锌等，不同果蔬所含矿物质种类和含量不同，如香蕉富含钾，有助于维持人体正常的心脏功能和血压水平；菠菜富含铁，可预防缺铁性贫血。果蔬中矿物质多以有机酸盐形式存在，生物利用率相对较高，比无机矿物质补充剂更易被人体吸收利用。

2.1.3.6 含氮物质及脂类

果蔬中所含的含氮物质种类繁多，其中包括蛋白质、氨基酸、酰胺、某些糖苷和硝酸盐等，但相比其他食品含量少，不是人体蛋白质主要来源。水果仅含有少量含氮物质，而蔬菜则较多，叶菜类、甘蓝类蔬菜富含含氮物质，如菠菜、莴苣、抱子甘蓝、皱叶甘蓝和花椰菜等。

脂类是重要的营养物质之一，在部分作物中含量颇高，如核桃、大豆、花生等，它能为人体提供能量，赋予食品独特的风味，增强食欲，特别是其中的不饱和脂肪酸、磷脂等对人体具有保健功效。

2.1.4 商品化处理质量

我国果蔬产品种类丰富，多为季节性收获并集中上市。随着农业结构调整，果蔬生产区域化、产销异地问题突出。同时，世界产业链融合一体化加深，我国果蔬除满足国内需求外，部分大宗和特色农产品走出国门的需求也在增强。因此，对果蔬产地商品化处理和物流产业的科技支撑有更高要求。

果蔬采收后代谢活动持续进行，不断消耗养分，释放大量水分、CO_2 和热量，致使果蔬衰老、品质劣变和腐烂加重。因此采后产地处理时间越早，越有利于果蔬品质保持和长期贮藏。此外，新鲜果蔬水分和糖分含量高，易发生机械损伤、腐烂、品质劣变和病害，贮运性差。在产地就近处理后再贮运，是降低果蔬采后损失、提高商品品质的重要方式。

采后商品化处理流程介绍如下。

（1）挑选和清洗　挑选的目的是剔除不符合商品要求的产品，如有机械损伤、病虫损坏、颜色不足、外观畸形等，应在所选物品中剔除，便于后续分类、包装、贮运[9]。其中，蔬菜在收获后需要进行整理，去除叶类蔬菜的老黄叶、根茎类蔬菜的根等不可食用部分。

清洗是果蔬采后商品化处理的重要环节。主要目的是去除果蔬表面灰尘、泥土、农药残留等杂质，提高卫生质量。这些杂质影响外观且可能危害人体健康。通过清洗可有效去除杂质，保证安全卫生，还能使果蔬表面湿润，利于后续处理和保鲜，减少运输和贮存过程中的水分蒸发，保持新鲜度，同时去除表面微生物，降低腐烂变质风险。

（2）打蜡和催熟　果蔬打蜡是在采后处理中给其表面涂上薄蜡质层。蜡质层能减少果蔬水分蒸发，保持其内部水分含量，有利于维持较长时间的新鲜口感和质地，如苹果打蜡后可延缓干瘪，延长贮藏期和货架期。打蜡还能使果蔬表面光滑亮丽，提升果蔬外观，吸引消费者，增加购买欲望。此外，蜡质层有一定防护作用，可阻隔外界氧气、细菌和污染物，减少病虫害侵染概率，降低贮藏和运输中受损风险，保持卫生安全，提高商品价值。

催熟主要是针对某些在特定季节栽培的少数蔬菜品种，比如秋季栽培的番茄，后期温度较低，要从生理成熟达到商品成熟，需进行人工催熟。当前大多采用乙烯利进行催熟处理，即用乙烯利浸泡果实，浸泡后晾干，用薄膜覆盖密闭，保持 28℃，3～4d 完成催熟[10]。

(3) 分级　分级的目的是实现农产品工业化，使其成为标准化商品。主要依据产品大小、色泽、品质、成熟度、清洁度及损伤程度进行分级。在果品分级方面，各个国家和地区有不同的分级方式和标准。我国目前有 16 个果品分级标准，其中苹果、梨、香蕉、龙眼、核桃、板栗、红枣已经制定了国家标准，还有一些行业标准。随着生产发展、品种更新及市场需求，标准仍在持续修订完善。

分级方法有人工分级法和机械分级法。人工分级是传统方法，由人工按分级标准挑选分级，虽简单易行，但效率低、误差大。人工分级时，工作人员须具备丰富的经验和专业知识才能准确判断果蔬等级，且需大量劳动力，成本高。机械分级则利用分级设备，可根据果蔬大小、形状、重量等指标自动分级，效率高、误差小。随着科技进步，分级设备性能不断提高，能更准确分级，同时可减少劳动力成本，提高生产效率。

(4) 包装　良好的包装能确保果蔬在运输和贮藏中安全，减少机械损伤、病虫害传播和水分蒸发，保持稳定性。精美的包装是贸易辅助方式，可提供标准规格单位，同时有利于仓储利用和堆放。包装容器的选择须依据不同果蔬的特性、需求以及用途决定，如运输包装、贮藏包装、销售包装等。包装要具保护性、防潮性等特性，且应干净、无污染等，同时在包装外部应标注商标。包装材料对果蔬保鲜运输很关键，应具透气性等，且应符合环保要求。常见包装材料有纸箱、塑料箱、泡沫箱等，各有特点及适用范围，如纸箱成本低但透气性差，塑料箱适用广，具有良好的透气性和保湿性，泡沫箱具有良好的保温性能。

(5) 预冷　预冷是指果蔬在进行运输或者贮藏之前使其温度降低的处理过程，目的是通过人工制冷的方式迅速消除果蔬采收后所携带的大量田间热，从而延缓果蔬的新陈代谢，使其保持新鲜状态。预冷可降低果蔬的呼吸强度和蒸腾失水情况，减少营养损失和采后病害的出现，能最大程度地保障产品的质量。与此同时，预冷还能够降低果蔬在贮藏、运输期间低温冷冻系统的冷负荷。

2.2　果蔬中化学成分与贮藏的关系

2.2.1　水分

水分是果蔬维持生命活动和新鲜品质的重要因素，不同种类果蔬含水量不同。西瓜、草莓含水量达 90%以上，葡萄含水量在 77%～85%，水果中含水量低的山楂为 65%左右[11]。果蔬采摘后，水分供应被切断，而呼吸作用仍在进行，致使果蔬萎蔫，从而促使酶的活力增加，物质分解加快，造成营养物质的损耗，因而减弱了果蔬的耐贮性和抗病性，引起品质劣变。

2.2.2　颜色的变化

不同果蔬的颜色由多种色素相互作用形成。色素是鉴定果实品质、决定采收时间以及关乎果蔬贮藏质量的重要指标。果蔬中的色素根据溶剂性质可分为脂溶性色素和水溶性色素两大类。脂溶性色素主要有叶绿素和类胡萝卜素，水溶性色素主要是花色苷。

2.2.2.1　叶绿素

在正常生长发育的果蔬中，叶绿素的合成作用大于分解作用，无法从外表看出绿色的变化。采收后，叶绿素在酶的作用下水解生成叶绿醇和叶绿酸盐等溶于水的物质，加上光氧化的破坏，叶绿素的含量逐步降低，果蔬不再呈绿色而显其他颜色，多数果实成熟的标志是绿色消失。环境因素和植物激素会对某些果蔬的褪绿产生影响。例如香蕉褪绿转黄的适宜温度在20℃左右，25℃以上的高温会抑制香蕉的褪绿。乙烯可诱导叶绿素的降解，通常利用乙烯处理来促进柑橘的褪绿，而赤霉素和2,4-D可抑制叶绿素的分解，有助于保持绿色。

2.2.2.2 类胡萝卜素

未成熟果实和叶片中，类胡萝卜素与叶绿素共存，但叶绿素含量高，如叶片中叶绿素含量通常为类胡萝卜素含量的3倍，使类胡萝卜素显色不明显，多呈绿色。果蔬成熟时，叶绿素分解，类胡萝卜素含量增加，颜色显现。成熟衰老过程中类胡萝卜素颜色呈现两种情况：一是不再合成类胡萝卜素，叶绿素分解后已有类胡萝卜素显色，如香蕉、苹果、梨等；二是继续合成类胡萝卜素，如柑橘、辣椒、番茄等。果蔬类胡萝卜素种类多，其中β-胡萝卜素、叶黄素、番茄红素等分布广泛。番茄红素合成受气温影响大，高温条件下可合成β-胡萝卜素，但无法合成番茄红素，因此番茄在高温下会转变为黄色而无法转变为红色。乙烯可促进果实类胡萝卜素显现或合成，赤霉素等抑制该过程。

2.2.2.3 花色苷和其他多酚类物质

果实中的水溶性色素主要是花青素，常以糖苷的形式存在，被称为花色苷。苹果、葡萄、桃、李等的果皮细胞中富含花色苷，让果实呈现出红、紫等颜色。花色苷一般存在于液泡中，它和其他酚类物质（如单宁和黄酮色素）及类胡萝卜素相互作用从而共色或者减色，进而呈现出不同的颜色。花色苷降解与pH值和温度有关，在高温和高pH值的环境中会加快降解，低温则有益于花色苷的积聚。例如，苹果在日平均温度为12～13℃时着色良好，而在27℃时着色不佳，这是我国南方苹果着色差的主要原因。花色苷的形成需要光，光线不充足会影响其合成。如苹果树冠外围的果实颜色鲜红，而内膛果实常常着色不良。完熟期间花色苷的生物合成和碳水化合物的积累密切相关。果实在田间发育过程中，足够的碳水化合物积累、较大的昼夜温差以及充足的光照，才能使果实着色良好。

果蔬中还存在多种酚类物质，如儿茶酚、单宁和苯酚及其衍生物等。有些酚类化合物容易氧化生成褐黑色物质，这种变化被称为褐变。果蔬褐变须同时具备高多酚氧化酶活性、能被作用的酚类底物及氧气等氧化剂三个条件。果蔬采收及采后处理时机械损伤部位变褐变黑就是酚类物质氧化褐变的结果。

2.2.3 香气的变化

果蔬的香气是重要品质特征之一，与营养价值和口感密切相关。果蔬的香气成分复杂多样，主要包括醇类、醛类、酮类、酯类等挥发性化合物。这些成分赋予果蔬独特风味。贮藏过程中，果蔬香气成分与贮藏条件密切相关，影响果蔬香气成分的因素主要是呼吸作用、水分散失、温度、湿度、气体成分以及自身生理变化等。

贮藏过程中果蔬进行呼吸作用并逐渐失水，呼吸作用使果蔬内部化学成分发生变化，影响香气成分含量和组成，如呼吸作用可使糖分和有机酸被消耗，影响香气生成，还产生乙醇等挥发性代谢产物影响香气。水分散失致体积缩小、质地变软，还影响细胞结构和代谢活动，从而影响香气生成和分解。果蔬自身生理变化如成熟度增加和衰老也使内部化学成分变化，影响香气成分，如成熟度增加香气成分含量增加，而衰老则导致香气成分分解转化。

贮藏环境的温度、湿度和气体成分也影响果蔬香气成分变化。高温加速呼吸作用和水分散失，促进香气成分挥发和分解，还使一些香气成分氧化降解；低温抑制呼吸作用和水分散失，延缓香气成分挥发和分解，但过低温度造成冷害也将影响品质和香气成分。高湿度减少水分散失，保持新鲜度和香气成分，但可促进微生物生长繁殖，进而导致腐烂变质影响香气成分；低湿度加速水分散失，使香气成分挥发损失。贮藏环境中气体成分比例变化也改变香气成分，如降低氧气含量可抑制呼吸作用，延缓香气成分挥发和分解；增加二氧化碳含量可抑制呼吸作用和乙烯生成，进而可延缓成熟和衰老，有利于保持香气成分。一些挥发性气体成分也影响香气。

因此，贮藏果蔬时须控制适宜温度、湿度、气体成分等贮藏条件，以减少香气成分挥发损失和分解转化，同时促进香气成分生成和积累，保持香气和品质。也可采用涂膜保鲜等保鲜技术，延缓衰老和腐烂，保持香气和品质。

2.2.4　味感的变化

随着果实成熟，甜度增加，酸度减少。以积累淀粉为主的果实成熟时，碳水化合物成分变化明显，果实变甜，如绿色香蕉完熟后淀粉水解，含糖量大幅增加。以可溶性糖为主或不积累淀粉的果实，成熟时可溶性糖变化不显著。在树上成熟的果实因有机物输入，可溶性糖会继续增加，而未达成熟就采收的果实则因无法获取有机物且呼吸作用消耗，含糖量减少。贮藏过程中，糖类会发生变化。随贮藏时间延长，部分糖类转化为其他物质，果蔬甜度降低，如苹果贮藏时淀粉转糖后又被消耗，甜度下降。糖类也是果蔬呼吸作用的底物，呼吸强度越高，糖类消耗越快，贮藏寿命越短。

果蔬酸味源于有机酸，主要贮藏于液泡中。果蔬中含有多种有机酸，如柠檬酸、苹果酸、酒石酸等。有机酸赋予果蔬酸味，与糖一起构成了果蔬的独特风味。在贮藏过程中，有机酸含量会逐渐降低，导致果蔬口感变甜、风味变淡。有机酸还可降低果蔬 pH 值，抑制微生物的生长繁殖，但 pH 值可能会随着有机酸的消耗而升高，从而增加微生物污染的风险。另外，有机酸的含量会影响果蔬的呼吸强度。高有机酸含量的果蔬呼吸作用较弱，贮藏寿命相对较长。

涩味来自可溶性单宁，适量单宁可增加口感和风味，含量过高则口感涩苦。在贮藏过程中，单宁可能会发生氧化反应使果蔬颜色变深。且单宁与金属离子结合会形成深色的化合物，影响果蔬的色泽。单宁也具有一定的抗氧化作用，可以延缓果蔬的衰老和变质。

2.2.5　其他成分与贮藏的关系

维生素是人体不可或缺的营养物质，水果和蔬菜中富含大量维生素，果蔬中维生素含量直接关乎其营养价值。在贮藏过程中，维生素会逐渐流失，从而降低果蔬的营养价值。维生素对贮藏环境较为敏感，高温、光照、氧气等因素都会加快维生素的损失。所以，在贮藏果蔬时，需采取恰当的措施，例如低温、避光、密封等，以减少维生素的损失。

果蔬中含有多酚氧化酶、过氧化物酶、果胶酶等多种酶。这些酶可催化果蔬内的氧化、水解、合成等反应，影响果蔬色泽、口感、风味和质地。例如，多酚氧化酶催化酚类物质氧化使果蔬褐变，果胶酶降解果胶让果蔬变软。酶活性随贮藏时间延长而降低，但若贮藏环境不当，如温度高、湿度大，酶活性可能增强，进而加速果蔬衰老变质。可采取低温贮藏、气调贮藏、热处理等措施抑制酶活性，延长果蔬贮藏寿命。

在果蔬中，矿物质影响果蔬的质地及贮藏效果。如钙是植物细胞壁和细胞膜的结构物质，可保护细胞膜结构不易被破坏，提高果蔬本身的抗性，预防贮藏期间生理病害的发生。钙、钾含量高时，果实硬，脆度大，果肉致密，贮藏中软化进度慢，耐贮藏。

2.3 果蔬的质量评价

在果蔬正式销售前，须对其质量予以检验，只有满足相关标准要求后，才能进行销售。根据不同的要求，可以采用感官检验、生物测定以及化学检验等手段。不论采用哪种检验方法，采样需要具备代表性。为确保取样的客观性，应采取随机多点抽样的方式进行取样，同时还要求样本达到一定的数量。

2.3.1 感官指标

各种不同品种的果蔬，其感官指标各不相同。感官指标主要有产品的颜色、光泽、形状大小、感官质地、新鲜度等。

2.3.1.1 外观

新鲜的果蔬通常具有鲜艳、自然的色泽，形状应规整且大小均匀，表面光滑，无损伤，无病虫害痕迹。果蔬的颜色暗淡、不均匀或出现变色、斑点等情况，可能表明其质量不佳。畸形的果蔬可能是在生长过程中受到了病虫害、环境因素或机械损伤的影响。例如，苹果表面不应有划痕、裂口、锈斑等；青菜的叶片应完整，无黄叶、病叶、虫咬叶。

2.3.1.2 质地

硬度是衡量果蔬新鲜度和成熟度的重要指标之一。新鲜苹果硬度较大，轻按不易变形，成熟过度则变软。硬度还反映果蔬贮藏性能，硬度大的更耐贮藏，软质果蔬易腐烂。

弹性指果蔬受外力后恢复原状的能力。如轻按猕猴桃，松手后迅速恢复说明弹性好、新鲜度高，若凹陷且恢复缓慢则质量可能不佳。弹性也与成熟度有关，未成熟果蔬弹性大，成熟后逐渐降低。

脆度是部分果蔬重要的品质特征，如苹果、黄瓜、萝卜等。脆度好的口感清脆，有明显断裂声，可通过咀嚼或切割判断。新鲜果蔬脆度高，老化或失水则绵软。

2.3.2 理化指标

理化分析主要包含果蔬产品的香气成分、甜度、酸度、水分含量及其他一些化学成分的分析。针对不同的理化指标的测定，应采用不同的方式。在进行理化分析时，须采用标准中所规定的方法，以确保检测数据的可比性和有效性。

2.3.2.1 风味

新鲜的果蔬通常具有独特的香气。香气浓郁的果蔬通常品质较好，而无香气或香气异常的果蔬可能存在质量问题。香气的强度和类型可以反映果蔬的成熟度和品种特征。

水果的酸度和甜度可分别用酸度计和糖度计进行测量，以确定果蔬中的含酸量和含糖量。不同种类的果蔬对甜度要求不同，例如，西瓜的甜度通常较高，而柠檬则以酸味为主。适当的酸度也可增加水果的风味，但过高的酸度会影响口感。

2.3.2.2 水分含量

新鲜的果蔬通常含有较高的水分，水分含量的高低直接影响果蔬的口感、新鲜度和贮藏性能。水分含量可以采用干燥法、红外线干燥法等测定。干燥法是将果蔬样品在一定温度下烘干至恒重，通过计算样品烘干前后的重量差来确定水分含量。红外线干燥法则是利用红外线辐射加热样品，使水分迅速蒸发，通过测量样品的重量损失来确定水分含量。

2.3.2.3 化学成分

产品所执行的是何种标准，就应当依照该标准所规定的方法进行测定。对于果蔬中营养成分以及其他化学成分的测定方法，我国已经发布了一些标准。表 2-4 中列出部分标准，以供参考[1]。

表 2-4　我国果品蔬菜部分化学成分的测定方法的标准

标准代号	标准名称
GB 5009.3	《食品安全国家标准　食品中水分的测定》
GB 5009.5	《食品安全国家标准　食品中蛋白质的测定》
GB 5009.7	《食品安全国家标准　食品中还原糖的测定》
GB 5009.8	《食品安全国家标准　食品中果糖、葡萄糖、蔗糖、麦芽糖、乳糖的测定》
GB/T 5009.10	《植物类食品中粗纤维的测定》
GB 5009.33	《食品安全国家标准　食品中亚硝酸盐与硝酸盐的测定》
GB 5009.86	《食品安全国家标准　食品中抗坏血酸的测定》
GB 5009.88	《食品安全国家标准　食品中膳食纤维的测定》
GB 5009.91	《食品安全国家标准　食品中钾、钠的测定》
GB 5009.237	《食品安全国家标准　食品 pH 值的测定》
GB 5009.239	《食品安全国家标准　食品酸度的测定》
GB/T 8210	《柑桔鲜果检验方法》
GB/T 10467	《水果和蔬菜产品中挥发性酸度的测定方法》
GB 10468	《水果和蔬菜产品 pH 值的测定方法》

2.3.3 农药残留量检测

2.3.3.1 仪器检验

色谱法是广泛应用的检测手段之一，主要包括气相色谱法和液相色谱法。气相色谱法适用于检测易挥发的农药。通过与高灵敏度的检测器联用，能准确检测出低浓度的农药残留。该方法分析速度快，分离效率高，可同时检测多种农药。液相色谱法则对难挥发和热不稳定的农药有良好的检测效果。同样可与多种检测器配合使用，如紫外检测器、荧光检测器等，以提高检测的准确性和灵敏度。

质谱法能够检测到极低浓度的农药残留，对于复杂基质中的农药分析尤为有效。它可以提供丰富的分子结构信息，有助于区分不同的农药化合物。质谱法可与色谱法联用，如气质联用（GC-MS）和液质联用（LC-MS）技术。这种结合能充分发挥色谱的分离能力和质谱的高灵敏度、高特异性优势，能够准确鉴定农药的种类，并精确测定其含量。

2.3.3.2 快速检验

传统农药残留检测方法需复杂仪器设备、专业技术人员且检测时间长，难以满足现场快速筛查需求。快速检测方法能在短时间内对果蔬农药残留进行初步判断，可为监管部门提供及时有效的检测手段，也可为生产者和消费者提供便捷的质量保障途径。快速检测方法具有操作简便、成本低、检测速度快等优势，可在农贸市场、超市、果蔬生产基地等场所广泛应用。

（1）酶抑制法　酶抑制法的原理是借助农药对乙酰胆碱酯酶等特定酶的抑制作用判断有无农药残留。样品含有机磷或氨基甲酸酯类农药时会抑制酶活性，检测酶活性变化可初步确定农药残留存在。该方法操作简单、成本低、检测快，适合农贸市场、果蔬生产基地等场所的现场快速筛查。

（2）免疫分析法　即基于抗原抗体特异性结合反应，制备特定农药抗体，使其与样品中农药结合，再用标记技术检测。此法具有高特异性和灵敏度，能快速准确检测出目标农药，可制成试剂盒，方便携带使用，适用于大规模样品快速检测。

（3）生物传感器法　即利用生物识别元件与农药特异性反应产生信号，具有快速、灵敏、便携等特点，能在短时间内检测农药残留，如基于酶、抗体或核酸的生物传感器可实时检测，为现场快速检验提供有力工具。

2.4 果蔬的商品质量标准

商品质量标准是针对产品质量以及与商品质量相关的各个方面所设定的规范与准则，是生产方和需求方共同遵循的依据。在商品质量标准中，对于产品的名称、品种、规格、质量、包装、运输等条件均做出了统一规定。

2.4.1 商品质量标准的等级

商品质量标准规定了商品质量及相关方面的准则和要求，是商品生产到销售及服务等环节共同遵循的技术依据。商品质量标准涵盖规格、性能、安全、可靠、环保等多方面，确保商品质量稳定、安全可靠，满足消费者需求，为企业生产经营提供规范指导。

根据标准的适用领域和有效范围的不同，标准可分为国际标准、区域标准、国家标准等不同等级。我国《中华人民共和国标准化法》中将国内标准分为国家标准、行业标准、地方标准、团体标准和企业标准[1]。

2.4.1.1 国际标准

国际标准是指由国际标准化组织（ISO）以及由国际标准化组织公布的其他国际组织［如国际计量局（BIPM）、食品法典委员会（CAC）、世界卫生组织（WHO）等］所制定的标准。国际标准采用标准代号（ISO、CAC 等）、标准序号、发布年份和标准名称表示。

2.4.1.2 区域性标准

由世界某一区域的标准化组织制定的标准，在该区域内通用。如欧洲标准化委员会（CEN）制定的欧洲标准，北美主要有美国国家标准（ANSI）、加拿大国家标准（CSA）等，属于区域性标准。

2.4.1.3 国家标准

国家标准由国务院标准化行政主管部门编制计划和组织草拟，在全国范围内适用，其他各级标准不得与国家标准相抵触。由标准代号和编号组成，强制性国家标准代号为 GB，推荐性国家标准代号为 GB/T，其编号采用顺序号加发布年代号，如 GB 2760—2014，GB/T 19000—2016 等[1]。另外，我国还存在国家标准化指导性技术文件，作为对国家标准的补充。其编号由指导性技术文件代号“GB/Z”、顺序号和年代号构成。

2.4.1.4 行业标准

行业标准又称专业标准，是由各行业主管部门或行业协会制定的标准，在特定行业内适用。行业标准的制定通常以国家标准为基础，结合行业的具体情况进行制定。行业标准的编号由行业标准代号、标准发布顺序及标准发布年代号组成。如农业行业用 NY 表示，编号形式与国家标准相同，如 NY/T 419—2014 表示农业行业的推荐性标准。

2.4.1.5 地方标准

地方标准是指为满足地方特殊技术要求，省级标准化行政主管部门和经其批准的设区的市级标准化行政主管部门在农业、工业、服务业等领域所制定的标准。地方标准在本行政区域内适用，在相应的国家标准或行业标准实施后，地方标准应自行废止。地方标准的编号由地方标准代号、顺序号和年代号三部分组成。省级地方标准代号，由汉语拼音字母“DB”加上其行政区划代码前两位数字组成；市级地方标准代号，由汉语拼音字母“DB”加上其行政区划代码前四位数字组成。

2.4.1.6 团体标准

团体标准是由社会团体按照一定的程序制定并发布，是供团体成员或社会自愿采用的标准。团体标准的制定主体是社会团体，包括学会、协会、商会、联合会、产业技术联盟等社会组织。团体标准的适用范围主要是团体成员或社会自愿采用。团体标准的适用范围具有一定的灵活性，能够更好地适应市场的变化和需求。

2.4.1.7 企业标准

企业标准是针对在企业范围内需要协调、统一的技术要求、管理要求和工作要求所制定的标准。企业标准技术要求不得低于强制性国家标准的相关技术要求。企业标准由企业制定，由企业法定代表人或法定代表人授权的主管领导批准、发布。企业标准的编号由企业标准代号（Q）、企业代号、标准顺序号和发布年号组成。

2.4.2 果蔬产品质量标准

2.4.2.1 果蔬产品质量检验标准

果蔬作为一类特殊的鲜活商品，存在品种的多样性，每种产品都具备其特有的品质，故每种产品都应有其对应的标准。果蔬的标准不仅是果蔬在生产、质量评价、监督检验、贸易商谈、产品运用、贮藏保鲜等方面的准则，也是为果蔬质量争议进行仲裁的依据。为了确保果蔬产品的质量安全，国家先后制定了一系列标准规范。这些标准规范包括产品质量标准、生产加工规范、包装标准等。

（1）外观标准　果蔬产品应具有鲜活的外观，无任何虫蛀、霉斑和变质现象。大小分级，按长短、直径、重量等分级。

（2）气味标准　果蔬产品应有天然清香，无异味和腐败味。

（3）口感标准　果蔬产品的口感应该鲜嫩、饱满、爽脆，符合消费者的口感需求。

（4）营养成分标准　果蔬产品的营养成分应符合国家相关标准，如维生素、纤维素等含量要求。

（5）包装标准　果蔬产品的包装材料应符合食品包装卫生标准，包装过程应符合卫生要求。产品标签上应准确标明产品的成分、规格、保质期和生产日期等信息。

（6）贮存和运输标准　果蔬产品应在避光、阴凉、干燥和通风的环境中贮存。运输时应注意防止挤压和震荡，同时控制好温湿度。

（7）上市前标准　果蔬产品在上市前应进行全面的检验，确保产品符合国家法律法规和相关标准并且要依法申报相关注册资料，获得合格的生产和销售许可。

2.4.2.2 果蔬产品的分级

果蔬产品通常分为特级、一级和二级（或一级、二级和三级）三个等级。等级标准主要依据产品的完整度、大小、重量、颜色、形状、清洁度、成熟度、新鲜度以及病虫害和机械损伤程度制定。

特级质量最佳，须有本品种典型形状和色泽，风味良好，内部无瑕疵，大小、粗细、长短一致，包装内排列整齐，误差在5%以下。一级品质量与特级相似，个别产品形状和色泽可稍有缺陷，误差在10%以下。二级产品可有某些外部和内部缺点。

果蔬分级有人工和机械两种方式。人工分级常与包装同时进行，操作者需熟悉分级标准，可借助分级板、比色卡等辅助工具。机械分级效率高、误差小，但产品易受损，且对某些特殊鲜菜（如绿叶菜类）分级难度大。

2.4.3 果蔬质量标准范例

2.4.3.1 大白菜的国家标准（SB/T 10332—2000）

该标准规定了新鲜大白菜（结球白菜）的质量要求、试验方法与检验规则，包装、标识要求及运输与贮藏等方面的要求。该标准适用于收购、贮藏、运输、销售及出口的大白菜。大白菜各级须符合表2-5中的规定[12]。

表 2-5　大白菜等级规格

<table>
<tr><th>等别</th><th>品质</th><th>规格</th><th>限度</th></tr>
<tr><td>一等</td><td>1. 具有同一品种的特征：色泽正常，新鲜，结球紧实，整修良好，清洁；
2. 无腐烂、老帮、黄叶、异味、烧心、焦边、胀裂、蓬松、侧芽萌发、抽薹、冻害、病虫害及机械伤</td><td rowspan="3">特大株，重≥4.0kg；
大株，重≥3.5kg；
中株，重≥2.5kg；
小株，重≥1.5kg；
特小株，重≥1.0kg</td><td rowspan="3">一等品中品质要求两项不合格株数之和不超过 5%，其中腐烂者不超过 1%；
二、三等品中品质要求两项不合格株数之和不超过 10%，其中腐烂者不超过 1%；
重量分级中不符合各级要求的株数不得超过 10%</td></tr>
<tr><td>二等</td><td>1. 具有同一品种的特征：色泽正常，新鲜，结球紧实，整修良好，清洁；
2. 无腐烂、老帮、黄叶、异味、烧心、焦边、胀裂、蓬松、侧芽萌发、抽薹、冻害、病虫害及机械伤</td></tr>
<tr><td>三等</td><td>1. 具有同一品种的特征：色泽正常，新鲜，结球紧实，整修良好，清洁；
2. 无腐烂、老帮、黄叶、异味、烧心、焦边、胀裂、蓬松、侧芽萌发、抽薹、冻害、病虫害及机械伤</td></tr>
</table>

2.4.3.2　绿色食品红富士苹果（DB1306/T 76.1—2022）

该标准规定了绿色食品红富士苹果的术语和定义、质量要求、检验方法、检验规则、标志、标签、包装、运输和贮藏。本标准适用于保定市绿色食品红富士苹果。红富士苹果各级须符合表 2-6 中的规定。

表 2-6　绿色食品红富士苹果质量等级

<table>
<tr><th colspan="2">等级</th><th>特级</th><th>一级</th><th>二级</th></tr>
<tr><td colspan="2">基本要求</td><td colspan="3">果实发育良好，完整无缺；外观新鲜洁净，无异味，无外来水分；果实健康自然；无病害；成熟度适中，复合贮藏和市场需要</td></tr>
<tr><td colspan="2">果形</td><td>具有本品种应有的特征，果形指数 0.85 以上</td><td>允许果形有轻微偏斜</td><td>允许果形偏斜，但仍保持本品种果实基本特征，不得有畸形果</td></tr>
<tr><td colspan="2">色泽</td><td>片红或条红着色面积 90%以上</td><td>片红或条红着色面积 80%～90%（含 90%）</td><td>片红或条红着色面积 60%～80%（不含 80%）</td></tr>
<tr><td colspan="2">果梗</td><td colspan="3">完整或统一剪除</td></tr>
<tr><td colspan="2">果实大小
（重量或横径）</td><td>≥300g 或≥85mm</td><td>250～300g（不含 300g）或 80～85mm（不含 85mm）</td><td>200～250g（不含 250g）或 75～80mm（不含 75mm）</td></tr>
<tr><td rowspan="9">果面缺陷</td><td>碰压伤</td><td>不允许</td><td>未变色，允许轻微碰压伤，总面积不超过 1cm²。最大处不超过 0.5cm²。</td><td>允许轻微碰压伤，总面积不超过 2cm²。最大处不超过 1cm²，果肉不变褐</td></tr>
<tr><td>磨伤</td><td>不允许</td><td>允许轻微薄层磨伤 1 处，面积不超过 0.5cm²</td><td>允许轻微磨伤，面积不超过 1.5cm²</td></tr>
<tr><td>果锈</td><td>无</td><td>允许不超出梗洼的轻微锈斑</td><td>允许超出梗洼或萼洼之外锈斑，总面积不超过果面的 1/3</td></tr>
<tr><td>药害</td><td>不允许</td><td>不允许</td><td>不允许</td></tr>
<tr><td>日灼</td><td>不允许</td><td>不允许</td><td>允许轻微发黄的日灼伤害，总面积不超过 2cm²</td></tr>
<tr><td>刺伤（含划伤、雹伤等）</td><td>不允许</td><td>刺伤不允许，允许轻微雹伤 1 处，面积不超过 0.1cm²</td><td>允许果皮愈合良好的轻微雹伤，总面积不超过 2.5cm²</td></tr>
<tr><td>虫伤</td><td>不允许</td><td>不允许</td><td>干枯虫伤总面积不超过 0.5cm²</td></tr>
<tr><td>裂纹</td><td>不允许</td><td>不允许</td><td>允许风干裂纹 3 处，每处长度不超过 1cm</td></tr>
<tr><td>小疵点</td><td>不允许</td><td>允许有 5 个薄层斑点</td><td>允许有 15 个极小表面斑点</td></tr>
</table>

注：果面缺陷，分级时总体考察，一级不超过 2 项，二级不超过 3 项。

2.5 果蔬质量评价新技术

随着我国城市化进程的加速，人们的生活节奏加快，对方便、快捷、安全的果蔬产品的需求更为迫切。同时，消费者的健康意识不断增强，对果蔬的营养价值、农药残留、新鲜度等方面有了更高的要求。

果蔬评价系统的出现正是为了满足这些需求，它可为消费者提供准确的果蔬质量信息。通过对果蔬的外观、口感、营养成分、农药残留等多个方面进行评价，消费者可以了解到所购买的果蔬是否符合自己的期望和健康需求。政府监管部门也可借助果蔬评价系统，加强对果蔬市场的监管力度，确保市场上的果蔬产品符合质量安全标准，以保障公众的身体健康。因此催生了多种果蔬品质检测技术，尤其是无损检测技术，不仅可以避免对果蔬样品造成破坏，还能对样本进行跟踪分析和重复检测，适用于产业化生产和贮藏保鲜的在线检测[13]。

果蔬品质无损检测技术利用光、声、电、磁等物理特性，在不破坏果蔬品质的前提下，通过反馈特定信号判断分析果蔬实际品质，是新型、高效、易操作的检测方式。如今随着该技术研究的深入，众多无损检测技术在果蔬品质检测中已得到更高效的发展与应用。

2.5.1 近红外光谱检测技术

近红外光谱记录的主要是含氢基团（X—H）振动的倍频与合频吸收，分子振动从基态到高能级跃迁产生光谱，包含有机化合物组成和分子结构信息。果蔬品质的近红外无损检测始于20世纪50年代，至21世纪初，近红外光谱检测技术在果蔬的水分含量、蛋白质含量、维生素C含量等指标的定量分析和机械损伤、内部病变、褐变的定性判别分析中广泛应用[14-16]。近红外光谱技术可以在不破坏果蔬的情况下，快速准确地检测出果蔬的品质参数，为果蔬的分级、贮藏和销售提供科学依据。但仪器成本较高，需要建立准确的数学模型，而且对环境因素较为敏感。随着科技的不断进步，该技术的仪器成本将逐渐降低，检测精度和稳定性将不断提高。

2.5.2 高光谱成像检测技术

高光谱成像技术是一种光谱及图像融合技术，光谱数据可以分析物体内部物理结构及化学成分，而图像数据又能将果蔬的外部特征、斑点或表面缺陷反映出来。通过高光谱成像技术获取不同果蔬相应的品质指标的光谱特征，建立各指标含量的预测模型，再结合图像分析，可准确快速评价果蔬品质[17]。

高光谱成像技术可提供丰富的信息，可实现可视化检测，且检测精度高。该技术可以同时获取果蔬的多个品质指标，并且可以通过图像的形式直观地展示果蔬的品质分布情况，为果蔬的品质评价和质量控制提供了有力的手段。但高光谱成像技术数据量大、处理复杂、仪器成本高。未来的高光谱成像技术将朝着小型化、智能化、低成本的方向发展。例如，可通过优化设计、提高数据处理效率等来满足果蔬品质检测需求，还可通过结合人工智能技术来提高检测效率和准确性。

2.5.3　声学快速检测技术

果蔬的声学检测技术主要借助声波的物理特性来对果蔬品质进行具体分析检测[18]。其原理是建立声学的特性与果蔬品质之间的对应关系，从而通过声波来检测果蔬品质。当前果蔬声学检测技术主要有两类：超声波检测技术和振动声学检测技术[18]。

超声波检测技术是指将已知的超声波能量传输到被测物料中，由于物料的组织结构特性、物理化学质量指标和质量属性会对超声波的传播产生影响，因此通过测量反射或透射的超声波信号可以检测物料的品质[19]。果蔬检测通常使用低频超声波，具有频率高、能量低、无损的特点。但检测精度受果蔬品种和成熟度影响较大，不同品种和成熟度的果蔬需要建立不同的检测模型。

振动声学检测技术通过收集物体撞击待测物质而产生的声音信号，提取有效的声音特征信息并与待测物质品质特性建立模型，以实现对物质品质特性的检测。在果蔬产品的品质检测中，振动声学检测技术多用于样品内部品质的检测[20]。振动声学技术只适合对具有一定硬度或脆度的果蔬产品进行检测，对于较为柔软、敲击或碰撞不易产生声音且易受损伤的果蔬产品和硬度差异较大的果蔬产品并不适用。同时，在运用该技术进行检测的过程中，不能完全确保敲击或碰撞产生声音信号的过程不会对产品造成损伤[20]。

2.5.4　电子鼻检测技术

电子鼻是通过模拟人和动物的鼻子，获取样品中挥发成分的数据信息，进行复杂气味的分析、识别、检测的一种新型智能仿生仪器[21]。随着电子鼻技术的不断深入推广，越来越多的研究者不再满足于使用固定传感器阵列的商业电子鼻，而是根据待测物品的特性，设计相应的传感器阵列，以获得更好的分析结果。然而，电子鼻的传感器仅针对果蔬的气味，因此所获得的果蔬品质指标信息具有一定的局限性[13]。此外，电子鼻技术需要建立标准气味库，以便对不同的果蔬品质进行准确的识别和评价。

2.5.5　机器视觉检测技术

机器视觉是利用相机代替人眼对目标进行图像采集，再通过计算机进行图像处理分析，从而完成待测物某品质指标的测定、识别等任务[22]。它具有非接触性、速度快、精度高等特点，在食品质量与安全领域逐步得到推广应用，尤其在果蔬的形状分类、缺陷检测及质量分级方面[23]。

果蔬分级是采后加工的关键环节，通常按照大小、形态、新鲜程度等进行外部品质分级。国内常用的人工分级受主观鉴别能力等因素影响，偏差较大且工作效率低，机械分级虽生产效率高，但精度不够、适应性差，且易对果蔬造成损伤。相比之下，机器视觉技术可广泛应用于农业，实现劳动密集型向自动化操作的转变。机器视觉技术能够在短时间内处理大量的图像数据，快速完成对果蔬的检测和分析，大大提高检测效率，适应现代果蔬生产和加工的高速度要求。而且，其不受人工因素（如疲劳、主观判断等）的影响，每次检测的标准和结果具有高度的一致性，保证了检测质量的稳定性。然而，该技术对环境条件敏感，光照条件（强度、颜色、均匀性）、背景环境等对检测结果有较大影响，需要在相对稳定和受控的环境中运行，否则可能导致误判或检测精度下降。若在昏暗或夜间条件下进行研究或操作，还需人工照明[13,24]。

2.5.6 AI缺陷检测技术

AI缺陷检测技术利用深度学习智能算法和机器视觉的方法，对果蔬产品的表面缺陷进行自动检测和识别，从而提高产品的质量和生产效率。它的工作原理是将果蔬产品送至分级机后，由摄像头对其进行扫描，根据AI模型对其外观、大小、颜色进行分类，并通过其他监测方法进行检测，过滤出有缺陷的果蔬。当果蔬通过传送带上方的摄像头时，摄像头将图像传输给处理器，处理器根据外观、颜色、大小、形状、表面损伤等特征进行实时分析，然后根据分析结果完成分级。

随着科技进步，该技术在果蔬行业的作用日益凸显。一是提高检测效率，该技术可短时间完成大量果蔬检测，节省时间和人力成本，如智能缺陷检测系统通过高速图像处理和算法分析可快速准确识别缺陷。二是提升检测精度，准确识别各种缺陷，确保产品质量，如利用深度学习算法和计算机视觉技术可更精确地检测果蔬表面细微瑕疵。三是为食品安全提供保障，通过全程监控及时发现潜在问题，如可应用于预测和控制病虫害、防止疾病传播和农药过量使用等方面。

未来智能缺陷检测系统可能会呈现更高的智能化和自动化水平，减少人为因素的干扰。同时，会提供更加精准化和个性化的解决方案，以满足不同客户对产品质量和安全性的特定需求。还将注重多种技术的融合和创新，如将无损检测技术与图像处理、数据分析等技术相结合，进一步提高检测的精度和可靠性。然而，该技术也面临一些挑战，如获取高质量的训练数据存在一定难度，技术成本较高等。但总体而言，果蔬AI缺陷检测技术的应用前景乐观，有望为果蔬行业的发展带来更多积极影响。

2.5.7 其他新评价及检测技术

上述无损检测技术是依据果蔬品质指标与光学特性、声学特性的关联性来建立模型，进而在不破坏研究对象的情况下，对果蔬的品质进行探测。但许多研究人员也发明了其他新评价及检测技术。例如，根据植物色素产生的叶绿素荧光获得植物信息，建立叶绿素荧光检测技术。叶绿素荧光检测技术结合化学计量方法建立生菜叶片硝酸盐含量的快速无损检测模型，总体评价准确率为93.33%，实现了生菜硝酸盐安全品质的合理评价。基于智能手机光谱系统建立蔬菜叶绿素和含水量反演模型，该系统结合网络云端服务和实时数据反馈的特点，实现了蔬菜品质和新鲜度指标的智能检测。利用果蔬的电学特性，研究人员发现介电常数随着果蔬种类而不同，但在某段频率范围内，所测得的果蔬介电常数和介质损耗随频率的增加而减少。利用果蔬的声波振动特性，建立坚硬系数与声波频率的相关性，来检测西瓜和哈密瓜的成熟度[13]。

本章思考题

1. 果品蔬菜的商品质量包括哪些方面？
2. 果品蔬菜的标准由哪几部分组成？

3. 果品蔬菜的卫生质量包括哪些方面？

4. 如何进行果品蔬菜的感官评价？

参考文献

[1] 寇莉萍，刘兴华．果品蔬菜贮藏运销学［M］．4 版．北京：中国农业出版社，2021.

[2] 尚禹，杨琳，宋宇迎，等．浅谈绿色食品新要求及高质量发展［J］．上海农业科技，2021（06）：30-31.

[3] Chen Z，Muhammad I，Zhang Y，et al. Transfer of heavy metals in fruits and vegetables grown in greenhouse cultivation systems and their health risks in Northwest China［J］．Science of the Total Environment，2021：766.

[4] Giangaspero A，Gasser R B. Human cyclosporiasis［J］．Lancet Infectious Diseases，2019，19（7）：E226-E236.

[5] 张君萍．新疆若干杏品种果实主要营养成分的测定与分析评价［D］．乌鲁木齐：新疆农业大学，2006.

[6] 陶海溪．植物精油对断奶山羊生长发育及瘤胃微生物群落结构的影响［D］．雅安：四川农业大学，2019.

[7] 杨普社，熊恒多．果蔬营养新解析［M］．武汉：湖北科学技术出版社，2023.

[8] 秦文，李梦琴．农产品贮藏加工学［M］．北京：科学出版社，2013.

[9] 李建华．水果采后商品化处理技术［J］．中国农村科技，2003（09）：39-40.

[10] 王迪轩．蔬菜标准园如何进行净菜整理［J］．农业知识，2013（20）：19-20.

[11] 张子德．果蔬贮运学［M］．北京：中国轻工业出版社，2002.

[12] 李丁仁，董学礼，李爽．无公害蔬菜栽培与采后处理技术［M］．银川：宁夏人民出版社，2006.

[13] 邹攀，白雪，陈秋生，等．无损检测技术在果蔬品质评价中应用的研究进展［J］．安徽农业科学，2021，49（02）：1-4.

[14] 周玮婧．近红外光谱在果蔬检测中的应用及研究进展［J］．安徽农业科学，2011，39（16）：9842-9844.

[15] 王转卫，迟茜，郭文川，等．基于近红外光谱技术的发育后期苹果内部品质检测［J］．农业机械学报，2018，49（05）：348-354.

[16] 王敏，付蓉，赵秋菊，等．近红外光谱技术在果蔬品质无损检测中的应用［J］．中国农学通报，2010，26（05）：174-178.

[17] 王巧男．基于高光谱成像技术的蔬菜新鲜度快速检测方法研究［D］．杭州：浙江大学，2015.

[18] 刘畅．果蔬品质无损检测技术研究进展［J］．食品界，2021（09）：94.

[19] 唐继微，王全永，韦艳菊．中国和泰国柑橘产品标准比对研究［J］．中国标准化，2022（05）：206-211.

[20] 刘妍，周新奇，俞晓峰，等．无损检测技术在果蔬品质检测中的应用研究进展［J］．浙江大学学报（农业与生命科学版），2020，46（01）：27-37.

[21] 曹玉栋，祁伟彦，李娴，等．苹果无损检测和品质分级技术研究进展及展望［J］．智慧农业，2019，1（03）：29-45.

[22] 商晋．柚子品质无损检测方法研究进展［J］．现代食品，2018（02）：60-62.

[23] El-Mesery H S，Mao H，Abomohra A E. Applications of Non-destructive Technologies for Agricultural and Food Products Quality Inspection［J］．Sensors，2019，19（4）：846.

[24] Patel K K，Kar A，Jha S N，et al. Machine vision system：a tool for quality inspection of food and agricultural products［J］．Journal of Food Science and Technology，2012，49（2）：123-141.

第3章

果品蔬菜采后生理

3.1 果品蔬菜成熟与衰老

果蔬达到完全生长状态后，随即进入成熟期。这一阶段对于果蔬的采后生理转化及保鲜而言，具有极其重大的意义。深入探索果蔬成熟与衰老的机理，揭示其内在动因及发展过程，对于人为干预来调控其成熟衰老进程、延长果蔬在贮运过程中的存活期限及降低采后损耗至关重要。

3.1.1 成熟与衰老的概念

在果蔬的生命周期中，成熟（maturation）、完熟（ripening）、衰老（senescence）构成了其采后生命历程的三个标志性阶段。尽管果蔬在采摘后离开了生长的土壤和母体，但它们依然保持着生命的活力，继续进行着各种生命活动。这一过程中，果蔬的颜色、香气和风味等特性逐渐达到顶峰，这一现象被定义为生理成熟（physiological maturity）。在果蔬成熟后的完熟与衰老阶段，它们的色、香、味、形都会经历一系列显著的变化。这些变化是由复杂的生化过程所驱动的，包括合成和降解反应。尽管在果蔬的贮藏和保鲜过程中，我们努力避免这些阶段的出现，但对于许多果蔬而言，没有经历完熟和衰老，它们就无法达到最佳的食用品质，如香蕉、柿子会苦涩，地瓜会涩而无味等[1]。

3.1.1.1 成熟

成熟是指果实生长的最后阶段。在这个阶段，果实中的糖分增加，硬度降低，叶绿素逐渐消失，果皮呈现出光泽或者带有霜。这时候果实可以被采摘下来，但并不是最佳的可食用期。成熟可以分为生理成熟和园艺成熟两种。在大多数情况下，这两种成熟是相同的，但是由于组织器官、食用和加工的目的不同，它们之间还是存在一些差异的。例如香蕉的采收期是在生理成熟的80%左右，而叶菜类的最佳营养生长期则是最佳的可食用期，豆芽则是在生长初期就被采摘，这种成熟被称为园艺成熟。成熟期是果蔬最佳入贮时期[1]。

3.1.1.2 完熟

完熟是指果蔬在采摘后，在适当的温度和最佳的贮存条件下，经过一段时间达到其品种本身典型的特征，即达到食用品质的最佳阶段——最佳可食期的过程。在这个阶段，果实会变得柔软，香味浓郁，糖酸比例适宜，这是贮藏过程中最关键的阶段[1]，即从成熟期末期开始，一直持续到衰老初期。香蕉、菠萝及番茄之类的果实不宜延迟至完全成熟时采收，因为在此阶段，这些果实的贮藏性能显著降低。对于食用茎、叶、花等器官来说，虽然没有像果实那样的成熟现象，但存在组织衰老的问题。采后保鲜的主要问题之一是如何延缓组织衰老。

3.1.1.3　衰老

衰老是果蔬采收后经历各种生理变化，最终走向崩溃和死亡的标志。其征兆包括呼吸跃变（达到最高峰）和乙烯产量达到最高点[1]。在这个过程中，组织细胞失去了补偿和修复的能力，物质局部崩溃，细胞彼此松离，细胞间的物质代谢和交换减少，膜脂破坏，膜的通透性增加，最终导致细胞崩溃和整个细胞死亡。

尽管果蔬的生命周期可基本划分为生长、成熟、完熟及衰老等核心生理阶段，但要清楚地区分各阶段的差别却颇具挑战性，原因在于某些阶段彼此衔接，不易分割。图 3-1 展示了这些生理阶段间的关系及动态进程，为深入理解果实成熟过程的内在机制及本质特征提供了重要视角。所有生物体均经历从诞生、成长到衰老、死亡的历程，果实的成熟与衰老同样遵循着不可逆转的自然法则。一旦成熟进程启动，便无可阻挡地趋向于最终的腐败、分解状态，直至完全丧失其结构与功能。因此，为了有效地延长果蔬的贮藏寿命，应在贮藏保鲜技术上采取措施，以延缓果蔬成熟衰老的进程。

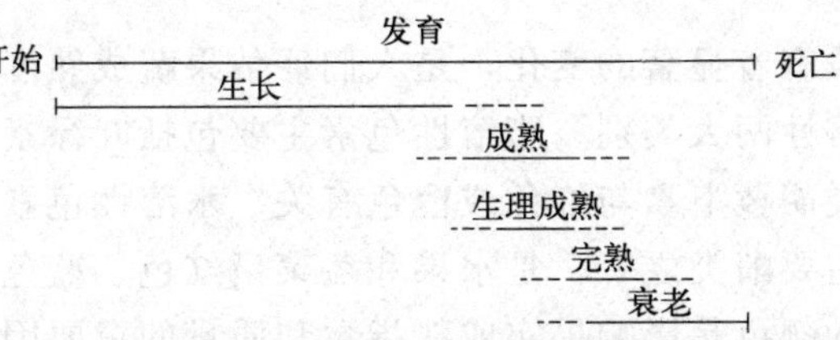

图 3-1　果实生长、成熟、完熟和衰老阶段示意图

3.1.2　成熟和衰老期间化学成分的变化

肉质水果的成熟涉及复杂的生理、生化和分子过程，涉及颜色、质地、味道和香气的变化。果蔬的成熟不只是物质分解的过程，同时还有合成过程发生，二者交织在一起（表 3-1）。

表 3-1　果蔬成熟的有关生理生化变化

降解	合成
叶绿素破坏	保持线粒体结构
叶绿素分解	合成类胡萝卜素和花色素苷
淀粉的水解	糖类相互转化
酸的水解	促进三羧酸循环(TCA)
底物氧化	ATP 生成增加
蛋白质、氨基酸、维生素 C 和金属离子等由酚类物质引起钝化	合成香气挥发物
果胶质分解	增加氨基酸的掺入
水解酶活化	加快转录和翻译速率
膜渗透开始	保存选择性的膜
由乙烯引起细胞壁的软化	乙烯合成途径的形成

3.1.2.1 物质的合成与水解、转移和分配

在果蔬贮藏期间，其内部物质经历着一系列复杂的转化过程，这些变化主要体现在同类物质之间的动态平衡，涉及合成-水解的动态平衡。具体而言，淀粉分子逐步转变为双糖，继而分解为单糖；原果胶通过代谢变为果胶酸；蛋白质则在酶的作用下裂解为氨基酸；类脂物质也历经分解与重组的动态变化。在果实的成熟阶段，氨基酸仍在参与新蛋白质的合成，此过程对维持特定酶活性至关重要，并且对于在后熟期间保持线粒体结构的稳定性及功能性更新、新蛋白质的合成是必不可少的。在糖酵解途径中，磷酸丙糖与磷酸己糖的生成伴随ATP的合成，为细胞提供能量；同时，三羧酸循环不仅是能量产生的核心环节，还紧密关联多种有机酸与氨基酸的生物合成。此外，成熟阶段乙烯的生物合成存在合成与降解的偶联。然而，随着果蔬后熟及衰老，合成活动渐趋减弱，而水解作用加剧，直接导致蛋白质与RNA含量显著衰减。这一趋势不仅缩减了组织内复杂物质与简单物质的比例，还促进了简单水解产物，尤其是易被呼吸作用利用的单糖的累积。果胶物质的转变进一步弱化了组织的硬度，增加了果蔬对机械损伤的敏感性，降低了其耐贮性。这些降解过程为微生物的侵染、生长发育创造了条件，即合成-水解作用转向水解方向加剧，这是果蔬细胞衰老的又一标志[2]。

3.1.2.2 颜色

色泽在果蔬成熟阶段有着显著的变化，是人们评估果蔬成熟度的关键指标之一。果蔬色素可归纳为脂溶性和水溶性两大类别。脂溶性色素主要包括叶绿素和类胡萝卜素，叶绿素使水果和蔬菜呈绿色，而类胡萝卜素与红色或橙色有关。水溶性色素的代表为花青素。花青素是水果和蔬菜中发现的主要酚类之一，是水果和蔬菜呈红色、蓝色和紫色的原因。

（1）叶绿素　果皮的颜色是影响果实成熟指数和质量的重要因素，根据品种的类型，它会从绿色变为橙色、黄色或红色。果实中的绿色色素沉着归因于叶绿素的存在。在芒果中检测到两种类型的叶绿素，即叶绿素a（蓝绿色）和叶绿素b（黄绿色），比例为3∶1。芒果中的叶绿体每堆包含7～10个类囊体，通过单个颗粒间类囊体连接，类囊体系统在成熟开始时在叶绿体内塌陷与叶绿素的损失有关。此外，随着成熟进程，果皮中叶绿素含量降低与β-胡萝卜素含量的增加有关。叶绿素和类胡萝卜素是赋予一些水果颜色的原因。几项研究表明叶绿素分解与某些水果的成熟度有关。当果实呈绿色时，大量的叶绿素掩盖了类胡萝卜素的颜色，即类胡萝卜素的黄色被成熟过程中的叶绿素降解所掩盖。果实中叶绿素含量的降低归因于乙烯，乙烯在成熟过程中上调了果皮中叶绿素酶的合成，此外，叶绿素也可以被打开卟啉环的过氧化物酶降解，从而导致颜色损失。

（2）类胡萝卜素　类胡萝卜素是地球上第二丰富的天然色素，一般存在于叶绿体中。类胡萝卜素主要是C_{40}亲脂性类异戊二烯，在所有光合生物（细菌、藻类和植物）以及一些非光合细菌和真菌中合成。类胡萝卜素的颜色变化从无色到黄色、橙色和红色，在许多水果、花卉和蔬菜中都有变化，这也有助于提升它们的经济价值。

（3）花青素　花青素是植物次生代谢过程中产生的一类类黄酮化合物，由苷元（如矢车菊素、飞燕草素）与糖通过糖苷键结合形成花青素糖苷，在自然界中已鉴定出超过635种花青素，主要包括六种常见的苷元以及多种酰化和糖基化修饰形式。花青素是着色色素，广泛

存在于水果、花朵、种子和营养组织中，能呈现橙色、红色、紫色和蓝色等一系列颜色。其中矢车菊素、天竺葵素、芍药素、飞燕草素、锦葵素和矮牵牛素是在植物中发现的最普遍的花青素。水果和蔬菜是花青素的主要天然来源，水果中花青素最丰富的来源是接骨木果、野樱桃、越橘、覆盆子、蓝莓、葡萄和石榴。花青素与叶绿素 b 吸收相同波长的光，这有助于保护植物组织。花青素有很强的抗氧化能力，有助于保护植物免受紫外线伤害。有研究表明，花青素可以抑制合胞病毒、流感病毒、单纯疱疹病毒、腺病毒和轮状病毒等病毒的复制。富含花青素的水果和蔬菜具有抗氧化活性，其通过减少心血管疾病、癌症、糖尿病和其他慢性疾病来提供健康优势[3]。

3.1.2.3 香气

众所周知，挥发性有机化合物（VOC）可以赋予水果不同的风味，从而表征水果的品质。

不同种类的果蔬在各自成熟阶段会产生不同的挥发性物质，促使它们形成各自特有的香气。到目前为止，已在植物中鉴定出 2000 多种芳香物质，主要由酯类、萜烯类、醛类、醇类等组成。不同种类的水果中香气物质的成分和含量不同。其中，酯类是具有“果香”和低气味阈值的挥发性物质，往往在成熟水果中积累更多，可为水果（如桃、苹果和南果梨等）提供不同类型和比例的特有“果香”香气。

挥发酯是评价果实品质的重要香气成分。酯香气的形成与脂氧合酶（LOX）途径显著相关。亚油酸和亚麻酸作为主要前体，可在 LOX、氢过氧化物裂解酶（HPL）、醇脱氢酶（ADH）、醇酰基转移酶（AAT）和羧酸酯酶（CXE）五种关键酶的作用下转化为酯香气。这个过程涉及亚油酸和亚麻酸的氧化、LOX 的催化以及羟基脂肪酸的产生。然后这些羟基脂肪酸被 HPL 分解成酸和醛。ADH 促进醛转化为相应的 C_6 醇。最后醇底物在 AAT 催化下与酰基辅酶 A（acyl CoA）发生酯化反应，形成酯。同时，酯类芳香物质在 CXE 的作用下分解成醇。AAT 和 CXE 是 LOX 途径末端的关键酶，它们直接催化酯类芳香化合物的合成和分解[4]。

芳香化合物在果蔬中的含量一般为 1～20mg/L，有些浓度低至每升仅含数微克。研究表明香气成分的生物合成依赖于乙烯生物合成途径。根据呼吸频率、乙烯释放和对外源乙烯的反应等生理特性，水果可分为两种基本类型：呼吸跃变型和非呼吸跃变型。呼吸跃变型果实在初始成熟阶段之前表现出明显的呼吸高峰，乙烯释放量相应增加。相比之下，非呼吸跃变型水果成熟过程中的乙烯释放量明显低于呼吸跃变型水果，并且不存在乙烯释放的峰值。有研究表示，乙烯不仅在调节呼吸跃变型水果的成熟和软化方面起着至关重要的作用，而且在调节非呼吸跃变型水果的成熟和软化方面也起着至关重要的作用。在呼吸跃变型果实中，成熟的特点是呼吸速率增加，挥发物和乙烯的产生增加。

3.1.2.4 风味

水果的味道与糖类（葡萄糖、果糖和蔗糖）和有机酸（主要是柠檬酸和苹果酸）的浓度有关，而其芳香特征涉及许多挥发性有机化合物，这些化合物与味道和质地的相互作用导致风味感知（即味觉和嗅觉的综合感知）。例如绿色香蕉果肉淀粉含量为 20%～25%，当果实完熟后，淀粉几乎完全水解，含糖量从 1%～2%迅速增加至 15%～20%。相比之下，对于主要积累可溶性糖分或几乎不累积淀粉的果实而言，其在成熟期间可溶性糖含量的变化则不显著。若果实在树上成熟，由于植株持续向果实输送有机物，可溶性糖的含量往往会继续增长。反之，如果果实提前采摘，未能达到充分成熟的阶段，那么由于有机物输入中断以及呼吸作用引起的持续消耗，其内部含糖量将出现下降趋势。果实的可溶性糖主要是蔗糖、葡萄糖和果糖，这三种糖的比例在成熟过程中经常发生变化。在柑橘内蔗糖、葡萄糖和果糖的比例约为 2∶1∶1，当果实成熟后，蔗糖含量的增加往往超过葡萄糖和果糖。这在早熟和中熟的柑橘中尤为明显。图 3-2 是香蕉、苹果和柑橘在完熟过程中含糖量的变化曲线。

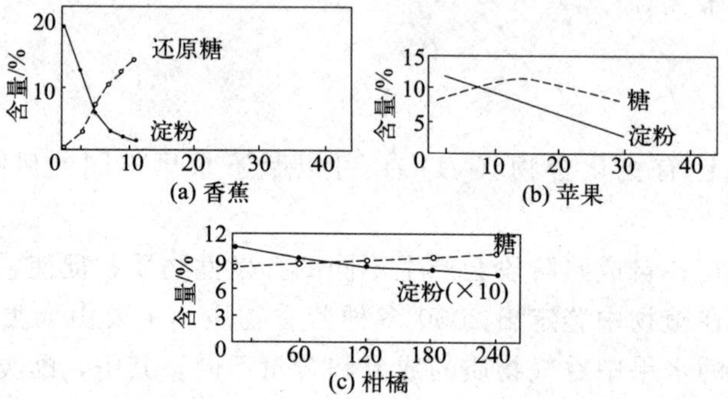

图 3-2　香蕉、苹果、柑橘完熟过程中含糖量的变化

涩味存在于许多植物源性食物中，是一些果实风味的重要组成部分，如葡萄、大米、可可、草药/药用植物。涩感被认为是口腔干燥和粗糙的感觉，其产生的根源在于可溶性单宁物质。目前对涩味有三种说法：①涩味是一种基于受体的感觉，其中收敛化合物可能会激活三叉神经或味觉神经，在容纳受体的口腔表面也会感觉到涩感；②涩味是一种基于摩擦的感觉，收敛化合物被认为与大量唾液蛋白相互作用，形成不溶性聚集体；③收敛化合物与唾液蛋白的聚集会去除舌头上润滑的唾液膜，并且蛋白质不再能够润滑口腔表面，这引起了一种干燥和粗糙的感觉。许多果实于未成熟阶段普遍带有涩味，而随着果实的完全成熟，部分果实会经历自然的脱涩过程。此脱涩机制多涉及化学转化或物理变化，促使原先可溶状态的单宁转变成不溶形式。柿子在生产上往往需进行脱涩处理，目前，用于去除涩味同时保持高度坚硬的方法是将水果在 95%～98%的 CO_2 下置于 20℃和 90%相对湿度的密闭室中 24h。这种方法的有效性在于它触发了水果中的厌氧呼吸作用，从而产生乙醛的积累，然后乙醛与可溶性单宁发生反应，使单宁变得不溶[5]。

葡萄中主要的有机酸为酒石酸。部分果蔬的有机酸种类及含量见表 3-2。苹果的有机酸主要是苹果酸，在呼吸跃变期，果肉和果皮的苹果酸含量均下降。梨（巴黎品种）的有机酸，在呼吸跃变期，苹果酸的含量也下降。苹果酸和糖作为主要呼吸底物而被消耗。菠萝在成熟初期，总酸量继续增加，但在成熟后期下降。

表 3-2　几种果实中的有机酸种类及含量

果实种类	pH 值	总酸量/%	柠檬酸/%	苹果酸/%	草酸/%
苹果	3.0～5.0	0.2～1.6	+	+	—
梨	3.2～3.9	0.1～0.5	0.24	0.12	0.03
杏	3.4～4.0	0.12～2.6	0.1	1.30	0.14
桃	3.2～3.9	0.2～1.0	0.2	0.5	—

续表

果实种类	pH值	总酸量/%	柠檬酸/%	苹果酸/%	草酸/%
李	—	0.4～3.5	+	0.36～2.90	0.06～0.12
甜樱桃	3.2～3.9	0.3～0.8	0.1	0.5	—
葡萄	2.5～4.5	0.3～2.1	0	0.22～0.9	0.08
草莓	3.8～4.4	1.3～3.0	0.9	0.1	0.1～0.8

注：+表示存在，—表示微量，0表示缺乏。

3.1.2.5 质地

在果实成熟阶段，果胶含量降低，由于原果胶的酶降解和溶解，导致果实变软。软化主要是几种细胞壁降解酶[主要是果胶酶、多聚半乳糖醛酸酶和β-半乳糖苷酶(β-GAL)]引起的多糖降解和溶解的结果，可导致松散的细胞壁附着果胶增加和共价连接的果胶减少。β-GAL由一组水解酶组成，催化分解寡糖和多糖以及糖蛋白和糖脂中的末端非还原性β-D-半乳糖基残基。β-GAL与多种生理过程有关，在种子发芽、细胞生长和果实成熟中起关键作用，其中会发生广泛的细胞壁松动。事实上，果实中β-GAL的作用至关重要，因为它在成熟过程中通过裂解鼠李糖半乳糖醛酸Ⅰ（RG-Ⅰ）侧链上的半乳糖残基，促进细胞壁果胶基质的解聚，从而导致果实软化相关的质地变化。这种半乳糖的降解增加了果胶的溶解度，为果胶酯酶（PME）和多聚半乳糖醛酸酶（PG）提供了更易接触的底物，特别是高甲酯化半乳糖醛酸[6]。

3.1.3 成熟和衰老中的酶化学变化

3.1.3.1 过氧化氢酶和过氧化物酶

过氧化氢酶（CAT）是最早发现并表征的抗氧化酶，广泛存在于植物细胞中。过氧化氢酶是一种血红蛋白酶，是果蔬体内常见的一种酶促防御系统。CAT通过催化果蔬体内积累的过氧化氢分解，从而减少H_2O_2自由基含量的积累对果蔬组织造成的伤害。在果蔬成熟阶段，其活性随氧化活性上升而增加。其功能是催化活性过氧化氢（H_2O_2）分解为H_2O和O_2，防止或减轻H_2O_2的直接或间接损害。植物细胞中，H_2O_2扮演着双重角色，它既是关键的信号分子，参与调节气孔行为、植物生长发育、环境胁迫响应及细胞程序性死亡等核心进程；同时，环境变化或内源性信号分子的波动可导致H_2O_2在细胞内异常积聚，而这种过量积累会引发氧化性损伤，不仅加速细胞老化，还可能对细胞构成毒性威胁。在此背景下，植物细胞内所含的CAT通过精细调控H_2O_2的浓度，对光合作用效率、抗逆性、抗病机制及细胞衰老等多样化的生理活动与生命现象发挥着不可或缺的调节作用[7]。

过氧化物酶参与细胞壁构建成分的聚合反应，这对维持细胞结构完整性和果实的质地尤为重要。过氧化物酶在自然界中广泛分布，从细菌到动物，它们在各种生物过程中发挥着重要作用，例如细胞生长、H_2O_2去除、细胞壁分化和对应激的反应等。其主要功能是催化还原H_2O_2，这是氧化代谢的常见最终产物。过氧化物酶在细胞壁中不仅促进蛋白质分子间的交联反应，还介导果胶与半纤维素分子间的交联，而且很可能参与这些多聚物的大分子聚合过程，因而在构建复杂的细胞壁结构中起着十分重要的作用。位于细胞壁内部的结构蛋白、果胶及半纤维素，在过氧化物酶的催化作用下发生交联反应，极大程度上降低了细胞壁的延展性，导致细胞壁硬化，从而对细胞的生长速率进行调控。

3.1.3.2 细胞壁酶

现已发现的细胞壁中的酶有近30种，大多数属于水解酶类，其余则多属于氧化还原酶类。如果胶酯酶、多聚半乳糖醛酸酶、纤维素酶、糖基水解酶和转移酶、葡萄糖苷酶、葡聚糖酶、半乳糖苷酶等[8]。

（1）多聚半乳糖醛酸酶（polygalacturonase，PG） 果胶在扩张植物细胞的初级细胞壁中含量丰富，占双子叶植物、裸子植物和非禾本科植物初级细胞壁的30%。它是一种结构复杂的酸性多糖，含有大量的D-半乳糖醛酸（GalUA）残基。果胶多糖在结构上分为同型半乳糖醛酸聚糖（HG）和鼠李糖半乳糖醛酸Ⅰ或Ⅱ，它们被认为是共价相连的。HG的骨架是聚半乳糖醛酸（PGA），它的主链是由GalUA残基通过α-1,4-糖苷键连接而成的，在C-6位点部分甲基化或在O-2或O-3位点乙酰化。HG交联的程度决定了细胞壁强度和细胞黏附，因此在脱落、开裂和果实成熟中起作用。HG被认为通过果胶甲基酯酶、多聚半乳糖醛酸酶（PG）和果胶裂解酶的协调作用而降解或修饰[9]。在很多果实成熟过程中，PG活性大大增加，且与果胶质结构的变化和果实成熟软化有关。

（2）果胶酯酶（pectin esterase，PE） 果胶酯酶的作用在于催化半乳糖醛酸残基上甲氧基的去除，这一过程促进了聚半乳糖醛酸的降解，进而分解其多糖链结构。由于PE的活性增强了组织对PGA的敏感性，可见PE的激活是实现PGA功能的前提。在猕猴桃果实软化初期阶段，PE活性增加，促进细胞壁中果胶物质的去甲酯化及降解为可溶性果胶。但PE与果实的后熟软化可能没有密切的联系。在桃果实的成熟软化过程中，PE的活性上升，加速了细胞壁中果胶物质的去甲酯化进程，并促使其降解为可溶性果胶。

（3）纤维素酶 纤维素是细胞的骨架物质。半纤维素由一组多样化的支链多糖组成，这些多糖在不同程度上由戊糖（D-木糖和L-阿拉伯糖）、己糖（D-甘露糖、D-葡萄糖和D-半乳糖）和糖酸组成。它们可以与乙酰基、阿魏酰基和/或对香豆酰基进行不同程度的酰化。最丰富的半纤维素类型是葡糖醛酸氧聚糖、葡糖曼聚糖和木葡聚糖。这些半纤维素的一部分，通常称为顽固性半纤维素，直接黏附在纤维素微纤维上并覆盖在纤维素微纤维上。纤维素酶解聚为葡萄糖提供了化学解聚方法的替代方案，被认为是将植物生物质环境可持续地转化为糖的关键步骤，这些糖可以发酵成增值产品，如燃料、化学品和食品。纤维素的酶水解具有挑战性，即使对于纯纤维素也是如此，并且需要三种类型水解酶的协同作用：纤维二糖水解酶（CBHs）、内切葡聚糖酶（EGs）和β-葡萄糖苷酶（BGLs）[10]。

3.1.3.3 淀粉酶和蔗糖磷酸合成酶

众多果实在成熟期间，其内部淀粉含量呈现出明显的递减趋势乃至完全消失。例如，绿熟阶段的香蕉淀粉含量可高达20%，而到完全成熟时，该数值骤降至约1%。相似地，苹果与梨在采摘前夕，其淀粉积累量达到峰值；随着成熟进程的启动，大多数品种的淀粉含量会迅速减少，通常减少至大约1%。这些变化主要由淀粉酶与磷酸化酶的协同作用所驱动。淀粉酶通过催化反应将淀粉分解转化为葡萄糖、果糖及蔗糖，这一生物化学转变标志着果实成熟。在研究猕猴桃等果实成熟过程中，发现淀粉水解生成蔗糖和己糖，伴随有蔗糖磷酸合成酶活性增加，这种淀粉的降解和糖含量的增加与蔗糖磷酸合成酶最大活性值有关，而蔗糖磷酸合成酶是上述过程蔗糖合成所需要的。

3.2　果品蔬菜的呼吸作用

呼吸作用既为植物提供可利用的能量，又为植物体内多种有机物的形成提供原料及还原剂，从而把植物所有的代谢都带动起来，成为植物代谢的一个中心。因此，呼吸作用影响着植物的生长发育，关系着农作物的产量和品质，是植物新陈代谢的一个必不可少的组成部分。但过于旺盛的呼吸又会过度消耗果蔬贮藏的有机物，导致品质劣化，甚至会加速衰老进程，缩短其保鲜期。因此，如何科学调控果蔬采后的呼吸作用，便成了果蔬生理学研究及贮藏保鲜的技术核心。

3.2.1　呼吸作用的概念

植物的呼吸作用（respiration）是指生物体内活细胞在一系列酶的催化下将体内葡萄糖等有机物质氧化分解成二氧化碳和水等无机物的过程。这一反应过程产生的能量，一部分用于生理作用，一部分变成热被消耗掉。根据此过程中是否涉及氧气的参与，呼吸作用可细分为两大基本类型，即有氧呼吸与无氧呼吸，且这两种类型的呼吸产物不同。

3.2.1.1　有氧呼吸

有氧呼吸（aerobic respiration）是一种生物体内活细胞借助氧分子将有机物分解成无机物并释放大量能量的生物氧化过程，最终会生成二氧化碳（CO_2）和水（H_2O）。在这个过程中，被氧化的有机物称为呼吸底物，包括但不限于碳水化合物、有机酸、蛋白质以及脂肪。其中，淀粉、葡萄糖、果糖、蔗糖等碳水化合物最易于被细胞利用。以葡萄糖作为典型的呼吸底物来阐述有氧呼吸的总过程：在氧气的参与下，葡萄糖分子经过一系列复杂的酶促反应，逐步被氧化分解为二氧化碳和水，同时蕴含在葡萄糖分子中的化学能一部分以热能形式散失，一部分则被细胞捕获并转化为 ATP 等高能化合物，随时供细胞利用。总反应式为：

$$C_6H_{12}O_6 + 6O_2 \longrightarrow 6CO_2 + 6H_2O + 2.87 \times 10^6 J$$

3.2.1.2　无氧呼吸

无氧呼吸（anaerobic respiration）指植物在缺氧的条件下，葡萄糖通过糖酵解产生丙酮酸，丙酮酸进一步转化为乙醇和二氧化碳，或转变为乳酸的过程。在消耗等量物质的前提下，无氧呼吸产生的能量只为有氧呼吸的 1/32，且无氧呼吸产生乙醇、乙醛、乳酸等有害物质，对果蔬贮藏极为不利。因此，在果蔬贮藏过程中，要防止无氧呼吸的发生。在微生物界，与其类似的过程被描述为发酵。值得注意的是，高等植物进行无氧呼吸时，主要产物为乙醇，这就是为什么部分农产品长期处于无氧环境后会产生明显的酒味，这一过程与乙醇发酵在本质上是相同的。反应式如下：

$$C_6H_{12}O_6 \longrightarrow 2C_2H_5OH + 2CO_2 + 0.1 \times 10^6 J$$

3.2.1.3 呼吸代谢的多条途径

高等植物体内构建了多样化呼吸代谢的生化途径，这是植物历经漫长进化后对多变环境的适应性表现。糖酵解、三羧酸循环（TCA）和戊糖磷酸途径在自然界普遍存在，它们在异养细胞的能量供应和广泛的其他生理功能中都是必不可少的。

（1）糖酵解（glycolysis） 糖酵解是第一个被阐明的代谢途径，是指一个葡萄糖分子分裂成两个丙酮酸分子（糖酵解的最终产物）的过程。当氧气充足时，糖酵解的主要功能是产生为许多生物合成途径提供燃料的中间体。相反，在缺氧情况下，糖酵解的主要作用是为生存提供 ATP。其反应式如下：

$$C_6H_{12}O_6+2H_3PO_4+2NAD^++2ADP\longrightarrow 2CH_3—CO—COOH+2ATP+2NADH+2H^++2H_2O$$

糖酵解途径的反应程序如图 3-3 所示。

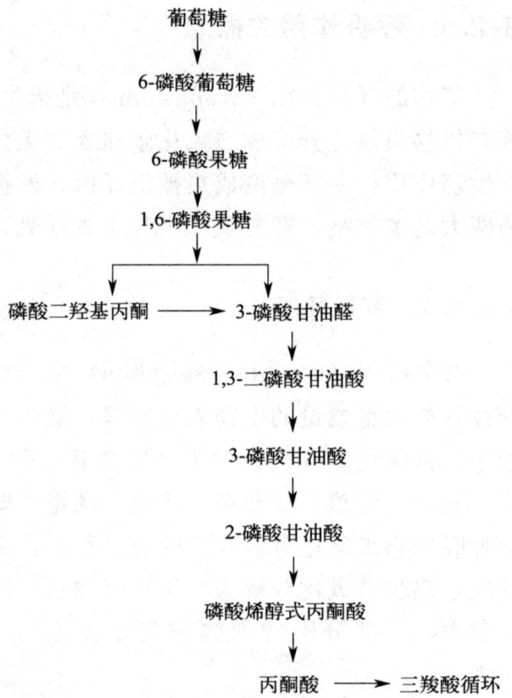

图 3-3 糖酵解途径

糖酵解有三个主要特征[11]：①糖酵解是在缺氧（无氧条件）或红细胞（甲状腺细胞）等缺乏线粒体的细胞中产生 ATP 的唯一途径。在这些情况下，丙酮酸转化为乳酸。②在氧气存在的情况下，糖酵解产生丙酮酸，丙酮酸进入位于线粒体内的三羧酸循环（也称为柠檬酸循环或克雷布斯循环）中产生 ATP。③糖酵解和三羧酸循环的许多代谢物也可以进入合成代谢途径，产生 NADPH 和生成糖原、脂质、核苷酸和蛋白质合成所需的构建块。糖酵解中间体进入的生物合成途径包括戊糖磷酸、己糖胺、丝氨酸和甘油生物合成途径。

（2）三羧酸循环（tricarboxylic acid cycle，TCA） 植物三羧酸循环由八种酶参与，这些酶主要将糖酵解生成的丙酮酸氧化为二氧化碳，并通过线粒体呼吸链产生 NADH 进行氧化。三羧酸循环在各类动物、植物及微生物体细胞内的线粒体基质中普遍展开。三羧酸循环的初始底物辅酶 A，不仅是糖代谢的中间产物，也是脂肪酸及部分氨基酸的代谢产物。因此，三羧酸循环成了连接糖类、脂肪与蛋白质三大基本生物分子的桥梁，是生物体高效获取能量的核心机制[12]。其反应式如下：

$$CH_3—CO—COOH+5/2O_2\longrightarrow 3CO_2+2H_2O$$

1mol 丙酮酸氧化能产生 15mol 的 ATP，2mol 丙酮酸氧化就能得到 30mol 的 ATP，加上最初葡萄糖通过糖酵解途径生成的 8mol 的 ATP，因此，每完全分解 1mol 的葡萄糖（经糖酵解生成 2mol 丙酮酸），总共可以生成 38mol 的 ATP。

在无氧或其他不利条件下（如果皮透气性不佳致使果蔬细胞内的氧化酶活性降低），丙酮酸将转而进行无氧呼吸或发酵（分子内呼吸），即丙酮酸经脱羧反应生成乙醛，乙醛被 NADH 还原为乙醇，或直接被还原为有机酸，如乳酸。

其反应的第一步是丙酮酸脱羧生成乙醛：

$$CH_3—CO—COOH \xrightarrow{\text{丙酮酸脱氢酶}} H_3CHO + CO_2$$

第二步反应是乙醛还原为乙醇：

$$CH_3CHO + NADH + H^+ \xrightarrow{\text{乙醇脱氢酶}} CH_3CH_2OH + NAD^+$$

（3）戊糖磷酸途径（pentose phosphate pathway，PPP） 戊糖磷酸途径是葡萄糖在细胞质中氧化分解的一种方式，因这一过程始于 6-磷酸葡萄糖，所以也叫己糖磷酸途径（hexose monophosphate pathway，HMP）或己糖磷酸支路（shunt）。PPP 分为两个阶段，第一阶段始于 6-磷酸葡萄糖的脱氢氧化，生成 6-磷酸葡糖酸内酯，随后该内酯自发水解为 6-磷酸葡糖酸，再氧化脱羧生成 5-磷酸核酮糖。在这一系列氧化反应中，$NADP^+$ 接收来自底物的电子。进入第二阶段，5-磷酸核酮糖作为起点，经转酮基和转醛基作用，磷酸丁糖、磷酸戊糖以及磷酸庚糖等中间代谢产物相继生成，最终生成 3-磷酸甘油醛和 6-磷酸果糖。这两个终产物能够重新接入糖酵解途径，实现能量的有效转化与利用。当 EMP-TCA 途径受阻时，可启动 PPP 途径来代替正常的有氧呼吸，维持作物的生长发育及对环境的适应。

3.2.2 呼吸作用与果品蔬菜贮藏的关系

果蔬在采摘后的一个核心生理过程是呼吸作用，这一过程对果蔬的成熟度、品质特性及贮藏期限具有至关重要的影响。

3.2.2.1 呼吸强度

（1）呼吸强度与贮藏寿命 呼吸强度（也称为呼吸速率，respiration rate）是衡量呼吸强弱最常用的生物学指标，该指标反映了在一定的温度条件下，单位时间、单位重量果蔬释放的 CO_2 的量或摄入的 O_2 的量。呼吸强度能够帮助我们预测果蔬产品的贮存期限。产品的贮藏寿命与呼吸强度成反比，呼吸强度越大，表明呼吸代谢越旺盛，水分和营养流失越快，果蔬成熟衰老越快，贮存期限也越短。常见的果蔬呼吸强度见表 3-3。

表 3-3 一些果蔬在不同温度下的呼吸强度

（美国农业部农业手册 66 卷果蔬花卉苗木商业性贮藏，1986）

单位：mg/(kg·h)

果蔬种类	0℃	4～5℃	10℃	15～16℃	20～21℃	25～27℃
夏苹果	3～6	5～11	14～20	18～31	20～41	—
秋苹果	2～4	5～7	7～10	9～20	15～25	—
杏	5～6	6～9	11～19	21～34	29～52	—
朝鲜蓟	15～45	26～60	55～98	76～145	135～233	145～300
鳄梨	—	20～30	—	62～157	74～347	118～428
香蕉（青）	—	—	—	21～23	33～35	—
成熟香蕉	—	—	21～39	25～75	33～142	50～245
荔枝	—	—	—	—	—	75～128
芒果	—	10～22	—	45	75～151	120
甜樱桃	4～5	10～14	—	25～45	28～32	—
柠檬	—	—	11	10～23	19～25	20～28
橘子	2～5	4～7	6～9	13～24	22～34	25～40
猕猴桃	3	6	12	—	16～22	—
草莓	12～18	16～23	49～95	71～92	102～196	169～211
甘蓝	4～6	9～12	17～19	20～32	28～49	49～63

续表

果蔬种类	0℃	4～5℃	10℃	15～16℃	20～21℃	25～27℃
胡萝卜	10～20	13～26	20～42	26～54	46～95	—
花椰菜	16～19	19～22	32～36	43～49	75～86	—
芹菜	5～7	9～11	24	30～37	64	84～140

(2) 呼吸强度的测定　不同种类的植物可采取不同方法来测定其呼吸强度，常用的方法有气流法、静置法、红外线气体分析仪法、气相色谱法等。通常叶片、块根、块茎、果实等器官释放 CO_2 的速率，用红外线 CO_2 气体分析仪测定，而细胞、线粒体的耗氧速率可用氧电极和瓦布格检压计等测定[13]。

① 静置碱液吸收法[14] 原理：定量碱液吸收果蔬在一定时间内呼吸所释放出来的 CO_2，再用酸滴定剩余的碱，即可计算出呼吸所释放出来的 CO_2 的量，求出其呼吸强度。其单位为每千克每小时释放出来的 CO_2 的量（mg）。反应式为：

$$2NaOH + CO_2 \longrightarrow Na_2CO_3 + H_2O$$

$$Na_2CO_3 + BaCl_2 \longrightarrow BaCO_3 + 2NaCl$$

$$2NaOH + H_2C_2O_4 \longrightarrow Na_2C_2O_4 + 2H_2O$$

操作：把玻璃干燥器洗干净，晾干。下边放入培养皿，培养皿内准确注入 0.4mol/L NaOH 标准溶液 20mL，放置隔板，隔板上放入待测果蔬 250～500g，盖好干燥器，于一定温度下，静置 1h。果蔬呼吸释放出的 CO_2 自然下沉而被碱液吸收。1h 后取出培养皿，把碱液移入烧杯中（用去除过 CO_2 的蒸馏水冲洗 4～5 次），加饱和氯化钡溶液 5mL、酚酞 2 滴，用 0.1mol/L 草酸标准溶液滴定，记录草酸标准溶液的用量。用同样方法做空白滴定。

$$呼吸强度[mg/(kg \cdot h)] = \frac{(V_1 - V_2)c \times m_{CO_2}}{m_s \times t}$$

式中　V_1——空白滴定草酸用量，mL；

V_2——样品滴定草酸用量，mL；

c——$H_2C_2O_4$ 的物质的量浓度，mol/L；

m_{CO_2}——CO_2 的摩尔质量，44g/mol；

m_s——样品质量，kg；

t——测定时间，h。

② 红外线 CO_2 气体分析仪[15] 测定原理：根据比尔定律和气体对红外线的选择性吸收原理设计而成。采用时间双光束、气体滤波、InSb 半导体检测器。二氧化碳气体的特征波长是 4.26μm，也就是说，它对此波长的红外线有强烈的吸收，仪器选定 3.9μm 波长为参比波长。此仪器为数字显示 CO_2 含量。

操作：先将密闭容器的两个通气口打开，并分别插入 GXH-3010 型便携式 CO_2 分析仪的两个接口，形成闭路循环，当仪器数字显示稳定之后，记录容器内 CO_2 含量 w_1(%)。选用待测果蔬 250～500g，放在该容器内，密闭，置于不同温度下存放 1h。将便携式 CO_2 红外线分析仪安装调试好。然后将两个通气口打开并分别插入便携式 CO_2 分析仪的两个接口，形成闭路循环，当仪器数字显示稳定之后，记录密闭容器中 CO_2 总量 w_2(%)，根据测定结果计算其呼吸强度。

$$呼吸强度[mg/(kg \cdot h)] = (w_2 - w_1)VM_{CO_2} \times 10^{-3}/(V_0 m_s t)$$

式中　w_1——空白试验密闭容器中 CO_2 总量，%；

w_2——测定后密闭容器中 CO_2 总量，%；

V——密闭容器内总体积，L

M_{CO_2}——CO_2 的摩尔质量，44g/mol；

V_0——测定温度下 CO_2 摩尔体积，L/mol；

m_s——测定用果蔬的质量，kg；

t——测定时果蔬呼吸时间，h。

3.2.2.2 呼吸商

呼吸商（respiratory quotient，RQ），又称呼吸系数（respiratory coefficient），指果蔬在进行呼吸活动时，从外界摄入的二氧化碳与内部排出的氧气之间的比例，即 CO_2/O_2。呼吸商会随着呼吸底物的不同而有所差异。

（1）RQ=1　呼吸底物为碳水化合物且被完全氧化。农产品进行有氧呼吸时，消耗 1mol 己糖分子，同时吸入 6mol 氧分子，放出 6mol 二氧化碳分子。

（2）RQ<1　当呼吸底物为 H/O 比大的化合物（如脂肪和蛋白质这类高度还原的化合物）时，RQ<1。原因是含有的氢越多，脱下的氢就越多，从而使其转变成水分子时，需要更多的氧气消耗，呼吸商就越小。

（3）RQ>1　当果蔬处于缺氧状态时，因为氧气的摄取量受到影响，导致呼吸系统的参与度增加，呼吸系数大于 1。其中，缺氧呼吸所占的比重越大，呼吸系数也越大。当以有机酸为底物时，由于它们具有更高的氧化能力，因此它们的呼吸系数会大于 1。

3.2.2.3 呼吸温度系数与呼吸热

呼吸温度系数（Q_{10}），指当环境温度提高 10℃时，农产品呼吸强度所增加的倍数。不同种类、品种的农产品，其 Q_{10} 的差异较大，同一产品，Q_{10} 也会因温度变化而变化，通常温度越低，Q_{10} 越大（表 3-4）。

表 3-4　几种果蔬的 Q_{10} 与不同温度的关系

蔬菜	10～24℃	0.5～10℃
菜豆	2.5	5.1
菠菜	2.6	3.2
胡萝卜	1.9	3.3
豌豆	2.0	3.9
辣椒	3.2	2.8
番茄	2.3	2.0
黄瓜	1.9	4.2
马铃薯	2.2	2.1
水果	15～25℃	5～15℃
柠檬（青果）	2.3	13.4
柠檬（成熟）	1.6	2.8
橘子（青果）	3.4	19.8
橘子（成熟）	1.7	1.5
桃（加尔曼）	2.1	—
桃（阿尔巴特）	2.25	—
苹果	2.6	—

当农产品采后进行呼吸作用时，消耗的呼吸底物所产生的能量，一部分作为能源供生命活动所用，另一部分则以热量的形式散发到环境中，这种释放的热量称为呼吸热（respiration heat），通常以 Btu（英国热量单位）表示，1Btu＝252cal＝1055.056J。其计算方法为：每日产品释放的呼吸热（Btu）应该等于每千克产品每小时所放出的二氧化碳的量（mg）乘以 220 这个系数，此法计算的呼吸热的数值接近于用热量计测定的呼吸热的数值。

3.2.3 影响呼吸强度的因素

3.2.3.1 果蔬内部的因素

（1）种类与品种　不同种类果蔬的呼吸强度有很大的差别。一般来说，夏季成熟的果实比秋季成熟的果实呼吸强度大，南方果蔬比北方果蔬呼吸强度大。在蔬菜中，叶菜类和花菜类的呼吸强度最大，果菜类次之，鳞茎、块茎类蔬菜呼吸强度最低[16]。

（2）发育年龄和成熟度　一般在生长期采收的蔬菜，呼吸强度很高，各种机能非常活跃，衰老变质很快，贮藏很困难。充分成熟的老熟蔬菜，呼吸强度很低，表面又可形成良好的保护结构，从而为贮藏创造了极为有利的条件[16]。

3.2.3.2 温度和湿度

（1）温度　温度是影响果蔬呼吸作用最重要的环境因素。随着温度的升高，跃变型果实呼吸跃变的出现变早，贮藏寿命或货架寿命变短。当温度高于一定的程度（35～45℃）时，呼吸强度在短时间内可能增加，但由于高温使酶失活，呼吸强度很快急剧下降。同样，呼吸强度随着温度的降低而下降，但是如果温度太低，导致冷害，反而会出现不正常的呼吸反应[16]。

（2）湿度　蔬菜种类不同，对湿度的要求也存在很大差别。如大白菜、菠菜及某些果菜类，收获后稍经晾晒或风干，有利于降低呼吸强度，增强耐贮性。洋葱、大蒜头等贮藏要求低湿，低湿可抑制呼吸作用，保持休眠状态，延迟发芽。但薯芋类蔬菜则要求高湿，干燥反而会促进呼吸，产生生理病害。

3.2.3.3 气体成分

正常空气中，氧气所占比例为 20.9%，二氧化碳为 0.03%，适当降低氧气含量，升高二氧化碳含量，既可抑制呼吸，又不干扰正常代谢。实践证明，如果将空气中氧气含量降到 10%以下，就会明显降低蔬菜呼吸作用，但这种氧气含量降低有一极限，当氧气含量小于 2%时，许多蔬菜产生生理伤害，这主要是由于无氧呼吸导致乙醇、乙醛等有害物质大量积累的结果。二氧化碳体积分数高于 0.03%时，对蔬菜呼吸均有抑制作用，它能保持蔬菜绿色和维持蔬菜硬度，但浓度过高时二氧化碳会引起异常代谢，产生生理障碍。不同蔬菜，二氧化碳体积分数的上限值不同，多数在 5%以下能正常贮存。

3.2.3.4 机械损伤、微生物侵染与病虫害

果蔬在采收、采后处理及贮运过程中，极易受到机械损伤，这就提高了呼吸强度和乙烯的生成量。伤呼吸指的是组织因受到损伤引起呼吸强度异常的增加。伤呼吸可能的机制：①开放性伤口使内层组织直接暴露于空气中，增加了与气体的接触，使 O_2 消耗量增加。

②伤口的存在会损害植物的细胞结构，导致其无法将酶和底物分隔。③伤口还会为微生物的侵染和繁殖提供良好的条件，微生物的存在可促进呼吸和乙烯的生成。乙烯生成量增加，加强了呼吸作用；果蔬更为活跃的呼吸作用有助于抵御损伤及修复损伤。

3.2.4 呼吸跃变

3.2.4.1 基本概念

当农产品处于生长发育的各种阶段时，其呼吸强度也会随之变化，这种变化模式称为呼吸趋势。在果实成长的初期，其呼吸强度通常处于较高水平，随着果实逐渐成熟至衰老，呼吸强度会逐步减弱。像番茄、香蕉、苹果、芒果和猕猴桃等果实，在成熟开始时，伴随着乙烯的大量生成，表现出明显的呼吸高峰，即所谓的呼吸跃变（climacteric）现象，达到极值后，呼吸强度又会逐渐回落，直至果实最终衰老死亡。这类果实为呼吸跃变型果实（climacteric fruits）[17]。相比之下，非跃变型果实（non-climacteric fruits），包括草莓、甜瓜和葡萄等，在呼吸方面没有显著变化，乙烯的产生仍保持在基础水平[18,19]。进一步观察发现，无论是呼吸跃变还是乙烯释放的高峰值，均出现在果实的完熟期内，表明呼吸跃变与果实完熟紧密相关。当果实步入呼吸跃变期，其贮藏稳定性会急剧下降。因此，为了有效延长果蔬的贮藏寿命，需采取各种技术手段来人为地延缓呼吸跃变的到来。

3.2.4.2 跃变型果实和非跃变型果实的区别

（1）两类果实中内源乙烯的产生量不同　所有果实在其发育过程中均会产生微量的乙烯。然而，当进入完熟阶段时，跃变型果实的乙烯产生量显著多于非跃变型果实，并且跃变型果实在其呼吸跃变前后，内源乙烯生成量的差值很大，而非跃变型果实的内源乙烯含量则始终稳定保持在极低的水平[18,19]（表 3-5）。

表 3-5　几种果实在跃变前至跃变高峰期内源乙烯浓度的变化[20]　　单位：μg/g

类型	果实种类	跃变前	跃变开始	跃变高峰
跃变型	鳄梨	0.04	0.75	500
	香蕉	0.1	1.5	40
	南美番荔枝	0.03	0.04	219
	芒果	0.01	0.08	3
	硬皮甜瓜	0.04	0.3	50
	番木瓜		0.1	2.8
	洋梨	0.9	0.4	40
	番茄	0.08	0.8	27
非跃变型	柠檬	0.1～0.2		
	青柠	0.3～2.0		
	橙子	0.1～0.3		
	菠萝	0.2～0.4		

（2）对外源乙烯刺激的反应不同　对于跃变型果实而言，外源乙烯的处理仅在跃变前期有效，它能促进呼吸的上升和催化内源乙烯的生成，这一过程具有不可逆性，即使停止外源乙烯的施加，果实的呼吸状态也无法恢复至处理前的水平。相反，非跃变型果实任何时期都能对外源乙烯产生反应且过程可逆。一旦去除外源乙烯，其呼吸会恢复到未经处理时的状态。

(3) 对外源乙烯浓度的反应不同　当增加外源乙烯的浓度时，跃变型果实的呼吸跃变现象会提前发生，但呼吸高峰的强度不变，乙烯浓度的增加与呼吸跃变提前的时间之间存在对应关系。对于非跃变型果实而言，虽然提高外源乙烯的浓度能够增强其呼吸强度，但却无法使呼吸高峰提前。

(4) 乙烯的产生体系不同　McMurchie 等[21] 用 500μL/L 的丙烯处理跃变型果实青香蕉时，约 10h 后检测到呼吸上升，这种上升伴随着呼吸商（RQ）从跃变期前的 1.05 下降到约 0.70。呼吸上升开始后超过 3h 检测到内源乙烯产量的增加，其乙烯峰值比自然成熟的香蕉晚 12h 左右。在丙烯处理非跃变型果实柠檬和橙子约 10h 后，摄氧量增加，RQ 下降，呼吸速率在约 24h 后达到峰值，然后保持约 60h 的稳定。而内源乙烯产量保持在较低水平。即使在没有添加丙烯的情况下放置几天，柠檬或橙子的内源乙烯产量也没有上升。该试验揭示了跃变型果实具备内在催化乙烯产生的能力，而非跃变型果实则不具备此特性。McMurchie 等[21] 基于此提出植物体内存在两种不同的乙烯合成系统。他们认为，在植物的所有生长发育阶段均会产生并释放微量乙烯的，称为乙烯合成系统Ⅰ。就果实而言，无论是非跃变型果实还是未成熟的跃变型果实，其乙烯的产生均源自系统Ⅰ。而跃变型果实在完熟前期会产生并释放大量的乙烯，即乙烯合成系统Ⅱ。这一系统不仅能够自然响应果实的完熟过程，还能被外界乙烯所诱导启动。当跃变型果实内源乙烯积累达到某一阈值时，便会触发乙烯的自我催化作用，导致内源乙烯生成量急剧增加，进而诱导呼吸跃变以及完熟期一系列生理和生化的变化。系统Ⅱ的自我催化作用一旦启动，便能持续进行，不断产生大量内源乙烯。相比之下，非跃变型果实仅靠系统Ⅰ进行乙烯合成，缺乏系统Ⅱ。因此，当外源乙烯被去除后，非跃变型果实的各种完熟反应会随之终止。关于两种类型果实呼吸和完熟过程中的乙烯变化及其作用，可归纳为表 3-6。

表 3-6　乙烯因子与呼吸模式的关系[20]

项目	跃变型果实	非跃变型果实
对外源乙烯的反应	只在呼吸上升前有反应	采后整个时期都有反应
内源乙烯水平	变化，由低至高	低
反应的大小	与浓度无关	是浓度的函数
自身催化	显著	无

3.3　乙烯与果品蔬菜的成熟衰老

当前的科学研究认为果蔬从生长转到成熟主要归因于植物激素的精细调控，其中乙烯发挥核心作用，同时其他激素也协同参与这一过程。作为五大类植物内源激素中结构最简单的一种，仅需极低浓度（如 0.1mg/L）的乙烯即可诱导果蔬的成熟。

3.3.1　促进成熟

植物合成乙烯的第一个迹象来自赫伯特·考辛斯（Herbert Cousins）的研究，他报告说，真菌损坏的橙子会产生一种加速香蕉果实成熟的气体。当时还不确定乙烯是由受损的橙子产生的，还是由感染它们的真菌产生的。1934 年，Richard Gane 用定量化学方法证明苹果释放乙烯，因此，他是第一个用化学方法证明植物合成乙烯的人[22]。乙烯是一种多用途的植物激素，影响植物生长、发育和对环境的反应等许多方面，包括果实成熟、叶和花的衰老和脱落、不定根的形成、种子萌发、与微生物的相互作用以及对胁迫的反应等[23]。

乙烯可加快某些果实后熟和软化的速度。猕猴桃采后成熟的关键生理变化与四个不同的软化阶段有关。阶段 1，果实收获时坚硬，淀粉含量高，产生很少的挥发性香气化合物；然后进入阶段 2，即快速软化期；阶段 3 的开始标志着内源乙烯生成的开始，果实软化到“可食用”的硬度；阶段 4，果实在过度成熟时继续产生乙烯。

3.3.2 乙烯的生物合成与调节

3.3.2.1 乙烯的生物合成途径

大量的证据表明，乙烯在果蔬采后成熟衰老过程中起重要作用，调控乙烯的生物合成是控制果蔬成熟衰老的关键之一。1964 年 Lieberman 等发现添加蛋氨酸后产生了更多的乙烯，这表明蛋氨酸可能是植物生产乙烯的前体。利用同位素标记蛋氨酸，表明苹果果实的乙烯是由蛋氨酸的 C-3 和 C-4 产生的。下一个有趣的难题是确定蛋氨酸是直接转化为乙烯还是通过中间产物。Stanley Burg 在乙烯合成过程中首先证明了 *S*-腺苷甲硫氨酸（SAM）是一种中间体。后来对苹果组织的研究证实，SAM 是在乙烯生物合成过程中由蛋氨酸形成的。后来，Adams 和 Yang 还发现 SAM 和乙烯之间存在一种代谢中间体，最终确定为 1-氨基环丙烷-1-羧酸（ACC），同时还发现 ACC 转化为乙烯是依赖氧的。

乙烯生物合成的主要途径可以概括如下：

$$\text{蛋氨酸} \longrightarrow \text{SAM} \longrightarrow \text{ACC} \xrightarrow{O_2} \text{乙烯}$$

首先，蛋氨酸通过 SAM 合成酶转化为 *S*-腺苷甲硫氨酸。然后，SAM 通过 1-氨基环丙烷-1-羧酸合成酶（ACS）转化为 1-氨基环丙烷-1-羧酸和甲硫腺苷（MTA），MTA 继续被水解成甲硫核糖（MTR），而甲硫核糖可通过蛋氨酸途径，再次循环回蛋氨酸，进行新一轮的乙烯生物合成，该过程也称杨氏循环（Yang cycle）。最后，ACC 被 ACC 氧化酶（ACO）氧化为乙烯[18,24]。

ACS 和 ACO 是乙烯合成途径中非常关键的酶。一般认为 ACS 催化形成 ACC 的过程对乙烯合成起到限速作用。细胞通过调节 ACC 含量和 ACS 的活性来调控细胞内乙烯合成的速度。虽然乙烯合成只有一条途径，但 ACS 和 ACO 是由多基因家族编码的。FaACS1 表达的增加与乙烯生物合成的加速同时发生，表明 FaACS1 可能是调节草莓乙烯生物合成的关键 ACS 基因。CmACS2 在果实发育成熟过程中表达并且对生长素也有响应。在草莓中，从青果期到白果期 FaACO1 和 FaACO3 的表达水平持续上升，随后在果实成熟和着色期间逐渐降低到最低水平。然而，FaACO2 在白果期达到最低表达水平，然后在成熟期逐渐增加，导致成熟前乙烯生物合成大幅增加。另外在 ACS 和 ACO 基因的启动子区发现了许多不同的结构域修饰。这些基因在果实的不同组织部位以及不同外部条件刺激下，可能会形成不同的信号响应，基因受到不同诱导而产生特异性表达，从而实现果实在不同时间和空间下的乙烯合成及调控。

3.3.2.2 乙烯信号转导

通过对模式植物拟南芥的研究已经建立了植物对乙烯反应的信号转导通路。受体结合乙烯，然后沿着线性途径发送信号，包括 MAPK 途径和转录级联：C_2H_4→ETRs→CTR1→EIN2→EIN3/EIL1→ERF1→下游基因[25]。

ETRs 是上游元件，在整个乙烯信号转导通路中起负调控作用。在没有乙烯的情况下，ETRs 激活下游 raf 样丝氨酸/苏氨酸激酶 CTR1，从而抑制相关乙烯诱导基因的表达。然而，在乙烯存在的情况下，乙烯分子与位于内质网膜的 ETRs 结合，导致 ETRs 的去磷酸化。这导致 ETRs-CTR1 复合物失活，乙烯诱导基因的抑制活性减弱。CTR1 是乙烯信号通路中 ETRs 的下游组分。CTR1 突变体表现出持续的乙烯反应，表明 CTR1 在乙烯信号通路中起负调控作用。EIN2 位于内质网膜 CTR1 的下游，是乙烯信号通路的正向调节因子。EIN2 突变体表现为完全的乙烯不敏感。此外，EIN2 的 C 末端被认为参与信号输出，该结构域的异位表达可以部分激活乙烯反应。EIN2 下游的乙烯信号通路由 EIN3 基因家族介导，包括 EIN3 和 EIN3 样 1（EIL1），它们在细胞核中作为调控基因表达的转录因子。在拟南芥中，EIN3 突变体表现出严重有限的乙烯反应，表明 EIN3 和 EIL1 在乙烯信号转导中起关键作用。ERF 家族由乙烯信号通路下游的调控因子组成。这些因子可以被乙烯信号诱导，通过将下游乙烯反应基因的 ERF 结合域与 GCC-box（AGCCGCC 基序）结合，激活或抑制下游乙烯反应基因的转导和表达。

3.3.2.3 乙烯生物合成的调节

在植物发育过程中，乙烯的生物合成有严格的调控体系。在种子萌发、生长发育、果实成熟与衰老期间都存在乙烯的生物合成。此外，许多外界因素如逆境胁迫等也会影响乙烯的生物合成。

（1）逆境胁迫刺激乙烯的产生　逆境胁迫促进乙烯在植物体内的生成，逆境因素包含机械性伤害、极端的高低温、病虫害侵袭以及化学物质的暴露等。植物组织在遭受此类胁迫后，乙烯的产生具有时间依赖性，通常在胁迫开始后的 10～30min 内启动，随后在数小时内达到峰值。一旦胁迫因素消除，乙烯的产生会逐渐恢复到正常水平。因此，植物组织产生的胁迫乙烯被视为其对不利环境条件所做出的一种适应性反应。

胁迫因子促进乙烯合成的核心在于能够增强 ACC 合成酶的活性。实验证据显示：通过使用专一抑制剂 AVG（抑制 ACC 合成酶），能够有效地抑制胁迫乙烯产生。以低温胁迫为例，它对于某些冷害敏感植物的内源乙烯合成具有显著的促进作用。Wang 等[26] 对比了黄瓜在冷害温度（2.5℃）与非冷害温度（13℃）下的乙烯生成情况。结果显示，2.5℃下，黄瓜的内源乙烯释放量及 ACC 含量仅略高于 13℃下的水平（不具有统计学差异），但 ACC 合成酶的活性、含量以及乙烯的生成量均较低。然而，当将受到冷害胁迫的黄瓜转移至 25℃中时，这三个指标的数值激增，并在 7h 后达到峰值，增长幅度高达约 70 倍，且显著高于对照组。

（2）Ca^{2+} 调节乙烯产生　钙离子（Ca^{2+}）在苹果、无花果、香蕉和番茄的果实生长发育中起着至关重要的作用，可以保持果实的硬度，抑制呼吸速率，减少乙烯的产生。乙烯生物合成和信号转导相关的基因转录可以被 Ca^{2+} 调节。例如，在木瓜（*Carica papaya*）果实中，$CaCl_2$ 处理可以抑制 ACO1、ACS1、CTR1 和 EIN3-BINDING F-BOX 蛋白 1（EBF1）等基因的表达[27]。

（3）其他植物激素对乙烯合成的影响　脱落酸、生长素、赤霉素和细胞分裂素对乙烯的生物合成有一定的影响，具体在下述内容中详细讨论。

3.3.3　成熟衰老期间其他植物激素的变化

植物激素是一种微小的、天然存在的有机化合物，对植物的生长、发育、防御、生产力和生理机制有重要影响。它们还参与协调植物内部的各种细胞活动，即使浓度极低，它们也能在植物细胞、组织和器官中起作用。

3.3.3.1　脱落酸

脱落酸（abscisic acid，ABA）是调控果实成熟和衰老的重要激素，它参与植物光合作用、蒸腾作用和许多与水分调节有关的生理过程，还参与调节根系生长、衰老和果实成熟。ABA 在低等植物和高等植物中普遍存在。据报道，幼龄组织含有高水平的 ABA。ABA 的生物合成主要发生在维管组织中，随后被转运到靶组织中。这种运输过程通过木质部和韧皮部进行，从而实现根和芽之间的双向运输。果实成熟过程中 ABA 含量的增加可能有两个原因：一是由于果实成熟的需要，在果实发育早期积累了大量的内源 ABA；二是成熟过程中糖的积累、酸含量的降低、渗透压和 pH 值的变化可能是诱导 ABA 合成的信号。

外源 ABA 处理可以促进内源 ABA 的合成，提高果实的呼吸强度，促进果实的成熟和衰老，例如可促进葡萄、草莓和荔枝等非成熟期果实的软化、着色和糖的积累。ABA 处理可以刺激南瓜和芒果中 ACS 和 ACO 的表达，从而促进 ACC 转化为乙烯。这一发现表明，ABA 作为乙烯合成和生物反应的上游调节剂，可以通过诱导乙烯合成关键酶的表达来实现乙烯的合成[28]。

3.3.3.2　生长素

乙烯和生长素（auxin）在果实成熟和衰老过程中有着密切的关系。近年来的研究表明，生长素与乙烯的相互作用主要存在于呼吸跃变型果实的成熟过程中。生长素参与果实发育和成熟抑制。吲哚乙酸（IAA）是主要的天然生长素。乙烯通过影响生长素载体蛋白和主要生长素反应蛋白基因的表达模式，来调节生长素的转运、代谢和信号转导，而不是通过调节生长素的生物合成。生长素影响细胞壁降解、类胡萝卜素代谢、能量代谢和果实香气挥发物的生成，最终导致果实成熟过程延迟。SlPIN7、SlSAUR69、SlIAA13、SlIAA29、SlMYB86 和 1 个 b 型 ARR 基因被预测为生长素和乙烯的相互作用位点[29]。

3.3.3.3　赤霉素

近年来，对赤霉素（gibberellin，GA）的研究主要集中在呼吸跃变型果实上。GA 是番茄成熟基因、乙烯生物合成基因和后续成熟过程的负调控因子。从绿熟期到完熟期，内源 GA 浓度在乙烯产生前下降。乙烯生物合成基因的表达和乙烯生产在 GA 缺乏的果实中被预激活，而在外源 GA_3 处理的野生型果实中则被延迟或降低。GA 的缺乏介导乙烯生物合成的激活是由于成熟调控基因 RIN、NOR 和 CNR 的激活。GA 通过调节乙烯合成基因 SlACS2、SlACS4、SlACS6 和 SlACO3 的转录水平来延缓成熟。随着 GA_3 浓度的增加，类胡萝卜素总含量降低。在非呼吸跃变型果实葡萄中，ABA 和 GA_3 参与了碳水化合物的生物合成和积累以及糖从叶片到果实的长距离运输。

3.3.3.4 茉莉酸

茉莉酸（jasmonic acid，JA）是一种内源性调节剂，在植物发育中起着重要作用。最近的研究表明，JA通过影响水果的颜色、硬度和香气参与水果成熟。茉莉酸处理通过调节脂氧合酶（LOX）途径、乙烯生物合成和抗氧化系统来调节挥发性有机化合物（VOC）含量，茉莉酸甲酯和抗坏血酸-谷胱甘肽循环对乙烯生物合成的协同调节有助于番茄果实采后成熟过程中香气的形成。Shafiq等人[30] 发现，在苹果全花期后喷洒JA可以促进果皮中花青素和其他类黄酮的积累。

3.3.4 贮藏运输实践中对乙烯以及成熟的控制

任何能够抑制乙烯生物合成或削弱其效果的手段，均能有效延缓果蔬的自然成熟过程，进而实现贮藏时间的延长及品质优化。

3.3.4.1 控制适当的采收成熟度

通常果实在生长初期时乙烯的产量极少，而在即将进入完熟期时，释放量激增。尤其是呼吸跃变型果实在呼吸高峰期，其内源乙烯的产量可攀升至跃变前水平的数十倍乃至数百倍。随着采摘时间的推迟和采收时成熟度的提升，果实对乙烯的敏感度也随之增强，原因可能是成熟过程中某些拮抗物质的消减。因此，在确定采收期时，要以后续运输与贮藏的时长为依据。若贮运时间较短，为保证果实的色泽、香气与风味为最佳，一般建议在成熟度较高时进行采摘。而对于需长时间和长距离贮运的果实，采收期则应定在果实充分发育和养分充分积累时，且生理状态上即将进入跃变期但尚未完熟，此时，果实内源乙烯的生成量相对较少，耐贮性良好。但值得注意的是，采收期也不宜过早，以免对果实的产量和品质造成不利影响。

3.3.4.2 防止机械损伤

在乙烯的生物合成路径中，机械损伤能激发乙烯的急剧增加。当植物组织遭遇机械损伤、冷冻伤害、紫外线辐射或是病菌侵袭时，其内源乙烯的生成量会激增3～10倍。这种激增不仅可加速植物体内的生理代谢过程，还可促进积累的养分的快速消耗以及呼吸热的释放，进而引发品质劣化，加速果实的成熟与衰老。此外，机械损伤后的果实更易被真菌与细菌入侵，而这些微生物自身又能产生大量的乙烯，进一步加剧果实的成熟与衰老，形成恶性循环。因此，为了最大程度地降低机械损伤的概率，从采收、分级、包装、装卸、贮运直至销售的每一个环节，都必须轻拿轻放以及采用有效的防护性包装。

3.3.4.3 避免不同种类果蔬的混放

不同种类或同种类但成熟度各异的果蔬，乙烯生成量也不同。因此，在果蔬贮运中，应严格避免将不同种类和同种类但成熟度不同的果蔬混合放置。否则某些乙烯释放量较高的果蔬会加速周围乙烯释放量较低的果蔬的成熟过程，从而缩短整体的贮藏期。

3.3.4.4 乙烯吸收剂的应用

乙烯吸收剂能高效地捕获并吸收果蔬释放出的乙烯，从而显著延长果蔬的贮藏期。其中，高锰酸钾作为一种常用的乙烯吸收剂，凭借其强氧化性特性，能够有效地氧化乙烯，从而消除其催熟作用。然而，高锰酸钾的局限性在于较小的表面积和较弱的吸附能力，单独使用时消除乙烯的速度很慢。改进后，通常会将饱和高锰酸钾溶液吸附在特定的载体上，载体的选择一般是表面积较大的多孔物质，包括蛭石、氧化铝和珍珠岩等。这种氧化吸附型的吸收剂能够增大高锰酸钾与乙烯的接触面积，加速乙烯的氧化，提高乙烯的去除效率。

3.3.4.5 控制贮藏环境条件

(1) 适当的低温　乙烯的生成速率及其效果与温度密切相关，在正常生理温度下，随着温度上升乙烯的生成速度明显提高。对大部分果蔬而言，当环境温度处于20～25℃时，乙烯的合成速度达到峰值。鉴于此，果蔬采后应立即进行预冷处理，旨在确保不引发冷害的前提下，迅速降低贮藏温度。

(2) 适当降低 O_2 浓度和提高 CO_2 浓度　通过调控贮藏环境中的气体浓度，即通过减少 O_2 浓度并增加 CO_2 含量，可以显著地遏制乙烯的生成及其生物效应，降低呼吸作用，从而有效延缓果蔬的成熟与衰老。这一机制在于ACC合成乙烯的过程是一个需要氧气参与的反应。且低氧条件还会削弱果蔬组织对乙烯的敏感度。采后短期高浓度 CO_2 处理可以抑制乙烯产生和乙烯发挥生理作用，这是由于 CO_2 可以抑制ACC氧化酶和竞争乙烯受体蛋白。

3.3.4.6 使用乙烯受体抑制剂1-甲基环丙烯

1-甲基环丙烯（1-methylcyclopropene，1-MCP）可通过与乙烯受体的不可逆结合，竞争性地阻断乙烯的激素作用，1-MCP被广泛应用于延长果蔬采后贮藏寿命和防止果蔬变质。成熟期果实暴露于1-MCP的主要作用是延缓成熟过程中呼吸和乙烯产率的自然增加，从而延缓成熟和成熟相关的过程，如软化、颜色变化、淀粉分解等。

3.4 果品蔬菜的蒸腾作用

还未采摘的新鲜健壮的果蔬，其体内水分含量极高，可达到总体积的85%～95%，这种高水分含量使果蔬细胞饱满、组织坚挺、富有光泽和弹性。一旦果蔬被采摘下来，由于离开了母体和土壤环境，致使失去了营养与水分的输送，但蒸腾作用（transpiration）并未停止，细胞内水分持续流失且得不到补充。在恶劣的贮藏环境下，贮藏器官不断蒸发失水，引发细胞膨压下降，组织失去原有的饱满度和光泽度，变得萎蔫、松软、皱缩，导致果蔬重量和新鲜度急剧下降，贮藏期缩短，品质劣化。因此，应深入探究影响果蔬蒸腾作用的各种因素，并应用科学手段控制因蒸腾作用导致的水分流失，以维持果蔬的新鲜度，延长其货架期，提升果蔬的风味及品质。

3.4.1 蒸腾作用及其对果品蔬菜的影响

蒸腾作用是指植物体内的水分汽化后通过植物体的叶片或茎皮等流失到大气中的过程。蒸腾现象包括三个主要阶段：①水分以液体和蒸汽的形式从细胞间隙输送并通过产品的表层；②从产品外表层蒸发水分；③水分向周围环境的对流传质。

3.4.1.1 失重和失鲜

失重，也被称为自然损耗，是指贮藏器官由于蒸腾作用引起水分流失和由于呼吸作用引起干物质消耗，最终导致的重量下降。蒸腾失水是失重的主要原因。部分蔬果的失重率见表 3-7、表 3-8。

表 3-7　一些蔬菜不同贮藏时间时的自然损耗率　　单位：%

蔬菜种类	1d	4d	10d
油菜	14	33	—
菠菜	24.2	—	—
莴苣	18.7	—	—
黄瓜	4.2	10.5	18.0
茄子	6.7	10.5	—
番茄	—	6.4	9.2
马铃薯	4.0	4.0	6.0
洋葱	1.0	4.0	4.0
胡萝卜	1.0	9.5	—

注：在温度 25℃、相对湿度 75%～85%下的试验数据。

表 3-8　一些水果在贮藏期间的失重率

水果种类	温度/℃	相对湿度/%	贮藏时间/周	失重率/%
香蕉	12.8～15.6	85～90	4	6.2
伏令夏橙	4.4～6.1	88～92	5～6	12.0
甜橙	20	85	1	4.0
番石榴	8.3～10.0	85～90	2～5	14.0
荔枝	约 30	80～85	1	15～20
芒果	7.2～10.0	85～90	2.5	6.2
菠萝	8.3～10.0	85～90	4～6	4.0

通常，当失水达到 5%时，植物细胞就会出现明显的萎蔫和皱缩的外观变化，以及新鲜度的明显下降。大部分果蔬放置在温暖干燥的环境下，几小时后就会萎蔫皱缩，即便某些果蔬尚未萎蔫，其水分的流失仍会造成品质劣化和商业价值降低，包括口感变差、脆度减弱、软化加剧、营养物质流失及风味淡化等。

3.4.1.2 失水引起代谢失调

蒸腾失水还会破坏果蔬的正常代谢过程，引起果蔬代谢失调。水分的蒸腾使果蔬的叶绿素酶、果胶酶等水解酶的活性增强，造成果蔬变软、发黄。研究表明，组织的严重缺水还会影响植物激素的含量，如脱落酸含量的增加，可刺激乙烯含量的增加，从而加速植物器官的衰老和脱落。

3.4.1.3　失水降低耐贮性和品质

水分是保证果蔬新鲜品质的必要条件，水解作用加强，细胞膨压下降，造成果蔬结构特性改变，必然影响果蔬的耐藏性和抗病性。黄瓜失水后表皮皱缩，光泽消退，出现“糠心”，主要原因是失水使其细胞间隙内空气增多，导致组织变成乳白色海绵状。苹果失鲜失重时，脆度降低，果肉变为沙质。

3.4.2　影响蒸腾作用的因素

3.4.2.1　果品蔬菜自身因素

（1）表面积比　表面积比指果蔬器官的表面积占其重量或体积的比例。只考虑物理因素，表面积比越大，蒸腾作用下的水分流失得越多，因为较大的表面积比意味着与空气的接触面也较大。

（2）种类、品种和成熟度　大部分植物蒸腾水分的通道是表皮层上的气孔与皮孔，极少数是表皮。通常表皮的蒸腾速度相较于气孔与皮孔要缓慢得多。果蔬的种类、品种和成熟度决定了其气孔、皮孔及表皮层的结构、厚度和数量等，进而决定了蒸腾失水的速度。在发育初期的植物器官，表皮层主要由纤维素构成，更易透水。随着器官的逐渐成熟，角质层增厚，失水速度变缓。无气孔的贮藏器官，皮孔由一些老化且紧密排列的木栓化表皮细胞构成，成熟果实的皮孔常被蜡质或杂质所阻塞，限制了水分的蒸腾和气体交换，水分和气体转而通过角质层扩散。

（3）机械伤　遭受机械伤的果蔬表面的保护屏障被破坏，导致皮下组织暴露于外部环境中，从而加速了水分的蒸发过程。尽管在生长发育的初期，受损部位可通过形成木栓化组织来自我愈伤，但是这种自愈能力会随着植物器官的成熟而逐渐减弱（除块茎和块根外）。

（4）细胞的保水力　细胞的保水力与其内部可溶性物质及亲水性胶体的浓度相关。亲水性胶体和可溶性物质含量丰富时，细胞具有较高的渗透压，有助于锁水以防止水分外流至细胞壁及细胞间隙。

3.4.2.2　环境因素

（1）温度　气温影响空气的饱和湿度（即空气中能够溶解水蒸气的最大量），从而改变产品与周围空气的水蒸气饱和差（饱和湿度与绝对湿度的差值），导致水分的蒸发速度变动。具体来说，空气的饱和湿度随气温的升高而增大，果蔬失水速度也随之加快[31]。

常规的果蔬保鲜冷库中的湿度很高，温度的波动极易引发结露现象。将果蔬转移至温暖的环境时，其表面会迅速出现凝结的水珠，原因在于低温的果蔬碰到较高温的空气时，果蔬周围的空气温度降至露点以下，空气中的水蒸气液化为露珠。对于块茎、鳞茎及直根类等蔬菜，在贮运时若堆叠得过密过厚，会在距离堆表层下方约 20cm 处的蔬菜表面观察到凝结的水滴。这是由于产品堆内部空气不流通，堆内充满着高温高湿的空气，当其向外扩散时遇到堆表层的冷空气，此时气体达到露点，从而凝结成水珠。

在果蔬采用塑料薄膜袋保鲜贮藏时，会观察到薄膜内侧附着有水珠，原理是袋内空气由于果蔬的呼吸和蒸腾作用，其温度和湿度高于外部，这层薄膜成了冷热的交界面，水珠因此凝结。果蔬表面沾染到这些水珠，可为微生物的繁殖提供有利条件，进而可加速果蔬在贮藏期间的腐烂。

(2) 湿度　湿度分为绝对湿度和相对湿度。绝对湿度指水蒸气在空气中所占比例的百分数；相对湿度（RH）表示空气中水蒸气压与该温度下饱和水蒸气压的比值，用百分数表示[32]。果蔬细胞中由于渗透压的作用，含水量很高，其中大部分为游离水，易蒸腾失去。但由于果蔬中的水含有多种溶质，因此果蔬组织中的水蒸气压不可能是100%，大部分果蔬与环境空气达到平衡时的相对湿度约为97%。当空气的湿度较低时，果蔬中的水分就会向空气中扩散，直至达到平衡时才停止失水。可见，果蔬的蒸腾失水率与贮藏环境中的湿度呈显著的负相关。

(3) 风速　空气流经产品表面，可将产品的热量带走，但同时也会增加产品的失水。因为离产品最近的一层空气的含水量始终与产品本身的含水量相等，空气的流通会带走这一层空气，空气的流速越大，这一层空气的厚度就减少得越多，这样就加大了产品周围的水蒸气饱和差，从而增加失水。风速越大，产品失水越多。

3.4.3　控制果蔬蒸腾失水的措施

(1) 降低温度　果蔬和贮藏库的温差越大，果蔬内部与贮藏库的水蒸气压力差越大，果蔬越容易失水。将果蔬的温度降到库温所用时间越长，果蔬失水越多。因此，迅速降温是减少果蔬蒸腾失水的首要措施。

(2) 提高湿度　提高空气的相对湿度，可缩小产品与空气之间的水蒸气压力差，因而可减少产品水分蒸腾。但是，极端高的相对湿度给霉菌提供了有利的生长环境，对此可采用杀菌剂来解决问题。

(3) 控制空气流动　在贮藏库内适当减少空气流动可减少产品失水。这可通过控制风机在低速下运转，或者缩短风机开动的时间，来减少水分的损失。

(4) 包装、打蜡（涂膜）　对果蔬进行有效包装或打蜡（涂膜）可有效防止果蔬的水分流失，保持果蔬良好的新鲜度。而包装的锁水性能取决于材料对水蒸气的渗透性。

3.5　果品蔬菜的休眠与生长

休眠（dormancy）是指植物或植物的某一部分生长发育缓慢或暂停的一段时期，休眠使植物能够忍受不利时期，并在条件对其生存和繁殖更有利时恢复生长。植物的休眠通常由环境因素引发，如极端温度、缩短的光周期、干旱或缺乏营养。这种适应使植物在生存可能受到极端条件威胁的时期能够保存能量和资源[33]。大部分一、二年生植物多以种子为休眠器官；多年生草本植物在遇到高温、干旱或者低温等不良环境时，可在地下形成变态器官，如鳞茎、球茎、块茎、块根等进行休眠；多年生落叶树木以休眠芽过冬[34]。

3.5.1 休眠的类型与阶段

3.5.1.1　休眠的类型

休眠一般可以分为两种类型，一种是由于自身的生理状况引起的休眠，此时即使产品在适宜发芽生长的条件下也不会发芽，这种休眠称为“自发”休眠（rest period）或者生理休眠；另一种是由于外界环境条件不适宜，如低温、干燥所引起的，一旦遇到适宜发芽生长的条件即可发芽生长，这种休眠称为“被动”休眠（dormancy）或者强制休眠[35]。

3.5.1.2 休眠的阶段

生理休眠一般经历如下历程：休眠前期（休眠诱导期）→生理休眠期（深休眠期）→休眠后期（休眠苏醒期）→发芽[36]。

（1）休眠前期 果蔬采后脱离母体和土壤环境后，为了加快适应新环境，它们会通过增厚表皮层和角质层，或延伸出膜状的鳞片，以减少蒸腾失水和病菌的侵袭，并在伤口或病部形成木栓组织或周皮层等保护层以自我疗伤。这一阶段称为“休眠前期”。

（2）生理休眠期 处于深休眠期的植物体内生理机能近乎停滞，所有新陈代谢活动减缓至最低水平，细胞结构经历了重塑，即使各生长条件适宜，也不会发芽生长[34]。

（3）休眠后期 生理休眠期结束后，若外界环境条件不适宜，代谢功能将不会恢复，植物器官将一直持续维持其休眠状态。一旦外部环境条件变得适宜，休眠状态终止，随即萌芽与生长。

3.5.2 休眠的生化特征

（1）细胞结构的变化 20 世纪 40 年代，有苏联学者认为，进入生理休眠期的植物细胞会质壁分离。原因在于植物进入休眠前，原生质脱水，并在原生质与液泡的界面上积蓄着大量疏水性胶体，尤其是脂肪与类脂，形成了一道阻碍水和细胞液通过的屏障。因此，处于休眠期的各细胞被隔离开来，细胞间及组织与外部间的物质交换活动大幅减少。休眠期结束后，质壁不再分离，重新紧密相贴，疏水性胶体减少，而亲水性胶体增加，各物质交换活动恢复。

用高渗透压的蔗糖溶液人为处理处于不同休眠阶段的细胞时，所引发的质壁分离的形态各异。正处于休眠期的细胞其质壁分离呈现出凸形；已终止休眠状态的呈凹形；处于过渡阶段的部分为凸形，部分为凹形。基于这一现象，可判断细胞所处的休眠阶段。

（2）营养成分的变化 碳水化合物是植物在休眠期间进行物质代谢和能量转化的基础。在植物休眠期间，淀粉作为主要的营养贮存方式，可水解成可溶性糖，然后以各种形式参与植物的生命活动代谢。多项研究表明，在秋季温度逐渐降低，日照长度渐短的时候，植物体内会合成大量的淀粉贮存在各器官组织中，后期分解为小分子溶质可溶性糖，在为冬季植物生长提供营养的同时还可保证植物的抗寒能力。高东升等[37] 对油桃自然休眠过程中碳水化合物的变化进行研究，发现淀粉含量在自然休眠前期逐渐积累至最高，然后随着休眠的加深逐渐降低，但可溶性糖的含量却是随着休眠程度的加深而一直增加。

（3）激素的变化 在植物生命的每个阶段，它都依赖于自然产生的被称为植物激素的小信号分子。植物激素及其内源水平对植物的休眠和发芽具有调控作用[38]。

休眠受脱落酸、赤霉素和细胞分裂素（CK）等水平控制，已知 ABA、生长素和乙烯促进或维持休眠，而 GA 和 CK 促进发芽。休眠期间的 ABA 含量是合成代谢平衡的结果，在休眠结束时有利于分解代谢。ABA 含量在新鲜收获的块茎中含量最高，在采后贮藏期间下降。细胞分裂素水平在休眠期间较低，随后在发芽时上升。细胞分裂素含量的增加伴随着休眠期间 ABA 的减少。通过内源性措施（通过改变 ABA 代谢基因）或外源性措施（通过施用 ABA 抑制剂）降低 ABA 水平会导致马铃薯块茎提早发芽。GA 的减少与早期休眠有关，随后的上升有助于休眠的释放。施用 GA_3 可诱导出芽，强调了 GA 在解除休眠过程中的重要作用。此外，CK 被认为是终止块茎休眠的关键因素，在没有 CK 的情况下，单靠 GA 不足以打破块茎休眠。

3.5.3 控制休眠的措施

蔬菜休眠期结束后就会萌芽，此时产品重量减轻，品质下降，甚至产生一些有毒物质。如马铃薯一过休眠期，不仅表面皱缩，还会产生对人体有害的龙葵素；洋葱、大蒜和生姜发芽后肉质会变空、变干，食用价值降低。因此，必须设法控制休眠，防止发芽，延长贮藏期。

（1）辐射处理　马铃薯、洋葱、大蒜、生姜及甘薯等根茎类作物在贮藏期间，其根或茎易发芽、腐烂，损失严重。根据种类及品种的不同，辐射处理的最适剂量也不同，范围一般为 0.05～15kGy。辐射处理以后在适宜条件下贮藏，可保藏半年到一年。研究表明，UVC 照射马铃薯块茎可使发芽率降至最低，并限制马铃薯的失重[39]。

（2）化学药剂处理　化学药剂处理有明显的抑芽效果。早在 1939 年 Gutheric 首先使用萘乙酸甲酯（MENA）防止马铃薯发芽。MENA 具有挥发性，薯块经处理后，在 10℃下一年不发芽，在 15～21℃下也可以贮藏几个月。MENA 的用量与处理时期有关，休眠初期用量要多一些，在块茎开始发芽前处理时，用量则可减少[40]。

在世界范围内，氯苯胺灵（CIPC）是马铃薯在 8～12℃下贮存时最常用的发芽抑制剂。在细胞分裂过程中，CIPC 通过干扰纺锤体形成的过程而起到有丝分裂抑制剂的作用，还能抑制蛋白质合成、RNA 合成、β-淀粉酶活性，抑制蒸腾作用和呼吸作用，干扰氧化磷酸化和光合作用。根据贮存期的长短，可用 CIPC 进行一次或两次雾化处理。CIPC 的剂量约为 18g/t 马铃薯，马铃薯的长期贮存通常需要两次应用，因此总 CIPC 用量约为 36g/t 马铃薯[41]。

（3）控制贮运环境温度　温度在调节与休眠和发芽相关的各种代谢过程和信号通路中起着至关重要的作用[42]，控制适当贮藏低温是延长休眠期的最有效手段。

本章思考题

1. 影响果蔬呼吸强度最主要的因素是什么？
2. 控制果蔬蒸腾作用的措施有哪些？
3. 植物体内乙烯的生物合成途径是什么？
4. 试述果蔬的呼吸作用对于采后生理和贮藏保鲜的意义。
5. 呼吸跃变型与非呼吸跃变型果蔬在采后生理上有什么区别？
6. 为什么说机械损伤是影响果蔬贮藏寿命的致命伤？

参考文献

[1]　班兆军，冯建华，徐新明，等．果蔬衰老机理研究简述［J］．中国果菜，2011（01）：55-56.

[2] 陈明之．农产品的衰老机理及调控措施［J］．北方经济，2011（16）：95-96.

[3] Hu M，Du J，Du L，et al. Anti-fatigue activity of purified anthocyanins prepared from purple passion fruit（P. edulis Sim）epicarp in mice［J］. Journal of Functional Foods，2019，65（3）：103725.

[4] Qi L，Li C，Sun J，et al. Jasmonate promotes ester aroma biosynthesis during nanguo pears storage［J］. Horticulturae，2024，10（4）：329.

[5] Salvador A，Arnal L，Besada C，et al. Physiological and structural changes during ripening and deastringency treatment of persimmon fruit cv. 'Rojo Brillante'［J］. Postharvest Biology and Technology，2007，46（2）：181-188.

[6] Fanourakis D，Nikoloudakis N，Paschalidis K，et al. Gene expression，activity and localization of beta-galactosidases during late ripening and postharvest storage of tomato fruit［J］. Agriculture，2022，12：778.

[7] 李哲，黄磊．植物叶片和采后果蔬的过氧化氢酶活性［J］．生态科学，2010，29（06）：573-578.

[8] 郭云，支崇远，赵宇中．显花植物受精早期阶段的酶作用［J］．种子，2007（02）：45-48.

[9] Ohashi T，Jinno J，Inoue Y，et al. A polygalacturonase localized in the Golgi apparatus in *Pisum sativum*［J］. The Journal of Biochemistry，2017（3）：193-201.

[10] Payne C M，Knott B C，Mayes H B，et al. Fungal cellulases［J］. Chem Rev，2015，115（3）：1308-1448.

[11] Chandel N S. Glycolysis［J］. Cold Spring Harb Perspect Biol，2021，13（5）：a040535.

[12] 马春媚．一氧化氮对桃果实三羧酸循环相关酶活性及蛋白质结构的影响［D］．泰安：山东农业大学，2013.

[13] 周世光．试析影响植物呼吸速率的因素［J］．成才之路，2012（09）：18.

[14] 汪葆浚，等．分析化学：下册［M］．北京：高等教育出版社，1965.

[15] 张桂．果蔬采后呼吸强度的测定方法［J］．理化检验（化学分册），2005（08）：596-597.

[16] 张利平．蔬菜采收后的呼吸与保鲜［J］．农产品加工，2008（09）：24-25.

[17] Xu F，Yuan S，Zhang D，et al. The role of alternative oxidase in tomato fruit ripening and its regulatory interaction with ethylene［J］. Journal of Experimental Botany，2012，63（15）：5705-5716.

[18] Cherian S，Figueroa C R，Nair H. 'Movers and shakers' in the regulation of fruit ripening：a cross-dissection of climacteric versus non - climacteric fruit［J］. Journal of Experimental Botany，2014，65（17）：4705-4722.

[19] Symons G M，Chua Y J，Ross J J，et al. Hormonal changes during non-climacteric ripening in strawberry［J］. Journal of Experimental Botany，2012，63（13）：4741-4750.

[20] Biale J B. Growth，maturation，and senescence in fruits：recent knowledge on growth regulation and on biological oxidations has been applied to studies with fruits［J］. Science，1964，146（3646）：880-888.

[21] McMurchie E J，Mcglasson W B，Eaks I L. Treatment of fruit with propylene gives information about the biogenesis of ethylene［J］. Nature，1972，237（5352）：235-236.

[22] Bakshi A，Shemansky J M，Chang C，et al. History of research on the plant hormone ethylene［J］. Journal of Plant Growth Regulation，2015，34（4）：809-827.

[23] Khan S，Alvi A F，Saify S，et al. The ethylene biosynthetic enzymes，1-aminocyclopropane-1-carboxylate（ACC）synthase（ACS）and ACC Oxidase（ACO）：the less explored players in abiotic stress tolerance［J］. Biomolecules，2024，14（1）：90.

[24] Zhang H，Han M，Xie Y，et al. Application of ethylene-regulating packaging in post-harvest fruits and vegetables storage：A review［J］. Packaging Technology and Science，2022，35（6）：461-471.

[25] Liu M，Wang C，Ji H，et al. Ethylene biosynthesis and signal transduction during ripening and softening in non-climacteric fruits：an overview［J］. Front Plant Sci，2024，15：1368692.

[26] Wang C Y，Adams D O. Chilling-induced ethylene production in cucumbers（*Cucumis sativus* L.）［J］. Plant Physiol，1982，69（2）：424-427.

[27] Gao Q，Tan Q，Song Z，et al. Calcium chloride postharvest treatment delays the ripening and softening of papaya fruit［J］. Journal of Food Processing and Preservation，2020，44（8）.

[28] Kou X，Yang S，Chai L，et al. Abscisic acid and fruit ripening：multifaceted analysis of the effect of abscisic acid on fleshy fruit ripening［J］. Scientia Horticulturae，2021，281：109999.

[29] Li J，Tao X，Bu J，et al. Global transcriptome profiling analysis of ethylene-auxin interaction during tomato fruit ripening［J］. Postharvest Biology and Technology，2017，130：28-38.

[30] Shafiq M, Singh Z, Khan A S. Time of methyl jasmonate application influences the development of 'Cripps Pink' apple fruit colour [J]. Journal of The science of Food and Agriculture, 2013, 93 (3): 611-618.

[31] 郭莹. 高蒸腾速率新鲜果蔬包装内湿度调节技术的研究 [D]. 西安：西安理工大学，2021.

[32] 李菁雯. 鲜切果蔬包装内环境对其品质的影响 [D]. 西安：西安理工大学，2017.

[33] Gubler F, Millar A A, Jacobsen J V. Dormancy release, ABA and pre-harvest sprouting [J]. Curr Opin Plant Biol, 2005, 8 (2): 183-187.

[34] 宋玲珊. 百蕊草生长过程中碳水化合物积累动态及休眠生理研究 [D]. 南京：南京农业大学，2016.

[35] Gong H, Dusengemungu L, Igiraneza C, et al. Molecular regulation of potato tuber dormancy and sprouting : a mini - review [J]. Plant Biotechnology Reports, 2021, 15 (4): 417-434.

[36] 关文强. 果蔬贮运保鲜过程中的质量与安全控制技术 [M]. 天津：天津科技翻译出版公司，2011.

[37] 高东升，束怀瑞，李宪利，等. 桃自然休眠过程中外源激素对花芽碳水化合物的调控效应 [J]. 果树学报，2002 (02): 104-107.

[38] Liu J, Sherif S M. Hormonal orchestration of bud dormancy cycle in deciduous woody perennials [J]. Front Plant Sci, 2019, 10: 1136.

[39] Jakubowski T, Krolczyk J B. Method for the reduction of natural losses of potato tubers during their long-term storage [J]. Sustainability, 2020, 12 (3): 1048.

[40] 蒋慧，相光明，张海滨，等. 二氧化氯在马铃薯保鲜中的应用研究 [J]. 现代农业科技，2019 (18): 190-191.

[41] Paul V, Ezekiel R, Pandey R. Sprout suppression on potato : need to look beyond CIPC for more effective and safer alternatives [J]. Journal of Food Science and Technology-Mysore, 2016, 53 (1): 1-18.

[42] Kumari N, Kumari M S, Jose S J, et al. 'Emerging into the World' - the regulation and control of dormancy and sprouting in geophytes [J]. J Exp Bot, 2024, 75 (19): 6125-6141.

第 4 章

果品蔬菜的采收和采后处理

4.1 果蔬的采收

采收是果蔬生产中最后一个环节，影响其贮藏成败。采收过程会直接影响产品产量、质量和耐藏性[1]。联合国粮食及农业组织的报告说明，发展中国家仅仅在采收过程中造成的果蔬损失就达 8%～10%。主要是由于采收时没有考虑成熟度，田间采收的容器和方法不当导致果蔬机械损伤，以及在贮运到包装处理的过程中缺乏对果蔬产品的有效保护。随着技术的发展，科学界和农业从业者能通过测定果蔬的色泽、糖度、酸度等理化指标，甚至利用光谱分析、图像识别等高科技手段来确定最佳采收时间。机械化采收设备逐渐普及，尤其是大型农业生产基地，机械采收提高了效率并减少了劳动力成本。自动化技术和机器人技术也在逐步应用，特别适合采收难度较大或需要精细处理的果蔬。采收后的果蔬极易受到损伤和腐败，现代冷链物流和气调贮藏技术大大延长了其保质期，保证了从采收到消费者手中的品质稳定性。还有越来越多采后处理的新技术，可以延长果蔬的贮藏期或提供更高品质的果蔬。

总之，在采收果蔬产品时要遵循适时、无损、保质、保量和减少损耗的原则。适时意味着在符合鲜食、贮藏和加工需求时进行采收；无损意味着要避免机械损伤，保持完整性，以发挥其特有的耐贮性和抗病性。

4.1.1 采收的适宜时期

4.1.1.1 采收成熟度的标准

果蔬产品的采收成熟度与其采后销售策略有很大关系，采收成熟度的判断已不再仅仅依赖于果蔬的生理成熟，还需综合考虑果蔬的贮存、运输条件及消费者需求等多方面因素。对于主要用于当地市场销售的果蔬产品，通常可以在其接近或达到完全成熟时采收。如番茄、草莓或甜瓜和许多蔬菜等，当其完全成熟时，糖酸比、口感、香气等达到最佳状态，可以选择晚采，直接供应市场。对需要进行长期贮藏或远距离运输的果蔬，则需要根据具体品种和运输条件来确定最佳采收时机。如柑橘类果实或一些耐贮蔬菜，即使在完全成熟时采收，也能保持良好的贮藏性能，通过冷藏等技术保持其品质，在长途运输后依然能够满足市场需求。对于香蕉、菠萝、苹果和梨等果实，其贮藏性能与呼吸作用密切相关。为了延迟呼吸高峰的到来，保持果实的耐贮性，通常会提前采收。通过控制后熟过程，这类果实在运输和贮藏过程中逐渐达到最佳食用状态。

另外，对于某些果蔬，采收并不以生理成熟为标准，而是以其器官的生长度或市场需求为依据。如黄瓜、茄子等蔬菜，通常在其果实尚未完全成熟时进行采收，主要是为了保证其口感脆嫩、风味清新。这类产品一旦过熟，口感和品质会迅速下降，因此采收时间相对较早。甜椒的采收时间可以根据不同的市场需求灵活调整。多数情况下，甜椒在其果实发育饱满、尚未完全成熟的绿色阶段采收，供应市场作为鲜食蔬菜。而在一些加工或高端市场中，甜椒也可能等到完全成熟变红后采收，以增加色泽和风味的多样性。

4.1.1.2 确定采收成熟度的方法

（1）色泽　水果和蔬菜最明显的物理变化是颜色、重量、形状、质地、大小和稠度等的变化。特别是对于颜色变化，随着生命状态或成熟度的改变，果蔬通常会有不同颜色的变化。例如苹果、桃、葡萄等红色品种，在成熟时呈现红色；柑橘类果实在成熟时，呈现橙黄色或橙红色；长距离运输或贮藏的番茄，在果顶显现奶油色时采收；而就地销售的番茄可在着色期采收，即果顶为粉红或红色时采收。甜椒一般在绿熟时采收。豌豆从暗绿转为亮绿表示已经成熟。

大部分人工采收的果蔬的色泽一般由采收者目测判断，比如通过色卡，用感官比色法来确定其成熟度；或使用分光光度计或色差计对颜色进行比较客观的测量。另外，对于每类水果和蔬菜，都有一个红色、绿色和蓝色（RGB）标度组合，用于定义它们所处的成熟阶段，即一定比例的 RGB 组合会产生可以决定成熟阶段的颜色特征。目前也有研究训练人工智能通过机器视觉系统对果蔬成熟度进行判断的[2]。

（2）果实大小、饱满程度和硬度　果实必须达到一定的尺寸、重量和充盈程度才能算是成熟。不同种类和品种的水果和蔬菜都有固定的形状和大小。饱满程度通常用来描述植物的成熟情况。一些蔬菜的饱满程度高，表示它们发育良好、充分成熟或达到了采收标准。例如结球甘蓝和花椰菜应该在叶球或花球变得紧密且充实时进行采收，这样可以提高耐贮性。番茄和辣椒比较硬实也有利于保存和运输。然而，对于一些蔬菜来说，过高的饱满程度则意味着品质下降，比如莴笋、芥菜和芹菜应该在叶子变得坚硬之前进行采收。黄瓜、茄子、豌豆、菜豆和甜玉米等都应该在幼嫩时进行采收。有人研究发明了一种柔性传感智能机械手系统，用于牛油果成熟度分级，该系统包括机械手本体、控制部分、柔性传感单元和监测单元。智能机械手系统可以通过灵活的压力传感器感知外力，并通过压力识别水果的硬度，从而确定水果的成熟度进行成熟度分级[3]。但这种方法更适合一些高附加值水果，生产中人工对果蔬硬度分级更为常见。

（3）主要化学物质含量的变化　果蔬中含有淀粉、糖、有机酸和维生素 C 等化学物质，它们的含量变化可以用来评估品质和成熟度。通常可通过可溶性固形物含量来判断成熟度，其中主要是糖分。已经有研究使用近红外光谱测定菠萝、苹果、芒果中可溶性固形物含量，以确定其成熟度[4]。另外还可通过乙烯浓度判断成熟度，目前有气相色谱法（GC），常用于实验室，能够精确检测果蔬释放的乙烯浓度。这种方法非常精确，但需要专门设备和实验室条件。现代农业中，常用乙烯传感器来实时监测乙烯浓度。这些传感器可以安装在果蔬存储环境中或直接用于现场检测，具有实时、便捷的特点，适用于大规模生产中的果蔬成熟度监控。另外在采摘时有便携式乙烯测定仪，可以直接测量采收或贮存过程中果蔬周围空气中的乙烯浓度，从而判断果实是否进入成熟期[4]。

（4）生长期　果蔬的生长期是决定其最佳采收时间的重要参考指标之一。不同的作物在不同气候和地域条件下，生长所需的时间各不相同。为了更精准地判断果蔬的成熟程度，许多农民开始根据特定作物的开花期或播种期进行生长期的计算。例如，辣椒从定植到成熟需要 80～90d，依据具体品种和种植环境的不同，可能会有所变化。在实际操作中，农民们通常结合多年的种植经验和当地气候条件，调整采收期，以保证果蔬达到最佳风味和市场价值。这种基于生长期的判断方法，能够帮助农户更科学地安排采收，从而提高果蔬的品质和产量。

4.1.2　采收方法

园艺产品的采收方式可以分为人工采收和机械采收两种。在一些发达国家，由于劳动力成本较高，他们积极研究用机械代替人工进行园艺产品的采收作业。然而，目前中国大多数用于加工的园艺产品都是应用机械，比如制造番茄酱的番茄、罐头豌豆、酿酒葡萄以及加工柑橘等。而新鲜销售的园艺产品主要还是依靠人工采收。

4.1.2.1　人工采收

果蔬的人工采收在生产中扮演着至关重要的角色，人工采收能够有效减少机械损伤，并且可以根据果蔬的成熟度、形状和大小进行灵活处理。人工采收具有适应性强的优势，尤其是在面对形状各异、成熟期不一致的果蔬时，更能够实现精准采摘和分类。在我国，由于劳动力成本较低，果蔬的采收多以人工方式进行。然而，当前的采收过程仍存在诸多问题，如缺乏标准化操作规程、采摘工具简陋以及采收过程粗放等。

为了提高采收效率和产品质量，不同的果蔬需要采用不同的采摘方法。例如，番茄在成熟时颜色鲜红且果实紧实，但其果梗较脆弱，采收时应避免使用过大的力，以防止果梗折断或果皮破损。茄子则应在果实饱满但尚未完全变色时采收，使用带钩的刀具割下果实，确保茎部的完整性，以利于后续贮存。对于叶菜类，如生菜和菠菜，则应在清晨或傍晚温度较低时进行采摘，手持刀具沿着根部切割，避免日间高温造成失水和叶片萎蔫。而像草莓这样的浆果类果实，其果皮细嫩，采摘时需要轻拿轻放，尽量不碰伤果皮，同时宜使用小篮子逐层码放，避免果实堆积过高引发压伤。

在树上采摘果实时，应按照由下向上、由外向内的顺序进行，既能提高采收效率，又可避免对尚未成熟的果实造成不必要的干扰。通过严格的采收管理和合理的操作流程，人工采摘能够最大限度地保持果蔬的品质和市场价值，同时提升采收工作的效率和精确度。

一些产品在采收过程中常使用机械设备辅助人工操作，以提高采收效率。例如，在枇杷等生长位置较高的树果中，设计了一种采摘器，只需按下手柄部件上的动作按钮，就可以完成对枇杷果茎的切割动作，并将落下的枇杷放入采收袋中，完成采摘的全过程[5]。

为了保证园艺产品采收质量，在采收时需要注意以下几点：①戴手套进行采收，可以有效地减少指甲对产品造成的划伤；②选择适当的采收工具，如剪刀或者专用的采收刀，以防止过度拉扯植株导致机械损伤；③使用采收袋或篮子来进行采摘，并且要确保周转箱大小适中，避免产品之间相互碰撞所造成的伤害。

4.1.2.2 机械采收

果蔬机械化采摘在现代农业生产中起着至关重要的作用，机械采摘不仅能够提高采收效率，还能有效减少人工成本。然而，果蔬机械采摘的难点在于如何实现无损采摘，尤其是对那些脆弱易损的果实而言，收割机械与果实的直接或间接接触很容易引发破损，这也是果蔬采摘机械化技术需要重点攻克的问题。

目前，国外在果蔬机械化采收方面已经取得了较为成熟的经验，常见的收获方式包括气动振动、冲击振动以及机械振动等，其中以机械振动采摘最为普遍。机械振动采摘通过振动将果实从树体或植株上分离，适合规模化、集约化种植的果园和农场。然而，由于我国许多果园采用密集种植模式，操作空间狭小，国外的大型采收设备难以直接应用，因此，国内将果蔬机械化采摘技术的研究重点放在设备的优化设计和适应性改进上[6]。

为了适应国内果蔬采摘的特殊需求，研究人员正在不断优化采摘机械的结构，调整工作参数，以探索不同操作模式对采收效率和果实质量的影响。例如，针对不同果蔬的特性，开发适应性更强的小型采摘机械设备，尤其是对树木果实的采摘，研究将振动采摘与分段采摘相结合，以逐步形成高效的机械化采摘技术体系。分段采摘通常先通过振动使成熟的果实从树体上脱落，然后再根据果实的大小和成熟度进行分类采收，确保果实品质。此外，对于一些果实成熟期不一致的作物，常采用一次性联合采收技术。即通过使用化学催熟剂，使果实在相对统一的时间内达到采摘要求，进而进行一次性机械采收[7]。

由于农业中劳动力短缺和人口老龄化的问题日益明显，许多研究人员试图通过充分利用机器人来实现收割的自动化。为避免果实损伤，必须考虑收割机构的夹持力控制设计[8]。为了增加对果种的自动视觉识别，用于夹持机构的定位控制，收割机构必须与多维执行机构、夹持机构、视觉镜头集成在一起，然而由于整体生产复杂度高、成本高，使得实际应用具有挑战性。

4.2 果品蔬菜的采后处理

长期以来，我国农产品采后损失严重，果蔬流通腐损率达到20%～30%，仅果蔬一类每年损失就达到1000亿元以上；农产品的源头，包括分级、采收、预冷、清洁、包装等环节，处理好这些环节对解决果蔬流通过程中的损耗、提高果蔬市场竞争力具有至关重要的意义。

4.2.1 分级

4.2.1.1 分级的目的和意义

果品蔬菜在采摘后进行分级处理具有重要的目的和意义。这一环节不仅影响果蔬的市场价值，还直接关系到消费者的满意度、农产品的损耗率以及整个供应链的效率。果品蔬菜的分级处理可以根据其外观、大小、重量、成熟度等特征将产品分类，使得每个等级的产品更具一致性。这种一致性对于市场销售至关重要，因为消费者往往更倾向于购买外观整齐、质量稳定的产品。通过分级处理，生产者能够针对不同的市场需求，提供相应等级的果蔬产品，从而提高市场竞争力并增加销售收入。

分级处理可以帮助优化果品蔬菜的供应链管理。通过将果蔬按等级分类，生产者可以更好地控制库存、运输和销售流程。例如，高等级产品通常优先供给高端市场或出口，而较低等级的产品则可用于加工或供应本地市场。分级处理还有助于减少农产品的损耗。果蔬产品在采摘后，由于自然成熟和呼吸作用，会逐渐丧失质量。通过分级处理，生产者能够及时将成熟度较高的产品分离出来，优先销售或加工，从而减少腐败和损耗。此外，分级还能帮助生产者识别出有损伤或潜在质量问题的果蔬，从而在早期阶段进行处理，以进一步减少损失。分级后的产品更容易根据市场行情灵活调整价格，对于高等级产品，往往可以卖出更高的价格，而低等级产品也可以通过加工等方式创造附加值，从而提升整体收益。

4.2.1.2　分级标准

水果的国际标准是 1954 年在日内瓦由欧洲共同体制定的，许多标准已经过重新修订，主要是为了促进经济合作与发展。在全球范围内，果品蔬菜的分级和分类标准因国家和地区的不同而有所差异。这些标准通常由政府机构、行业协会或国际组织制定，以确保产品在市场上的一致性和安全性以及质量。目前国外主要的标准有：国际标准化组织（ISO）标准和食品法典委员会（Codex Alimentarius）标准、美国农业部（USDA）标准、日本农业标准(JAS)、全球良好农业规范认证（GAP）等。国外果品蔬菜的分级和分类标准依据多种因素，包括外观质量（如大小、形状、色泽）、成熟度、病虫害状况以及安全性等。这些标准的制定通常由政府机构或国际组织主导，并被广泛应用于国内和国际市场。随着全球贸易的扩大和消费者对产品质量要求的提高，各国不断完善分级标准，以确保果蔬产品在市场上的竞争力和安全性。

在中国，果品蔬菜的分级标准由国家标准化管理委员会制定，并根据《中华人民共和国标准化法》进行管理。这些标准涵盖了果品和蔬菜的大小、重量、形状、色泽、成熟度、外观缺陷等方面，旨在提高产品的质量、保障食品安全和促进市场流通。根据《中华人民共和国标准化法》，中国的果品蔬菜分级标准分为国家标准（GB)、行业标准、地方标准、企业标准等几类。其中，国家标准具有最高的权威性和广泛的适用性，行业标准和地方标准则根据特定行业或地区的需要制定。标准的制定流程通常包括起草、征求意见、审查和发布等环节，以确保其科学性和可操作性[9]。中国的果品蔬菜分级标准通常包括以下几个方面的内容：

尺寸与重量：标准对果蔬的大小和重量进行了具体规定。例如，苹果通常根据直径分为特大、大、中、小等不同等级，直径在 85mm 以上的苹果为特大，直径在 70～85mm 之间的为大。

外观质量：外观质量包括果蔬的形状、色泽、成熟度和表皮的完整性。例如，柑橘类水果要求色泽鲜艳、形状规则，无明显的外观缺陷，如裂口或机械伤。苹果各主要品种和等级的色泽要求见表 4-1。

允许的缺陷范围：标准通常会规定每个等级允许的缺陷范围。例如，黄瓜的分级标准中，一级黄瓜要求无明显的机械损伤和病虫害斑点，而二级黄瓜可以允许有轻微的表皮损伤。

其他感官质量：包括果蔬的香气、口感等，这些通常在高等级产品的标准中有所体现。例如，葡萄的标准中对糖度有明确要求，以确保其甜度符合消费者预期。

表 4-1　苹果各主要品种和等级的色泽要求

品种	等级		
	优等品	一等品	二等品
富士系	红或条红 90%以上	红或条红 80%以上	红或条红 55%以上
嘎拉系	红 80%以上	红 70%以上	红 50%以上
藤牧 1 号	红 70%以上	红 60%以上	红 50%以上
元帅系	红 95%以上	红 85%以上	红 60%以上
华夏	红 80%以上	红 70%以上	红 55%以上
粉红女士	红 90%以上	红 80%以上	红 60%以上
乔纳金	红 80%以上	红 70%以上	红 50%以上
秦冠	红 90%以上	红 80%以上	红 55%以上
国光	红或条红 80%以上	红或条红 60%以上	红或条红 50%以上
华冠	红或条红 85%以上	红或条红 70%以上	红或条红 50%以上
红将军	红 85%以上	红 75%以上	红 50%以上
珊夏	红 75%以上	红 60%以上	红 50%以上
金冠系	金黄色	黄、绿黄色	黄、绿黄、黄绿色
王林	黄绿或绿黄	黄绿或绿黄	黄绿或绿黄

注：本表摘自 GB/T 10651—2008 鲜苹果。

4.2.1.3　分级方法

（1）手工分级　手工分级是传统的果蔬分级方法，依赖于人工作业，通过视觉、触觉等感官判断果蔬的质量、大小、形状、颜色等特征进行分级。这种方法通常适用于小规模生产或高附加值的果蔬品种。工作人员通过观察果蔬的外观特征，如颜色、形状、表皮状况等，对其进行初步判断。例如，检查苹果的表皮是否有斑点、擦伤或变色。通过手感判断果蔬的硬度、成熟度等特征，如通过捏柿子来判断其是否过熟或仍然坚硬[10]。手工分级的优点是灵活性高和对果蔬损伤少。但其缺点是效率较低，劳动成本高，且分级标准不一致。

（2）机械分级　机械分级是利用专门的机械设备对果蔬进行自动化分类。这种方法适合大规模生产，能够显著提高分级效率和一致性。机械分级通常基于果蔬的大小、重量、颜色、形状和内部质量（如糖度）等物理参数。

① 尺寸分级　使用筛选器或滚筒筛分设备，根据果蔬的直径或长度进行分级。例如，滚筒筛分设备会将较小的果实首先分离出来，然后根据滚筒孔径的不同逐级筛选。

② 重量分级　通过电子称重设备将果蔬按重量进行分级。这种方法常用于橙子、苹果等重量较为均匀的果品。

③ 颜色分级　采用光学传感器或摄像系统检测果蔬的颜色，进而进行分级。例如，光学分级机可以根据颜色的差异，将柑橘类水果分为不同的等级。

④ 形状和外观分级　使用 3D 成像或机器视觉技术检测果蔬的形状和表面缺陷，进行自动分级。例如，土豆分级机可以识别形状异常或表面有疤痕的土豆，并将其分为较低等级[11]。

⑤ 内部质量分级　通过近红外光谱（NIR）技术或 X 射线技术检测果蔬的内部质量，如糖度、硬度或是否有内部损伤。此类技术多用于高附加值产品的分级。例如利用近红外的高光谱成像（HSI）系统来检测樱桃的关键品质[12]。

机械分级的优点是高效率、一致性好和节省劳动力。其缺点是初期投资大、灵活性较低，且可能对果蔬造成损伤。

4.2.2 预冷

4.2.2.1 预冷的概念与作用

收获后水果和蔬菜的重量损失和变质是生理和生物过程的结果，其发生率主要受产品温度的影响。采后预冷是将果实温度迅速降低到预期核心温度的常见过程[13]。它不仅可以减缓果蔬的呼吸、水分流失和新陈代谢，还可以抑制后续贮藏过程中的营养流失和病原体的发育。为了保持果蔬的新鲜度，减少损失，收获后必须尽快冷却产品[14]。比如有研究表明，未经预冷处理的农产品在流通过程中的腐损率就高达 25%～30%，经过预冷处理后的腐损率仅为 3%～10%[15]。

为了最大限度地保持果蔬的生鲜品质和延长货架寿命，预冷最好在产地进行，而且越快越好，预冷不及时或不彻底，都会使预冷的效果大打折扣。在许多水果和蔬菜的冷链运输中，预冷具有重要意义，比如可以快速降低采摘后果蔬自身的热量，抑制果蔬呼吸，减缓果蔬新陈代谢活动，延长果蔬生理周期，进而减少采后失重、萎蔫、黄化等现象的发生。另外预冷处理有助于降低能耗。若水果和蔬菜未经预冷就放入冷库或冷藏车，会导致冷库或冷藏车出现温度波动，从而影响原有果蔬在冷库或冷藏车内的贮存效果。现在，预冷被欧洲和日本等许多发达国家视为不可或缺的第一步。

目前，我国果蔬产地缺乏预冷装置，只能依靠自然降温方法进行预冷处理，这也是每年果蔬的损耗率居高不下的一个重要原因。

4.2.2.2 预冷的原则与影响因素

大多数果蔬都需要进行预冷处理。作为果蔬流通、贮藏、加工重要的前处理技术，预冷的原则有以下几方面：①应根据果蔬品种选择适合的最佳预冷方式，且要尽早进行采后预冷处理；②要合理控制一次预冷、包装和码垛数量，以用最短的时间使果蔬达到预冷要求的温度；③预冷时最终温度要适当，一般预冷终温以各种果蔬冷藏温度为标准，但要注意防止产品冷害和冻害的发生；④预冷后必须立即将产品贮入调整好温度的冷库或冷藏车内。

总之，就是在不产生冷害的前提下最大程度地提高冷却速度与预冷均匀度。一般要求采后 24h 以内降至规定的温度[16]。果蔬的冷却速度快慢取决于四个因素：制冷介质与果蔬的接触；果蔬和制冷介质的温差；制冷介质的周转率；冷却介质的种类。

4.2.2.3 预冷的方式

根据果蔬预冷过程中所用冷却介质的不同，可将常用的预冷技术分为空气预冷、水预冷和真空预冷。

(1) 空气预冷　空气预冷是使冷空气迅速流经产品周围而使产品冷却的方法，包括自然通风预冷、冷库预冷和压差预冷（强制通风预冷）等。

① 自然通风预冷　是通过将散装或集装箱化商品放置在冷藏室中数小时或数天来实现的，冷却室也可以在预冷后为农产品提供临时存储场所。例如在我国北方许多地方，使用地沟、窑洞、棚窖和通风库贮藏的果蔬，采收后在阴凉处放置过夜，利用夜间低温，使之自然冷却，翌日气温升高前入贮。此法简单易行，适用于大多数水果和蔬菜，但室内冷却比其他

冷却系统冷却得慢，受环境条件影响大，而且难以达到果蔬贮藏所需温度[15]。不过，在没有别的方法进行预冷时，此法仍是一种应用较为普遍的预冷措施。

② 冷库预冷　是将采收的果蔬产品直接送入冷库内预冷的方法。此法主要以贮藏为目的，考虑到冷库内制冷能力小、风量小，多采用自然对流或风机送入冷风，并使其在果蔬箱的周围循环。箱内产品因表面与内部产生温度差，再靠对流和传导逐渐得以冷却[17]。此法冷却速度非常慢，一般冷却时间需 24h 或以上，如果产品的呼吸热大，冷却的时间更长。冷库预冷操作简单，冷却和贮藏能同时进行，一般只限于苹果或梨等产品，而不适合一些易腐和成分变化快的果蔬使用[18]。

③ 压差预冷　为解决自然通风预冷和冷库预冷的冷却速度慢、冷却不均匀等难题，提高果蔬产品的预冷速度，科学家经过努力发明了压差预冷[19]。与其他预冷方法相比，强制空气预冷具有冷却速度更快、成本更低、适应多种园艺产品等优点。从目前的研究来看，采后园艺产品冷却得越快，外观、风味和营养价值就越好，获得的经济效益就越多[20]。在各种工业采后预冷技术中，强制空气预冷被广泛认为是保持苹果和李子等许多水果采后质量和延长保质期的有效方法。压差预冷就是将冷空气通过机械加压在果蔬两侧使产生一定压力差，迫使冷空气全部通过果蔬填充层，增加冷空气与被冷却物之间的接触面积，从而使果蔬迅速冷却的方法。压差预冷间的剖面如图 4-1 所示。为了提高预冷效率，尽量减少果蔬堆码不当导致的局部冷空气流通死角，果蔬包装通风孔的多少与大小和果蔬堆码方式就需要考虑，合适的压差包装箱通风孔与堆码方式如图 4-2 所示。

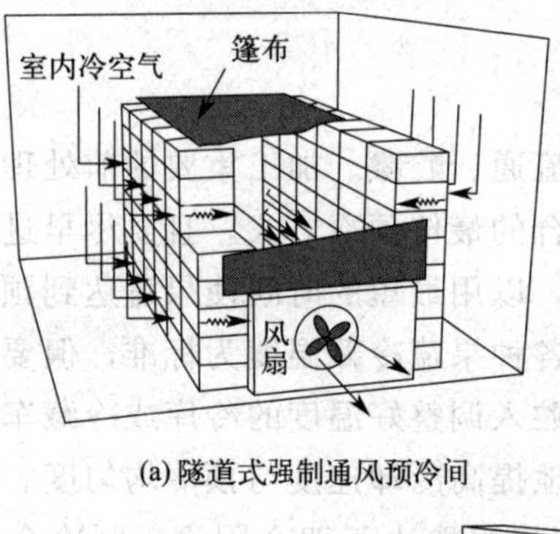

(a) 隧道式强制通风预冷间

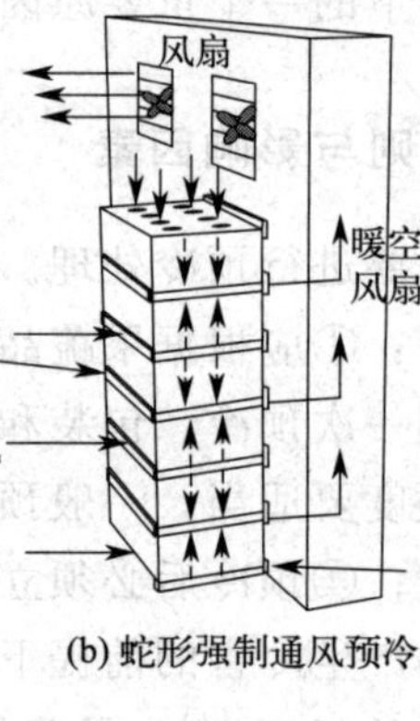

(b) 蛇形强制通风预冷间

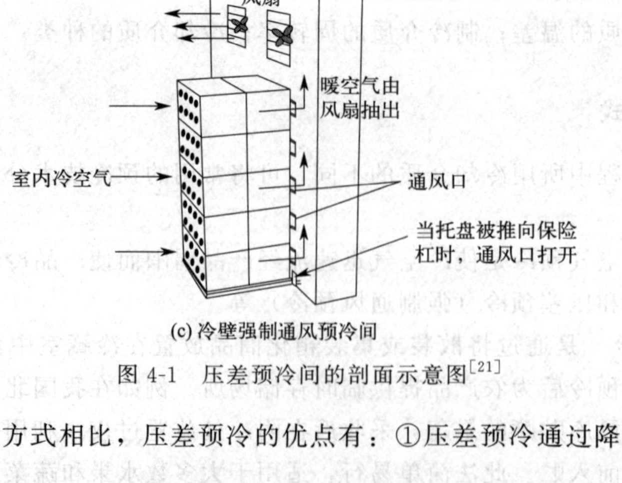

(c) 冷壁强制通风预冷间

图 4-1　压差预冷间的剖面示意图[21]

与其他空气预冷方式相比，压差预冷的优点有：①压差预冷通过降低环境气压，快速带

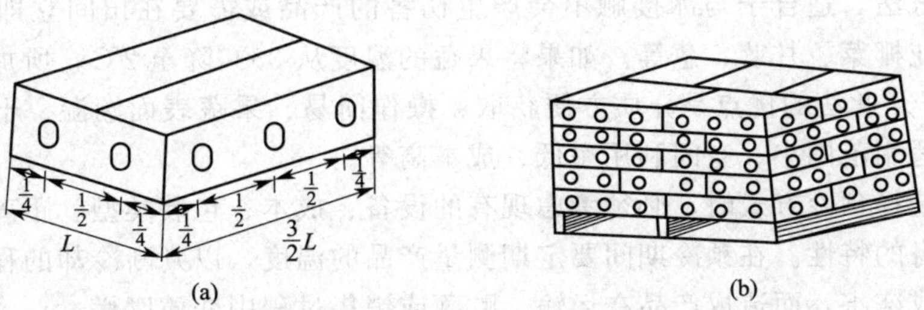

图4-2　压差包装箱通风孔（a）与堆码方式（b）示意图[22]

走热量，冷却速度更快；②能够实现果蔬内部和表面同时进行冷却，冷却更加均匀；③压差预冷设备初期投资较低，冷却速度快，整体能耗低；④通用性强，不受果蔬品种的限制。缺点是：①果蔬易产生失水干耗现象；②果蔬装箱和箱的堆码耗时耗力。因此，压差预冷过程中应对冷风进行湿度控制，必要时可进行喷淋加湿或超声波加湿。同时，应提高机械化程度，在满足堆码要求下，缩短时间，降低人工成本，提高预冷效率。

（2）真空预冷　真空预冷就是利用真空下水的沸点降低，靠水分蒸发带走果蔬热量的预冷方法。真空预冷的工作原理是通过泵出冷却腔内的气体，降低水的沸点，从而降低腔内压力，这使得果蔬中的自由水从内部或表面迅速蒸发，并靠水分蒸发吸热带走大量热量而进行冷却[23]。真空冷却有以下几个条件：首先，产品中需要有游离水。其次，产品应具有多孔结构，以确保蒸发产生的蒸汽会扩散到周围环境中。最后，真空冷却过程中的水分损失量不应导致产品的显著变质，在将产品放入真空室之前，有时会将水喷洒在产品上，以减少水分流失。

按照机组运行的方式，真空预冷可以分为连续式、间歇式和喷雾式三类。影响真空预冷效果的主要因素有很多，例如果蔬种类、真空度、果蔬初始温度、果蔬的含水量及果蔬的外包装等。由于表面积质量比大，真空冷却对蘑菇和生菜等叶菜类蔬菜（菠菜、西蓝花和卷心菜）通常能够在30min内冷却，这有利于最大限度地减少采后质量损失。真空冷却比室内冷却和强制空气冷却实现了更长的莴苣的保质期[24]。一个可能的解释是，真空冷却样品的细胞和叶绿体的完整性得以保持，使得莴苣的细胞衰老延迟。根茎类蔬菜和大多数水果通常不适合真空冷却，因为其存在致密的果皮，会降低蒸腾作用。

真空预冷也有缺点，比如有部分重量损失、设备初期投资大等。有研究表明，在真空预冷前将果蔬进行预润湿或中间进行加湿处理，可以降低果蔬的失水率，减轻失重。目前，在欧美发达国家中，真空预冷技术已用于生菜的标准商业过程，而且在蘑菇上也有了商业应用。但是，我国当前还处于实验室研究阶段，需要加快发展，以早日实现产业化。

（3）水预冷　水预冷是以低温水或者冰水为介质，将果蔬浸入冷水中或将冷水喷淋于果蔬上或将冰水与果蔬直接接触使之降温的一种冷却方法，主要分为水冷预冷和冰冷预冷。

① 水冷预冷　是一种古老而有效的冷却技术，因为水的传热系数很高。这个过程可以是淋浴系统将冷水喷洒在水果和蔬菜上或将水果和蔬菜直接浸入冷水或冰水混合物的搅拌浴中。淋浴冷却器通常比浸入式冷却器能更快地冷却水果和蔬菜，因为水流速更高，因此表面传热系数增加。但水冷并不适用于所有类型的水果和蔬菜，因为一些水果和蔬菜在浸泡过程中或之后很容易损坏，例如草莓。经过水冷的水果和蔬菜必须耐水，并且对添加到冷水中的消毒化学品不敏感，例如苹果、荔枝和樱桃。

② 冰冷预冷　是指将块状冰、碎冰、片状冰、糊状冰等与果蔬直接接触，利用冰对果

蔬进行降温的方法，适合于与冰接触不会产生伤害的产品或需要在田间立即进行预冷的产品，如菠菜、花椰菜、甘蓝、葱等。如果将果蔬的温度从35℃降至2℃，所加冰量应占产品质量的38%[25]。此法的优点是介质方便获取、操作简易、果蔬表面潮湿、干耗低；缺点是劳动强度大、适用范围小、空间利用率低、成本高等。

总之，在选择预冷方式时，必须考虑现有的设备、成本、包装类型、距离销售市场的远近以及产品本身的特性。在预冷期间要定期测量产品的温度，以判断冷却的程度，防止温度过低产生冷害或冻害，而造成产品在运输、贮藏或销售过程中变质腐烂[26]。

4.2.3 清洗、消毒、灭虫与涂膜

4.2.3.1 清洗

果蔬在采收过程中可能受到泥土、灰尘、农药残留、细菌和其他污染物的影响。通过清洗，可以有效去除这些有害物质，保证果蔬的安全性。另外，果蔬在进一步加工前清洗，有助于提升加工产品的质量，减少加工过程中可能产生的污染。最常见的清洗方式是水洗，即通过流水或浸泡的方式去除果蔬表面的泥土、灰尘等杂质。水洗可以通过手工或机械设备进行，机械设备的清洗方式主要包括滚筒式、毛刷式、高压喷淋式、气浴式、超声波空化式、淹没水射流式等。还可以加洗涤剂水洗，即在清水中添加食品级洗涤剂，可以更有效地去除果蔬表面的油污、农药残留和其他难以清洗的物质，也可加入适量的杀菌剂，如次氯酸钠、漂白粉等。另外，随着技术的进步，也可采用超声波清洗、臭氧水洗、高压水洗或气泡清洗等。

4.2.3.2 消毒

新鲜水果和蔬菜收获后的消毒是收获后处理必不可少的一步。消毒程序的最低要求是保持商品和设施没有采后病原体和细菌性人类病原体，从而提高食品安全。在收获前和收获期间对积累在水果表面的采后病原体进行消毒有一个直接的好处，即在特定情况下，它本身可以防止贮存后的腐烂。常用消毒剂主要包括氯及其化合物、臭氧、聚六亚甲基双胍和电解水。

（1）氯及其化合物

① 氯气或次氯酸盐　氯气在溶液中是最常用的水性消毒剂。它在食品工业和饮用水消毒中无处不在。它可以使病原体繁殖体迅速死亡，这对于阻止它们在加工过程中从受感染的、腐烂的水果或蔬菜传播到健康产品很有价值。氯气的氧化态为零，当这种气体溶解在水中时，它会在几秒钟内转化为次氯酸盐的主要活性形式。

② 二氧化氯　具有与氯相等或更高的抗菌效力。它是一种单体自由基，与氯气不同，它很容易溶于水而不与水发生反应。因为它在水中不电离，所以受pH值的影响很小。在控制微生物方面，它的效力与次氯酸盐相似，但由于它是一种氧化强度较低的溶解气体，当悬浮物含量较高时，它比反应性较强的次氯酸盐更能保持活性。

（2）臭氧　臭氧是最有效的杀菌剂之一，其对微生物的毒性取决于浓度、温度、暴露时间和微生物所寄生的底物。然而，它的半衰期短，与有机物质反应，水溶性有限，扩散到包装中的能力较差，在高温和高pH值下分解快（pH＜7时，臭氧分解速率较慢；pH＞7时，分解速率显著加快），运行成本高，需要现场生成，这些限制使其实际应用具有挑战性。真

菌比不形成孢子的细菌更耐臭氧。20世纪90年代中期，日本、法国和澳大利亚批准将臭氧用于食品加工。2001年，FDA将其归类为一般公认安全（GRAS），可用于直接接触原料和最低限度加工的水果和蔬菜。另外臭氧气体加速了农产品中许多农药残留的降解，使其成为降低农药水平的有力的补充技术。

（3）聚六亚甲基双胍　聚六亚甲基双胍（polyhexamethylene biguanide，PHMB）是一种广谱抗菌剂，具有优良的杀菌和抗病毒效果，因此广泛应用于医疗、工业和食品领域。PHMB对多种细菌、病毒、真菌以及一些霉菌具有良好的杀灭作用。相比传统消毒剂（如氯化物和臭氧等），PHMB具有较低的毒性。另外PHMB不仅能快速杀菌，还具有较好的持续杀菌作用。其形成的保护层能够在一段时间内抑制果蔬表面微生物的再繁殖，从而延长果蔬的保鲜期。这一特性使其特别适合用于鲜果蔬菜的消毒和保存。PHMB用于清洗苹果、葡萄、草莓等直接食用的水果，能有效去除其表面的细菌和霉菌，防止果实在存储和运输中的霉变和腐烂；用于处理叶菜类蔬菜和根茎类蔬菜，也可以减少病原菌的污染，延长蔬菜的货架期。

（4）电解水　近年来，电解水因其对环境友好、成本低、应用方便等优点被广泛应用于食品科技领域。最初，电解水被用作消毒剂和清洁剂。电解水在较短的时间内即可清除病毒、细菌、真菌等常见微生物，在食品卫生领域显示出巨大的应用潜力。电解水在食品保鲜中的应用主要集中在家禽、肉类、海鲜和食品的微生物控制上。然而，最近的研究表明，电解水处理不仅可以控制采后果蔬中的微生物，还可以提高采后果蔬的质量，包括延缓衰老，控制疾病和减轻冷害。此外，一些研究表明，电解水处理可以去除新鲜果蔬中的农药残留。

4.2.3.3 灭虫

果蔬在采后贮藏和运输过程中，容易受到害虫的侵袭，这些害虫不仅会直接损坏果蔬，造成经济损失，还可能传播病害，影响果蔬的整体质量和安全性。通过有效的灭虫措施，能够减少害虫的活动和繁殖，减缓果蔬的腐败过程，从而延长果蔬的保鲜期和货架期。另外进出口果蔬时，植物检疫部门为了避免生物入侵等，经常要求对果蔬进行灭虫处理才能放行。常用的灭虫方法有以下几种：

（1）物理法

① 低温处理　将果蔬放置在低温环境中（通常在0～5℃之间），因为低温能够抑制害虫的活动和繁殖，同时对果蔬的品质影响较小。

② 热处理　通过高温蒸汽或热水处理果蔬，以杀死其表面或内部的害虫。这种方法适用于对热敏感性较低的果蔬。

③ 辐射处理　使用γ射线、X射线或电子束等辐射源对果蔬进行照射，能够有效灭杀果蔬中的害虫，并且不会显著影响果蔬的感官和营养质量。

（2）化学法

① 熏蒸法　使用磷化氢、乙烯氧化物等气体进行熏蒸处理，可以杀灭果蔬中的害虫。熏蒸法具有广谱、高效的特点，但需要在严格控制条件下进行，以避免药物残留。

② 表面喷洒杀虫剂　即在果蔬表面喷洒适量的食品级杀虫剂，通过化学药物直接作用杀灭害虫。这种方法需要严格控制杀虫剂的种类和用量，以确保果蔬的安全性。

4.2.3.4 涂膜

涂膜可以在果蔬表面形成一层保护性屏障，减少水分蒸发，减缓失水导致的萎蔫和品质下降，从而延长果蔬的保鲜期。涂膜能够阻隔病原微生物与果蔬表面的接触，减少腐败菌的侵入，降低果蔬在贮存和运输过程中的腐败风险。在苹果等水果中，涂蜡质膜能够使果蔬表面更加光滑、有光泽，提高果蔬的商品性，使其在市场上更具吸引力[27]。目前涂膜剂种类很多，大致有以下几种。

蜡质涂膜剂包括天然蜡（如蜂蜡、巴西棕榈蜡）和合成蜡。蜡质涂膜剂能够在果蔬表面形成一层不透水的薄膜，显著减少水分流失，延缓果蔬的干燥和皱缩。它还可以增加果蔬的光泽度，提升外观质量。壳聚糖是从甲壳类动物的外壳中提取的一种天然多糖。壳聚糖涂膜剂具有良好的生物降解性和抗菌性，能够有效抑制微生物的生长，延缓果蔬腐败[28]。此外，壳聚糖还能够调节果蔬的气体交换，减缓呼吸作用。蛋白质基涂膜剂常用大豆蛋白、乳清蛋白等作为主要成分，具有良好的成膜性和氧气阻隔性，能够有效减少果蔬的氧化损伤。此外，蛋白质基涂膜剂还可以携带其他功能性成分，如抗氧化剂、抗菌剂，以增强果蔬的保鲜效果。脂质涂膜剂包括单甘油酯、硬脂酸等。脂质涂膜剂具有很好的水分阻隔能力，能够有效防止果蔬失水，同时对氧气的阻隔作用也较强，适用于延缓果蔬的氧化过程。另外可以结合蜡质、壳聚糖、淀粉、蛋白质等成分制作复合涂膜剂。

这些涂膜剂类型在实际应用中可以根据果蔬的特性和保鲜需求进行选择，以达到最佳的保鲜效果。涂膜有下列几种方法。

① 浸涂法　将涂膜剂配成一定浓度的溶液，把果蔬浸入溶液中，随后取出晾干即可。此法耗费涂膜液较多，而且不易掌握涂膜的厚薄。

② 刷涂法　用细软毛刷蘸上涂膜液，在果蔬表面涂刷以至形成均匀的薄膜。毛刷还可以安装在涂膜机上使用。

③ 喷涂法　即用涂膜机在果蔬表面喷上一层厚薄均匀的薄膜。

涂膜处理一般使用机械涂膜。新型的涂膜机一般由洗果、干燥、喷涂、低温干燥、分级和包装等部分联合组成。我国目前已研制出果蔬涂膜机，但很多地方仍在使用手工涂膜。

4.2.4 包装

4.2.4.1 包装的作用

包装（packaging）是商品化产品的重要组成部分，它能够承载产品、保护产品并进行宣传。不同产品的包装也会因其特性而有所不同。果蔬包装在食品保鲜、运输和销售过程中起到至关重要的作用。包装可以有效减少果蔬的水分蒸发，保持其新鲜度和脆度，防止脱水萎蔫。通过气调包装（MAP）或真空包装，可减少氧气与果蔬的接触，延缓氧化反应，减缓褐变和品质劣化。另外包装可以隔离外部环境中的细菌、霉菌和其他污染物，减少腐败风险[29]；包装还可以缓冲外界冲击，防止果蔬在运输、搬运和销售过程中受到挤压、碰撞等机械损伤；特定的包装材料（如透气性薄膜）还可以调节包装内部的气体成分，如降低氧气浓度，提高二氧化碳浓度，从而抑制呼吸作用和延缓成熟。通过选择适当的包装材料，可以减少乙烯积累，防止果蔬过早成熟或衰老；合理设计的包装可以使果蔬易于堆叠，节省运输空间，降低物流成本，同时减少搬运中的损坏风险。另外标准化的包装有助于自动化分拣、搬运和仓储，提高物流效率；包装上印有的标签可以为消费者提供果蔬的种类、产地、营养成分、保质期等重要信息，帮助消费者做出购买决策。

4.2.4.2　包装容器和包装材料

(1) 包装容器的要求　包装容器需要具有食品安全性，要求无毒无害，容器材料必须符合食品安全标准，不能释放有害物质，不得影响产品质量；需要具有保护性，抗冲击，能保护果蔬免受外部物理损伤；应具备通气孔或使用透气材料，以保持内部空气流通，防止水汽积累和果蔬变质；需要具有适应性，包装容器的尺寸和形状应适合不同果蔬的特性，避免过度挤压或空隙过大，另外容器应能适应各种贮存和运输条件；需要具有便捷性，包装应设计得便于搬运、贮存和使用，方便消费者购买和处理，包装上应标明产品名称、产地、保质期等重要信息，方便消费者和商家识别。

(2) 包装容器的种类和规格　在果蔬包装中，外包装和内包装通常承担不同的功能。外包装主要用于运输和贮存，提供整体的保护，而内包装则主要用于直接接触果蔬，保护其在运输、展示和销售中的质量和新鲜度。

现在外包装材料多用高密度聚乙烯、聚苯乙烯、板纸、木板条等。随着科学技术的发展，包装的材料及其形式越来越多样化。根据 GB/T 23509—2009《食品包装容器及材料分类》，我国目前外包装容器的种类、材料及适用范围见表 4-2。

表 4-2　包装容器的种类、材料及适用范围[30]

种类	材料	适用范围
塑料箱	高密度聚乙烯	果蔬
	聚苯乙烯	高档果蔬
纸箱	板纸	果蔬
钙塑箱	聚乙烯、碳酸钙	果蔬
木板条箱	木板条	果蔬
筐	竹子、荆条	果蔬
加固竹筐	筐体竹皮，筐盖木板	果蔬
网袋	天然纤维或合成纤维	不易擦伤、含水量少的果蔬

表 4-2 中各种包装材料各有优缺点。塑料箱常用于周转箱或重复使用的包装形式，适合于需要频繁搬运的场合。其耐用性强，防潮防水，易清洁，但成本较高、不透气且重量较重。纸箱多用于一次性包装，适合轻便运输或需要环保包装的场合。它的优点是轻便、环保性好、成本低廉，缺点是防水性差、强度有限和耐用性差。钙塑箱适合用于水果、蔬菜的长途运输，适合对包装防潮、保温要求较高的场合。优点是轻便且坚固、防水防潮且耐腐蚀，但它的成本较高。木板条箱适合用于重量较大、体积较大的果蔬，如西瓜、芒果、香蕉等的长途运输。优点是强度高、透气性好、可重复使用。缺点是成本较高、重量大且木材易受潮变形或腐烂，不适合潮湿环境。竹筐适合用于短途运输和本地市场销售。它的优点是透气性好、轻便、环保，但强度有限、防潮性差、耐用性差。网袋适合用于马铃薯、洋葱、大蒜、柑橘类水果等耐贮存果蔬的包装，优点是透气性好、成本低、轻便，缺点是保护性差、不防水、不可重复使用。

选择包装时应考虑果蔬的特性、运输距离、环境条件等因素，以确保果蔬在运输、贮存和销售过程中的品质。

在良好的外包装条件下，内包装可进一步防止产品受震荡、碰撞、摩擦而引起的机械伤害。可以通过在底部加衬垫、浅盘杯、薄垫片或改进包装材料、减少堆叠层数来解决机械损伤问题。常见的内包装材料及作用见表 4-3。

表 4-3 园艺产品包装常用各种支撑物或衬垫物[30]

种类	作用
纸	衬垫、包装及化学药剂的载体，缓冲挤压
纸或塑料托盘	分离产品及衬垫，减少碰撞
瓦楞插板	分离产品，增大支撑强度
泡沫塑料	衬垫，减少碰撞，缓冲震荡
塑料薄膜袋	控制失水和呼吸
塑料薄膜	保护产品，控制失水

其中包裹纸适用于多种果蔬的单个包装，尤其适合那些表皮娇嫩、容易受损或需要隔离的果蔬，如苹果、梨、柑橘类水果等。包裹纸能够减少果蔬之间的直接接触，防止因摩擦、碰撞造成的表皮损伤。衬垫物适用于各种果蔬的集体包装，适用于长途运输和防震需求较高的包装场合，特别是那些形状不规则或易受压变形的果蔬，如草莓、葡萄、番茄等。抗压托盘适用于需要叠放运输且需要严格保护果蔬形态的果蔬包装，如草莓、蓝莓、樱桃等易损伤的小型水果。抗压托盘可以避免压伤，为果蔬提供支撑，防止在运输过程中因重力造成的形变或损坏，同时也可起到美化商品的作用。

4.2.4.3 包装方法与要求

合适的包装方法和要求可以有效防止果蔬受到机械损伤、病虫害侵袭及环境因素的影响。包装方法可根据果蔬的特点来决定，主要有以下几种。

(1) 散装包装　果蔬直接装入大容器或袋子中，如编织袋、麻袋或塑料袋。适用于大宗果蔬，如土豆、洋葱、胡萝卜等耐贮藏、耐运输的品种。此法简便易行，适合大量运输；但果蔬之间直接接触，易发生摩擦损伤，不适合易损果蔬。

(2) 小包装　果蔬分装在小盒、小袋或塑料篮中，通常每份质量在 1～5kg 之间。适用于易损、保鲜期短的果蔬，如草莓、樱桃、番茄等。此法可减少果蔬之间的直接接触，降低损伤风险，便于消费者直接购买。缺点是包装材料成本较高，且增加了包装劳动强度。

(3) 分层包装　果蔬按层放置，中间用软性材料（如泡沫板、纸板）隔开，通常装在纸箱、塑料箱或木箱内。适用于形态较为规整、易受压的果蔬，如猕猴桃、芒果、桃子等。此法能够有效避免上下层果蔬之间的直接压迫，减少压伤风险。

(4) 托盘包装　将果蔬放置在抗压托盘中，每层托盘之间留有一定间隙，以利于通风和减少压迫。适用于需要层层堆叠的果蔬，如柿子、桃子、蓝莓等。此法托盘间的通风性良好，适合长途运输和冷藏贮存。缺点是托盘重量和体积较大，增加了运输成本。

(5) 真空包装　即将果蔬装入真空袋后抽取袋内空气，使袋内保持低氧环境。适用于易受氧化、需延长保鲜期的果蔬，如果干、切块水果等。此法能有效抑制果蔬氧化和微生物生长，延长保鲜期，但不适合多汁或易损的鲜果包装。

4.3 果品蔬菜采后处理新技术

4.3.1 超声波清洗消毒技术

水果和蔬菜含有丰富的维生素、膳食纤维和必需矿物质。近年来，由于人们对健康生活的追求和消费态度的升级，果蔬的消费量增长迅速。洗涤过程是果蔬加工的关键环节，与果蔬的品质息息相关。传统的果蔬清洗设备，如刷子、滚筒等，可以通过摩擦、气泡、水流冲洗等方式，去除果蔬表面的污垢。广泛使用的清洁设备是刷子和滚筒，因为它们具有强大的清洁力以及出色的清洁效率，但这种类型的清洁设备不适合清洁水果和绿叶蔬菜，因为其在清洁过程中组织表面很容易受到严重损坏。另外，空气浴和浸入式喷嘴清洁方法效率较低，并且不能保证产品质量。近年来，超声波在食品加工领域的应用越来越多，但其在果蔬清洗方面的研究仍处于探索阶段。

超声波清洗最初应用于电子工业的表面清洗。其原理是基于超声波产生的“物理效应”来清洁表面污垢。同时，超声波产生的过氧化氢活性化合物可使微生物失活。近年来，超声波技术已广泛用于食品加工和制造操作。超声波通过促进液体介质中空化气泡的生长并将其传播到细胞结构中来灭活微生物。超声波清洗的原理是通过液体介质产生空化效应，去除污垢颗粒。当超声波在液体介质中传播时，它产生机械振动和声流，从而将声能转化为机械能。溶解在液体介质中的气体在超声波的作用下膨胀，完成一系列反应——如空化气泡的形成和破裂。同时，由温度和压力变化引起的气蚀也会引起化学变化，从而加速清洗效率。

在水果和蔬菜的整个生产和销售过程中都可能发生污染。微生物是主要污染物之一，用超声波技术清洁水果和蔬菜不仅可以减少表面微生物，而且还可以延长保质期。水果和蔬菜表面微生物的减少是两个原因共同作用的结果：①微生物脱落，即微生物团块或污染物（例如黏土）在超声处理后通过声场力从水果和蔬菜表面去除；②微生物灭活，即通过超声空化产生的一系列物理和化学效应，导致微生物群减少。

虽然超声波清洗技术对于果蔬加工有很多优点，但仍有一些缺点需要改进，如超声波清洗时间过长，会引起空化侵蚀；高频超声波清洗会破坏果蔬组织的外层，造成营养物质流失；长时间的空化噪声可能会影响工人的健康。另外，未来的研究需要进一步优化程序，以将超声波清洗技术扩大到实际生产中。

4.3.2　天然植物源抑菌消毒剂

随着现代果蔬物流的发展，需要生产具有显著抗菌和抗氧化特性的新型无毒防腐剂，以保证果蔬在运输途中的品质。目前人们已发现一些天然食品抗菌消毒剂，可在延长食品保质期的同时，保持广泛的抗氧化和抗菌活性。

天然提取物是指从植物或动物等自然物体中，通过提取或分离技术得到的那些成分及其相关衍生物，主要包括蛋白质、多肽、氨基酸、核酸、酶、糖、糖蛋白、树脂、胶体、木质素、脂肪、生物碱、挥发油、类黄酮、有机酸、酚类和抗生素等。有些天然提取物具有良好的生物相容性与可重复性，还具有易于获取、丰富、无毒等优点，可被用作果蔬保鲜抗菌剂。

4.3.2.1　黄酮类

黄酮类化合物广泛分布在水果、蔬菜、坚果和种子中。已有研究证明槲皮素对包膜病毒（丝状病毒科、黄病毒科、疱疹病毒科、正黏病毒科、肺病毒科和逆转录病毒科）和非包膜病毒（小核糖核酸病毒科）具有抑制作用。黄酮类化合物中槲皮素最丰富的来源是洋葱。槲皮素的作用机制为抑制病毒细胞进入，抑制衣壳蛋白和基因组核酸的结合，以及抑制病毒聚合酶和其他蛋白质[31]。另外儿茶素、芹菜素、芦丁等黄酮类物质都具有良好的抗菌作用。

4.3.2.2 酚类

天然植物原料中的有效成分包含多种酚类。葡萄籽中可提取出葡萄酚类物质，大肠杆菌、变形杆菌、伤寒沙门氏菌、金黄色葡萄球菌等多种致病菌的生长均受到不同程度的抑制；烟草叶中的多酚对大肠杆菌、金黄色葡萄球菌和枯草芽孢杆菌有显著的抑制效果。

4.3.2.3 萜类

萜类化合物大量存在于菌类、藻类、蕨类、地衣类、被子植物和裸子植物中，其数量是各种活性成分中最多的，异戊二烯的聚合物及其衍生物是萜类活性物质的主要化学成分。丹参植物中存在两种新型的萜类化合物，对青枯假单胞菌、产气荚膜梭菌和枯草芽孢杆菌有抗菌活性。有研究指出，菌种的初生能量代谢、呼吸代谢、呼吸作用中电子传递过程以及丁二酸脱氢酶的活性在多种萜类活性物质的作用下受到抑制。

4.3.2.4 生物碱类

生物碱类活性物质多存在于生物体内的含氮碱性化合物中。万寿菊、黄连等植物中可分离提取出不同种类的具有抗菌性能的生物碱；对盐酸小檗碱、盐酸血根碱、胡椒碱的研究显示，这些生物碱均具有不同程度的抗菌性能；枯草芽孢杆菌、大肠杆菌、产气杆菌、变形杆菌以及白色葡萄球菌的生长活性在双稠哌啶类生物碱的作用下会受到抑制。

4.3.2.5 精油类

植物精油是植物提取物中抑菌效果研究最多的一种，已证明有许多植物精油对致病菌和腐败菌具有抗菌作用。薄荷精油和鼠尾草精油分别含有薄荷酮、异薄荷酮和侧柏酮、樟脑，显示出很强的抗真菌功效。百里香精油对草莓和桃子果实收获后的腐根霉防治确实有明显而必要的抑制作用。在生菜冷藏过程中，少量的肉桂精油可以最大限度地减少沙门氏菌在生菜表面的附着，对食品安全有着惊人的积极影响[32]。

4.3.3 新型冷杀菌技术

冷杀菌技术是一种高效的杀菌方法，它在杀菌过程中食品温度不升高或升高很低，并且能够保持食品的功能。主要有超高压均质灭菌、微波杀菌技术、脉冲磁场杀菌技术等。

4.3.3.1 超高压均质灭菌

此技术基于 300MPa 或更高的压力处理，目前已有能够以 10000L/h 的流量处理食品流体的超高压均质灭菌系统。这种技术不仅能消灭酵母和细菌，还能消灭孢子。灭活的主要机制是，当高压流体通过专门设计的阀门减压至大气压时，会产生极大的冲击力和剪切力，破坏微生物的结构，导致微生物失活。同时，高压流体在狭窄通道中产生高速剪切力、空穴效应和湍流，将大颗粒物质破碎成均匀的微小颗粒，从而能够改善产品质地。

4.3.3.2 微波杀菌技术

微波杀菌利用电磁场效应和生物效应改变微生物细胞膜的通透性，阻碍其正常生长发育，最终达到杀菌的目的。此技术具有节约能源、安全环保、加热速度快等特点，杀菌效果理想。

4.3.3.3　脉冲磁场杀菌技术

脉冲磁场的杀菌优势包括物理冷杀菌效果（不影响食品营养价值和感官特性）、无磁泄漏以及易操作。脉冲磁场的灭菌机制与感应电流效应、洛伦兹力效应、振荡效应和电离效应相关。

（1）诱导电流效应　超过临界强度的脉冲磁场诱导电流可能会导致微生物细胞的破坏，损害其正常形态、结构和功能。

（2）洛伦兹力效应　在磁场作用下，细胞带电粒子会受到洛伦兹力的影响，通常限制在拉莫半径内——较小的半径与更强的磁场相关。如果磁场足够强大以使拉莫半径缩小至细胞大小以下，它就可以干扰电子和离子传输，损害细胞生理功能。

（3）振荡效应　生物体具有极性和磁性特性，因此可由具有可变频率和强度的脉冲磁场引起对细胞膜的振荡效应。当强度超过一定阈值时，微生物细胞膜发生不可逆电穿孔。同时，振荡力加速了细胞膜破裂，损坏了细胞结构，并最终导致微生物灭活。

（4）电离效应　在外部磁场存在下，食品中带电粒子迅速移动，将食品分解为阴离子和阳离子。它们可以穿透细胞膜并与微生物内重要生物分子（如蛋白质和核酸）相互作用。结果是正常化学反应及组成生命的代谢将被阻断，进而导致微生物死亡。

4.3.4　活性保鲜膜技术

目前，果蔬保存、保鲜常用的方法有：用各种类型的冷库进行冷藏，充入氮气、二氧化碳等进行气调，辐照，以及运用包装膜等。然而，由于病菌污染的包装材料容易引起疾病的传播，越来越多的注意力集中在了抗菌包装材料的研究上，活性保鲜膜便是其中一种。活性保鲜膜中添加使用的活性成分包括无机类（纳米银粒子、纳米铜和碳酸钙等）、有机类（咪唑类，有机酸、盐类等）和天然类（动、植物和微生物的次生代谢物质等有活性的物质）。传统使用的化学有机合成试剂与无机物质、天然活性物质相比，不如其化学性质稳定，也不具有持续的药效，故存在不够安全等问题。

目前活性保鲜膜的类型主要包括以多糖、蛋白质为基质的活性保鲜膜，复合型活性保鲜膜，以及以其他物质为基质的活性保鲜膜。目前使用的活性保鲜膜主要天然基质材料有：多糖，如淀粉、纤维素、果胶、树胶或壳聚糖；脂质，例如蜡、油和脂肪；动物蛋白，如酪蛋白、明胶或乳清蛋白；植物蛋白，如玉米醇溶蛋白、大豆蛋白或麸质；以及微生物产生的多糖，如黄原胶或支链淀粉。另外还有合成高分子、无机材料（如硫酸钙等）。聚乙烯醇（PVA）具有黏性强、毒性小、成膜性好、稳定性高等特点，为食品包装中最常用的成膜材料。

也有学者提出活性保鲜膜的形式主要有以下几种：①将挥发或者不挥发的抗菌材料直接混合添加在聚合物材料中制成抗菌膜；②将抗菌剂直接涂覆或吸附在聚合物材料表面；③将抗菌剂通过离子或共价连接固定在聚合物上；④使用天生就具有的抗菌聚合体。

抗菌保鲜膜具有广泛的应用前景，目前，主要应用于果蔬、肉类、水产品中。例如有研究制备了茶多酚/壳聚糖复合涂膜液，对新鲜草莓进行涂膜保鲜处理，结果表明该涂膜液对草莓的失重率和腐烂指数有明显的抑制作用，能较好保持草莓的感官品质，并延长货架期。另有研究将纳米氧化锌添加到壳聚糖淀粉复合膜中，增强了该膜的抑菌性，将其应用于红提葡萄保鲜试验中，可明显降低红提葡萄的失重率和腐烂率，使红提葡萄在（3±1）℃条件下贮藏 60d 后，好果率达到 60%以上，同比空白组好果率增加 70%。

参考文献

[1] 李娟，郑旗，郭奇亮，等．果蔬商品化处理生产线概述［J］．农业与技术，2013，33（6）：251.

[2] 蒋柳庆．青皮核桃的耐贮性及药剂保鲜效应研究［D］．杨凌：西北农林科技大学，2014.

[3] 李书倩．软枣猕猴桃采后生理及软化差异蛋白质组学和 PG 酶学性质［D］．沈阳：沈阳农业大学，2015.

[4] Ma T，Li X，Inagaki T，et al. Noncontact evaluation of soluble solids content in apples by near-infrared hyperspectral imaging［J］．Journal of Food Engineering，2018，224：53-61.

[5] Tian P，Meng Q，Wu Z，et al. Detection of mango soluble solid content using hyperspectral imaging technology［J］．Infrared Physics & Technology，2023，129：104576.

[6] 王赵改，马书尚，王瑞庆，等．粉红女士苹果适宜采收期判断方法研究［J］．中国果树，2011（6）：17-19，82.

[7] 李娟，张正周，郑旗，等．关于果蔬采后商品化处理中的机械采收技术探讨［J］．农业与技术，2013，33（7）：31.

[8] 苑严伟，白圣贺，牛康，等．林果机械化采收技术与装备研究进展［J］．农业工程学报，2022，38（9）：53-63.

[9] 文红．食品中禁用物质——碱性橙染料国家标准检测方法的研制［D］．武汉：华中农业大学，2010.

[10] 马秀丽．发展农产品物流要从源头抓起［J］．现代商业，2011（27）：15.

[11] 朱黎辉．基于机器视觉的球形果蔬自动化分级技术研究［D］．成都：四川师范大学，2016.

[12] Tan F，Mo X，Ruan S，et al. Combining vis-NIR and NIR spectral imaging techniques with data fusion for rapid and nondestructive multi-quality detection of cherry tomatoes［J］．Foods，2023，12（19）：3621.

[13] 张桂新，张艳艳．HACCP 体系在果蔬冷链物流中的应用［J］．华东科技，2012（12）：58-59.

[14] 朱明．果蔬贮藏保鲜技术与设施问答［J］．中国农民合作社，2019（5）：69-70.

[15] 贺红霞，申江，朱宗升．果蔬预冷技术研究现状与发展趋势［J］．食品科技，2019，44（2）：46-52.

[16] 朱伟成，郜海燕，韩延超，等．不同预冷方式对茭白采后降温速度和贮藏品质的影响［J］．浙江农业学报，2020，32（10）：1873-1879.

[17] 韦强，史思雨，满杰，等．不同预冷温度对番茄贮藏品质的影响［J］．保鲜与加工，2023，23（11）：7-13.

[18] 王子安，武卫东，余强元．预冷冷库内冰浆式湿冷蒸发器的性能实验研究［J］．制冷学报，2019，40（5）：149-154.

[19] 贺红霞．垂直送风差压预冷技术研究［D］．天津：天津商业大学，2019.

[20] 段愿．预冷降温及转货架升温速度对减轻‘湖景蜜露’桃果实采后机械伤及品质劣变的研究［D］．杭州：浙江大学，2021.

[21] Zhu Z，Geng Y，Sun D-W. Effects of operation processes and conditions on enhancing performances of vacuum cooling of foods：A review［J］．Trends in Food Science & Technology，2019，85：67-77.

[22] 王育红，陈月英．果蔬贮藏技术［M］．北京：化学工业出版社，2021.

[23] 邹同华．果蔬真空预冷过程及捕水器特性的研究［D］．天津：天津大学，2005.

[24] 张或．柱状蔬菜真空预冷的理论与实验研究［D］．青岛：青岛大学，2008.

[25] 王小丹．农产品冷链物流的现状与发展途径［J］．安徽电子信息职业技术学院学报，2018，17（6）：82-85.

[26] 王小丹．RFID 技术在冷链物流全过程的应用［J］．物流科技，2017，40（10）：48-49，71.

[27] 李金梅．苹果贮藏效果的影响因素及涂膜处理［J］．农产品加工，2014（9）：42-43.

[28] 王赢．壳聚糖基抗菌保鲜膜制备及其应用研究［D］．大庆：黑龙江八一农垦大学，2018.

[29] 田世平．水果保鲜的自发性气调薄膜包装［J］．中国包装，1999（5）：52-53.

[30] 罗云波．园艺产品贮藏加工学［M］．北京：中国农业大学出版社，2010.

[31] 慈颖，王思，王静，等．植物源抗菌消毒剂研究进展［J］．中国国境卫生检疫杂志，2020，43（4）：297-300.

[32] 葛菁．肉桂精油纳米微胶囊 PVA 抗菌保鲜膜的制备与性能研究［D］．杨凌：西北农林科技大学，2019.

第5章

果品蔬菜贮藏方式与设备

各类果蔬的保存方法本质上是通过一系列综合策略来延缓其生理代谢过程，包括呼吸作用、后熟及衰老等，同时有效抑制微生物污染，旨在实现长时间的保鲜存储。果蔬保鲜技术主要分为三类：自然条件下的常温保存、低温冷藏法以及通过调节气体成分以优化保存环境的气调贮藏技术。如今的分类则依据贮藏过程中关键影响因素进行，一是强调温度调控的核心作用，二是专注于气体成分管理。这两种分类方法的本质在于从贮藏技术的根本特性出发，界定了不同的保鲜手段。也有学者根据果蔬的贮藏及贮藏条件这两个方面的特点来对贮藏方式进行分类。这种分类方法将通过影响果蔬呼吸、后熟和衰老的贮藏条件分为两类：生活条件和环境因素。前者包括温度、氧气、湿度和气压等，这些都是维持果蔬生命活动所必需的条件；后者包括二氧化碳、植物生长调节剂和辐射等，虽然果蔬本身并不需要这些因素，但它们却能对果蔬的生活产生重要影响。当利用生活条件一类的因素来控制果蔬的呼吸、后熟和衰老过程，以实现长期贮藏的目标时，所采用的氧浓度、温度和湿度应尽量满足果蔬在生理状态下的需求，即在不给果蔬提供过度满足的前提下，限制其对生活条件的依赖。这样可以有效地延长果蔬的保鲜期，同时保证其品质和营养成分。这不仅可有效延缓果蔬的呼吸作用、后熟进程及衰老速度，而且还可以实现长期保存的目标。在运用特定影响因子调控果蔬的上述生理过程以达成存储意图时，所施加影响因子的量度或强度，依据果蔬的生理耐受极限而言，往往是相当高的。这些影响因子的作用趋势，随其浓度的提升，依次呈现为刺激、调节、损伤乃至致死效应，选用高剂量的处理旨在获取显著的抑制效果。

果蔬保存技术可划分为两大类别：一类依赖于低温环境及果蔬本身的生理调节机制，通过限制外界条件来实施贮存策略；另一类则着重于环境因子的精细调控及果蔬对环境变异的顺应性，旨在通过干预关键因子抑制其生理失衡，以达到保鲜目的。探究果蔬保存技术的分类体系，旨在深化我们对果蔬保鲜机理的认知，为存储策略的研发与实践提供坚实的理论支撑。下面我们将根据贮藏场所的特点，分别介绍不同的贮藏方式。

5.1 自然低温冷却贮藏

自然低温冷却贮藏是一种简易、传统的贮藏方法，其构造相对简单，其原理是利用自然界中温度随季节与昼夜更替而波动的特性。例如，利用冷空气、冬季积雪、地下水流以及土壤等自然界的低温元素，作为调控贮藏环境温度的手段，以达到或接近最适宜保鲜水果和蔬菜的理想温度条件。这种方法不仅成本效益高，还因其环境适应性强和操作简便而广受青睐。

5.1.1 简易贮藏方式

简易贮藏技术主要涉及三种基本形式，即沟藏、堆藏及窖藏，这些方法依赖于秋冬自然界的低温条件以维持贮藏环境的适宜温度[1]。然而，现有技术在地域与季节上面临特定局限，但因其设施构造简便、成本低廉且能灵活适应多变的地理环境，可有效缓解果蔬市场供需不平衡的状况。随着科技进步，果蔬保鲜领域的科研人员通过不懈探索，成功融合了现代保鲜科技与我国传统的贮藏方式，创新出一系列贴合本土实情的“传统与现代交汇”式保存法。例如，将简易气调技术融入土窖、地沟等自然条件中，此类“跨界”保存方案所产出的果蔬品质，堪比采用高端设备保存的成果。故此，在当前时期，这些兼具传统与现代科技的保存策略，依然是我国乡村区域的理想选择。

5.1.1.1 沟藏

沟藏又称埋藏，是一种广泛应用的方法，一般适用于如板栗、核桃和杏仁等坚果类，偶尔也适用于苹果等温带水果的保存。实施沟藏时，需精心考虑外界气温与土壤温度的动态变化，选择合适的埋藏位置，以及精确设定沟的朝向、宽度和深度，以确保最佳的贮藏效果。沟窖是一种用于贮藏新鲜果蔬的简易设施。这类贮藏地址应选于丘陵地带的山坡区域，其轴线布局需与冬季主导风向平行，以便优化自然通风条件。具体构造采用夹壁假底及空隙设计以促进空气流通，此设计利用了冬季的自然对流现象实现库内降温，据统计，每日可有效转移热量 $1\times10^4\sim2\times10^4$kcal（1kcal＝4.1840kJ）。由于周围岩石具有高蓄冷能力，沟窖内部温度得以维持在一个相对恒定的状态。随着春季气温回暖，通风作业适时终止，此时静止的空气层则充当起隔热屏障，进一步维持窖内温度稳定。

5.1.1.2 堆藏

堆藏是在果园、农田或闲置地临时搭建贮藏场所进行贮藏的方法，因其构造简便而成为最为简便的贮藏手段之一。在北方，大白菜、甘蓝、洋葱、马铃薯等常用此法贮藏，在南方一些地区，也用此法贮藏柑橘类果实。

堆藏贮藏技术是将果蔬直接累积置于田间、空旷地带或浅沟（坑）之中，依据自然界气温波动，实施分层覆盖保护措施，旨在维持适宜的贮藏温度，并有效抵御寒冷、风害及雨淋的影响。常用的覆盖材料有苇席、草帘、作物秸秆、松针叶和土等，一般就地取材。堆藏果蔬的宽度和高度无一定的规格和模式，一般宽 1.5～2m，高 0.5～2m，长度不限，根据贮藏的种类及用途而定。宽度过大，易造成通风散热不良，导致腐烂，堆码过高则易倒塌，造成大量的机械损伤。覆盖时间和厚度需依据具体的气候条件调整，考虑到地域差异、季节变迁及果蔬类型的多样性，应采取差异化覆盖。通常在果蔬入库初期，因其携带较多田间热量，呼吸作用活跃，伴随大量呼吸热释放，故加强通风以散去多余热量。在此阶段，若外界温度偏高，则宜在日间采用遮阴覆盖以抵御日照直射，而到夜间，则应及时揭开覆盖物，利用自然通风进一步促进热量散发。在温暖区域或季节，覆盖材料主要起隔热效果，有助于隔绝外部高温侵扰，维持适宜存储环境。相反，在寒冷环境或冬季，则通过覆盖达到保温防冻的目的，以确保果蔬免受低温损害。

5.1.1.3　窖藏

窖藏是利用窖体的保护作用，使窖内温度、湿度、气体组成受外界环境影响较小，因而创造一个温度、湿度、气体组成都比较稳定的环境的贮藏方法。其原理是利用构成窖体的土及空气热不良导性和窖的密封性，使窖内温度、湿度恒定，进而延缓窖内农产品的变质。窖藏通常配备专门的通风设施，允许管理人员便捷进出，便于货物的存放与提取。窖藏结构展现出多样性，其中以棚窖贮藏最为广泛。

(1) 棚窖　是一种临时性的、短期的果蔬贮藏场所，在北方较为多见，多选址在空气流通、地势干燥的地方，窖体长宽依据贮藏总量而定。一般用于贮藏苹果、梨、大白菜、萝卜、马铃薯等[2]。窖穴通过窖口、天窗等通风换气来调节内部的温湿度环境，从而为贮藏物提供一个更为稳定与可控的保存条件。棚窖构造简单（图 5-1），不占用土地，但季节性较明显。

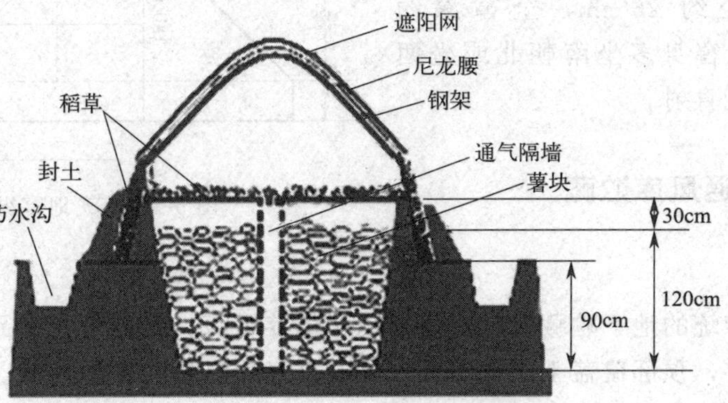

图 5-1　山西棚窖结构示意图

构建棚窖时，首先于地表挖一方形窖体，其顶部构造则采用木料叠加玉米秸秆、稻草以及土壤作为遮盖层。棚窖根据其入土深度差异，可分类为半地下式与地下式两类：温暖地带或地下水位偏高区域多倾向于采用半地下式设计，而寒冷区域则更适于实施地下式结构。具体而言，半地下式棚窖的埋设深度为 1.0～1.5m，并伴有等高度的地上土堆围墙。至于地下式棚窖，则深入地底 2.5～3.0m。此外，棚窖的宽度不一，其范围在 2.5～3.0m 的被称为“条窖”，而宽度在 4.0～6.0m 的则被定义为“方窖”。窖的长度应依据贮藏量的需求来设定，但不宜过长，以便于日常的操作与管理。通常，窖的适宜长度范围为 20～25m。窖顶结构，常用木料或竹竿作为支撑横梁，部分设计还需在横梁下方增设立柱，其上铺设捆绑的秸秆层，随后覆以土壤并夯实，以确保密封性。顶部需预留若干个窖口（亦称为“天窗”），用以进出及通风换气。这些窖口的尺寸（直径 0.5～0.8m）与间距（2.5～3.0m）应依据当地的气候条件加以调整，以达到最佳的环境调控效果。对于大规模的棚窖设施，建议在其两端或一侧增设后窖门[3]，这不仅便于果蔬的大量搬运入库，而且在贮藏初期能显著增强通风效能，加速降温过程。随着气温下降，这些辅助通风口可适时封闭，以维持窖内恒定低温，确保贮藏物的新鲜与品质。

(2) 井窖　是在水位较低的地区竖向下挖再横挖而成的窖型。具有低成本，窖内环境（尤其是温度与湿度）稳定和易于调控的优点，可为果蔬贮藏提供较长期的保存条件。常见于我国四川、苏北等地区。井窖贮藏主要用于柑橘、脐橙、生姜、甘薯、马铃薯、萝卜等耐藏性果蔬的短期保鲜。建造时，井窖深埋于地表之下，并巧妙配置了环绕窖口的排水系统，采用石板密封顶部，极大增强了窖体的封闭性能，从而维持窖内温湿度的相对恒定。此外，井窖的维护简便，无需电力消耗，且不侵占地面空间，体现了其绿色环保与成本节约的双重优势。然而，井窖在贮藏初期冷却效率较低，且相较于现代化冷库，保鲜周期相对较短，导致存储过程中的损耗偏高。加之井窖的应用受限于特定的地理环境和场地条件，难以满足大规模贮存的需求，这些因素制约了其在更广阔范围内的普及与应用。因此，尽管井窖作为一种传统且经济的贮藏解决方案，在特定区域显示出独特价值，但其技术改进与功能优化仍是未来研究的重要方向，以期克服现有局限，拓宽应用领域。

井窖结构共涉及三部分：窖颈部分、窖身的上半段呈现圆台形；窖身下部过渡至圆柱形构造。具体尺寸设定为：窖颈上口直径约 50cm，下口直径约 65cm，颈长 50cm，窖底直径约 266cm，全窖深约 180cm（图 5-2）。窖身多坐南朝北或坐西朝东，以避免阳光直射。

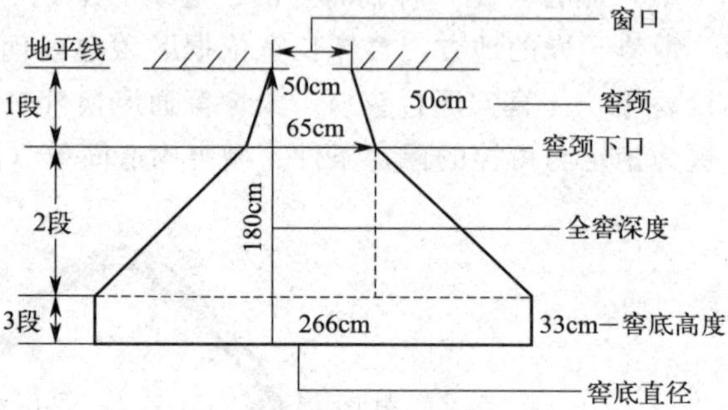

图 5-2 南充地窖纵剖面图

5.1.2 土窖和通风库贮藏

5.1.2.1 土窖

土窖是一种传统的地下贮藏设施，主要用于保存果蔬、粮食等农产品。它通常在地面挖掘而成，形状多样，顶部覆盖土层或石板，具有良好的隔热和保湿性能。土窖通过调节内部的温度和湿度，延长农产品的保鲜期，尤其适合北方地区冬季贮藏蔬菜和水果。其建造简单、成本低，是中国传统农业文化的重要组成部分。

（1）土窖结构　新型果蔬土窖创新设计采纳了半地下式夹套构造，库房地面深嵌于地表下 1.6m，利用深厚土壤层的蓄冷特性，利用墙体夹套通风、贮冷、贮冰，有利于库温均匀，从而极大地增强了保温效果。库体与顶棚均采用了多层保温构造设计，选取的保温材料包括水泥空心砖、聚苯乙烯泡沫板、稻壳以及膨胀珍珠岩等，具体技术参数参见表 5-1。该建筑设计为南北方向布局，北侧设置门户，这一设计依据源于不同地理位置维护结构的朝向所接收的太阳辐射强度存在差异。例如，东方或西方的辐射温度高于东南方或西南方，而北方接收的辐射量最少，且此差异随着地理位置向南推移而愈发显著。选择北向开门旨在最大程度地限制出入库过程中外界热量的渗透，从而不仅可有效维持库内温度稳定，还可显著增强制冷设备的工作效率。相反，若采用南向开门设计，则制冷系统将不得不在持续的高温环境下作业，这无疑会增加系统的运行负担，导致能耗上升及设备磨损加速。

表 5-1　果蔬土窖主要保温材料的技术参数

材料名称	热阻/(m^2·K/W)	容重/(kg/m^2)	比热容/[kJ/(kg·K)]	吸湿率/%	蒸汽渗透系数/[kg/(m·h·Pa)]
聚苯乙烯泡沫板	28.66～21.50	18～30	1.47	—	6
珍珠岩	53.74～21.50	50～160	0.84	0.2	—
软木板	21.50～17.20	210	2.10	<5	165.65
稻壳	10.75	150	1.89	19.2	159.37

贮藏间侧壁设置地下通风道，地下及侧壁安装土层测温管[2]。在仓库顶棚的中央部位配置了通风窗户，而南北方向的墙体则设计有对流式窗口，以促进自然气流。在通风口位置

部署换气装置，旨在通过强制内部循环的方式，对库房内的空气进行有效管理，其排风能量 34000m/h，风压 98Pa，以此确保库房内外的热能得以有效交换。

此外，在贮藏间的外围墙体上安装制冷与加湿系统，内部的墙壁布置温湿度传感器。湿度传感器具备高度敏感性，能够精确监测湿度变化，其检测湿度可达 99%。当检测到环境湿度超出预设范围时，即刻激活风机运行，调节环境湿度至目标水平；相反，如遇湿度不足情况，则启动加湿装置，补充库房内部的水分含量，维持理想的湿度条件。温度监控采用的温度传感器具有宽泛的测量区间，测温范围为 −50～100℃，可确保在温度偏高时，能够及时触发制冷机制介入，有效调控库房温度，保证贮藏环境的稳定与安全。

库顶安装太阳能发电系统，库内放置光伏控制器、逆变器、太阳能电池板及配电箱等设备，所有电气设备均需确保良好的绝缘与防潮性能，尤其是风冷式机组，必须实现稳固的接地连接，并配置恰当的高低压开关及过载保护机制，以维护系统安全运行。土窖结构见图 5-3。

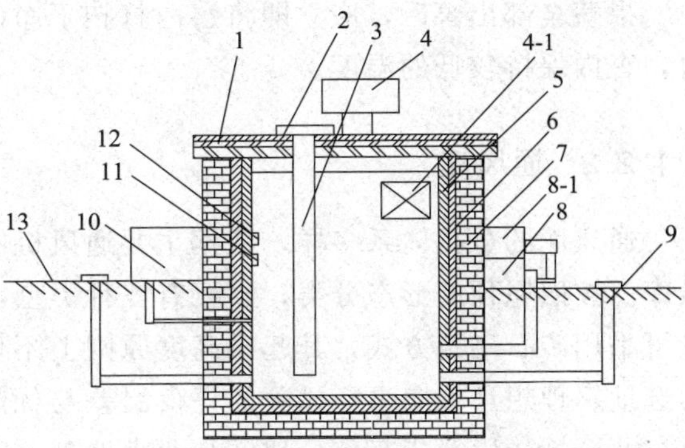

图 5-3　果蔬土窖结构示意图

1—顶棚；2—通风窗；3—通风管；4—太阳能发电制冰装置；4-1—对流窗口；5—气密保温层；6—炉渣隔热层；7—外墙；8，8-1—制冷设备；9—地下通风道；10—加湿设备；11—湿度感应器；12—温度感应器；13—库内地面

(2) 窖藏的管理方法

① 空窖的管理　以老旧窖池为例，在将果蔬置入空窖前，进行彻底的消毒灭菌工作尤为重要。消毒灭菌操作可采纳两种有效方式：一是利用硫黄熏蒸法（$10g/m^3$）；二是用浓度为 1%的甲醛溶液进行全面喷洒。在进行消毒时，须确保窖室密封，维持此状态至少两天，随后开窖门，进行充分的通风换气，以保障空气质量，方可投入使用。对于篓子、筐子、箱子、篮子及垫木等，也必须经过严格的清洁消毒处理。建议采用浓度为 0.05%～0.5%的漂白粉溶液对其进行浸泡处理，浸泡时长不少于 30min。随后利用毛刷细致刷洗，确保去除所有残留物，最后自然晾干备用。

② 入窖　在进行果蔬窖藏时，务必谨慎，以避免因窖室空间限制引发的碰撞与挤压问题。当贮存量较大时，建议预先在窖底铺设厚度为 5～10cm 的垫木，以此作为基础层，既可分散压力，又能提升通风效果。堆叠果蔬时，需确保各果蔬间、果蔬与窖壁及窖顶之间保留适当间隙，旨在便于定期翻动果实及促进空气流通，从而维持良好的贮藏环境。具体到包装方式，筐装果蔬推荐采取骑缝式堆码法，以增强稳定性；而对于箱装果蔬，则宜实施纵横交错堆码策略，以优化空间利用并利于气流穿透。

③ 窖藏期间的管理　窖内果蔬的管理核心在于温度的调控，这需依据外界气温的波动调整相应管理措施，旨在创造并维持一个最适于果蔬长期保存的微环境。在地窖使用初期，外界气温与土壤温度均较高，加之果蔬新鲜入库后呼吸作用活跃，释放大量的呼吸热，导致窖内温度迅速上升。此时，利用自然界的昼夜温差成为关键，具体措施为：夜间全面开启通气口，以增强空气流通，引入冷空气，加速窖内温度的下降。研究显示，最佳的通风换气时段集中在清晨 3～6h，此期间执行通风操作可实现效益最大化。在贮藏中期，恰逢冬季严寒，外界气温骤降，此时管理的核心在于防范冻害与过度升温。管理措施需细致平衡：一方

面，适度通风是关键，旨在维持窖内适宜的温湿度环境及气体构成；另一方面，通风应于午间短暂时段进行，以防低温空气侵入，导致贮藏的果蔬遭受冷冻伤害。在贮藏后期，随着寒冬消逝，春季来临，窖内温度随之上升。此时的管理应调整为在早晚温度相对较低时进行通风换气，以有效调节窖内环境。此外，需加强对果蔬的筛选检查，一旦发现腐烂情况，应立即剔除，以防止病菌传播，确保贮藏品的质量安全，避免交叉污染的风险。

果蔬全部出窖后，应立即将窖内打扫干净，同时封闭窖门和通风孔，以便秋季重新使用时，窖内保持较低的温度。

5.1.2.2 通风库

通风库的分类体系多样，依据主要通风机制可大致划分为两大类：自然通风库与机械通风库。按照屋顶的形态分类，主要有三种类型：拱形屋面、平面屋面及坡屋面。拱形屋面构造可采用砖石砌筑方式，其起拱高度原则上不低于 1.5m，以保证结构稳定与效能。通风库的选址，理想环境应具备显著的昼夜温差与优越的自然通风条件。中国北部（华北）、西北与东北区域，以及华东部分地区与西南地带，因自然条件契合，极为适合通风库的建设。

在具体选址建设时，首要前提是要与当地土地利用的总体规划及村镇发展规划相协调；其次，需重视工程地点的地质条件，优选稳定性强、利于工程建设的地段。实践操作上，应倾向于选取那些位于农田边缘、民居周围，且远离任何污染源的未被充分利用的土地。理想的地点特征包括：地形较高以利于自然排水，土层深邃以提供稳固基础，地下水位偏低以减少湿度影响，接近电力供应点以便能源接入，以及具备优良的自然通风条件。同时，为避免潜在风险，选址需远离坟地、公路、自然灾害频发及地基松软的区域[4]。

5.2 机械冷藏库

在气温普遍较高的季节或区域，由于缺乏可用的自然冷却资源（冷凉空气），为了达成理想的贮藏温度条件，常采用人工制冷措施，即进行人为控制的冷藏过程。人工冷藏技术主要分为两大类：一种为较为传统的冰藏法，另一种则是现代化的机械冷库储存技术，后者在行业中常被简称为“机械冷藏”。机械冷藏库又称冷库，是利用降温设施创造适宜的湿度和低温条件的仓库，用于加工、贮藏农畜产品。果蔬农产品产地冷库根据不同农产品贮存所需条件可分为气调库、冷藏库、预冷库及通风库，具体分类情况见表 5-2。冷库系统主要由两大组成部分构成：一是库房本体，具备良好的隔热性能；二是精密的机械制冷系统。

表 5-2 冷库分类

冷库类型		温度	存放产品	作用	存放期限
气调库		−2～16℃	果蔬（一般存放高价位的水果）	长时间贮藏	3～6 个月
冷藏库	高温库	−2～16℃	果蔬、中药材、茶叶	延长贮存时间、货架期，提高品质	7d～10 个月
	低温库	−25～−15℃	果酱类、速冻蔬菜、水产	大幅延长存放产品的贮藏时间，但不适用于果蔬及奶类	1 年以上
预冷库		−2～16℃	果蔬预冷	预冷除去果蔬田间热后，放入低温库贮藏或运输	预冷时长 10～24h
通风库		常温	南瓜、柑橘	短时间贮藏	2d～3 个月

5.2.1 冷库的类型

5.2.1.1 简易冷库

简易冷库，又称为微型冷库，是在农村家庭联产承包责任制背景下，农户利用其闲置的制冷设备自行构建的一种小型冷藏设施。这类设施具备全自动温控功能，包括精准的测温和调控，尤其在北方冬季，可辅以排风扇实施强制性空气流通以增强降温效果。简易冷库所采用的制冷技术与标准组装式冷库无异，均采用了高性能的半封闭或全封闭式压缩机组。这些机组以其卓越的运行可靠性、高效节能特性和库内温度的均匀分布而著称，加之高精度的温度调控能力，可为贮藏物提供理想的保存环境。不同贮藏量简易冷库的主要技术参数见表 5-3。

表 5-3　不同贮藏量简易冷库的主要技术参数

项目	10t	20t	50t
尺寸(长×宽×高)/m	5×4×(2.5～3.5)	5×4×(2.5～3.5)	5×4×(3.0～4.0)
制冷机组功率/hp①	3	5	9
电源总输出功率/kW	3	5	9
使用温度范围/℃	−5～15	−5～15	−5～15
配套排风扇排风量/(m^3/h)	1000～1200	2000～2500	4000～4500

① 1hp=0.746kW。

5.2.1.2 组装式冷库

组装式冷库是由绝热库体、制冷系统、智能控制系统以及综合管道系统集成构成的复杂体系，旨在提供更为完善的冷藏解决方案。主要技术参数见表 5-4。适应区域与应用对象方面，地理区划上建议：长江以北地域优选风冷式冷凝压缩机组，而长江以南区域则推荐采用兼具风冷与水冷功能的兼容型压缩机组，以应对当地气候条件的变化。特别指出，若采取风冷方案，增扩冷凝器面积将是提升系统效率的合理策略。此设计广泛适用于各类农产品的冷藏保鲜及预冷处理，有效覆盖中国南北地区多种存储与预冷需求[5]。

表 5-4　不同贮藏量组装式冷库的主要技术参数

项目		10t	20t	50t	100t
净容量/m^3		55～65	100～120	250～280	500～550
外形尺寸(长×宽×高)/m		6.72×3.84×2.5	8.64×5.76×2.5	9.6×9.6×3.1	14.4×11.52×3.5
库温调控范围/℃		−5～15	−5～15	−5～15	−5～15
制冷机组	功率/hp	3	5	12	30(预冷功能 45)
	制冷量/W	4600	7200	17400	47200
电源总输入功率/kW		3	5	12	30

5.2.2 冷库围护结构

冷库建设对隔热防潮要求高，冷库隔热结构不得受潮湿影响，地坪需要防冻，这样可以保证冷库长期满足使用需求。冷库拥有合理的结构、良好的隔热性能后，就可以保证果蔬等农产品贮藏的质量。防潮系统和保温系统一同构成冷库的围护结构。冷库围护结构的隔热与防潮效能，对于维持库内温度稳定性及贮藏品质至关重要。选择高性能的隔热防潮材料并予以科学配置，不仅能有效抑制库内温差波动，延长冷库使用寿命，还能缩减建设成本，提升其经济效益。非冷库建设项目如果对保温功能要求不高，则对于防潮隔热性能就不会花费太多时间和精力。

5.2.2.1 保温隔热系统

保温系统是构成冷库独特功能性的重要组成部分，确保其在温暖季节仍能维持低库温状态，关键在于有效抑制库内外的热量传递。该系统通过在库体内部表面安装高性能的绝缘材料，形成一个连续且密封的绝热层，从而显著阻碍库内外的热量交换，有效阻止外部热量渗透入库内。在冷库建筑设计中，核心挑战在于最大限度地减少热量的侵入，而绝缘材料的部署则是构建此热量屏障的关键策略。因此，绝缘材料本身的性能与整个保温系统的完好性，对于冷库能效及整体运作表现具有深远的意义。

冷藏设施中隔热材料的选择一般应满足以下标准：①低热导率，此特性允许减少隔热层的厚度，进而节约隔热材料的使用量；②低密度，意味着构建的隔热结构更为轻便；③吸湿性小，通常规定隔热材料的吸湿率不超过 5%，以维持性能稳定；④无害性，应确保材料不释放任何对食品构成污染的有毒气体或异味；⑤阻燃及化学稳定性，要求材料具有难燃性或不可燃性，且在使用过程中不易发生变质。当前市场上广泛应用的隔热材料，诸如聚氨酯泡沫塑料、聚苯乙烯泡沫塑料、挤塑聚苯乙烯板以及聚氯乙烯泡沫塑料等[6]，均能满足上述条件。针对特定绝缘材料，其绝缘效能可通过增厚材料层来进一步提升。然而，绝缘材料的增厚需谨慎控制，其成本阈值不应超越冷库运营维护的开销。部分壁面绝缘的厚度见表 5-5。

表 5-5 围护结构主要热工性能参数

名称	结构(从外到内)	厚度/mm	密度/(kg/m³)	导热系数/[W/(m·K)]	比热/[J/(kg·K)]
外墙	水泥砂浆	20	1800	0.93	1050
	砖墙	240	1400	0.64	1106.2
	水泥砂浆	20	1800	0.93	1050
	二油三毡隔汽层	9	600	0.17	1470
	聚氨酯泡沫隔热层	100	30	0.033	1380
	二油三毡隔汽层	9	600	0.17	1470
	钢筋混凝土预制插板	35	2500	1.74	920
地面	钢筋混凝土	80	2500	1.74	920
	水泥砂浆	20	1800	0.93	1050
	二油三毡隔汽层	9	600	0.17	1470
	泡沫混凝土隔热层	400	700	0.22	1050
	二油三毡隔汽层	9	600	0.17	1470
	素混凝土垫层	100	1200	0.53	1050
	一毡二油防水层	5.5	600	0.17	1470
	水泥砂浆	20	1800	0.93	1050
屋面	钢筋混凝土	100	2500	1.74	920
	二油三毡隔汽层	9	600	0.17	1470
	聚氨酯泡沫隔热层	150	30	0.033	1380
	二油三毡隔汽层	9	600	0.17	1470
	水泥砂浆	20	1800	0.93	1050

在土建冷库中，围护结构的设计涉及砌体与高性能保温层的结合。为了优化库房的贮藏效能，实践中普遍采用现场喷涂硬质聚氨酯泡沫塑料作为保温隔热的方法，该方法能有效提

升热阻性能；另一种常见做法是安装预制的复合保温夹芯库板。当前，我国冷库的隔热墙体构造普遍采用黏土砖作为砌体主材，其两侧覆以水泥砂浆抹面层，旨在增强墙体的密封性能。外部的水泥砂浆涂层能有效抵御雨水侵蚀及防止水蒸气渗透，而内部涂抹的水泥砂浆层，则主要是为了适应隔汽防潮层施工作业的技术需求，作为隔汽层的基层，要求表面平整，故也称为基层处理层。尤为重要的是，在隔热材料的高温面部署隔汽防潮层，这是为了显著降低水蒸气渗透的可能性，从而保障隔热材料免受潮湿影响，维持其隔热效能。在隔热层的内侧设置保护层。保护层多由预制钢筋混凝土小柱插板、砖墙、木板、具有黏结力的水泥砂浆抹面和防水涂料等组成[6]。冷库内、外墙结构见图 5-4。

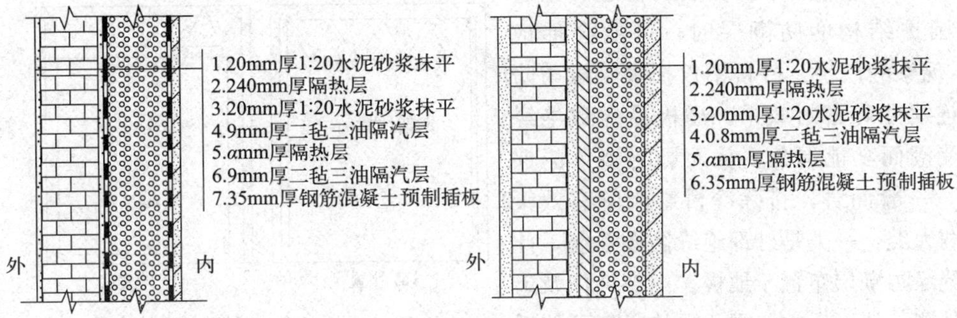

图 5-4　冷库内、外墙结构示意图

（图中 α 按照热流密度不变的原则，根据各地区的气象条件确定）

装配式冷库的保温隔热体系主要包含两个部分：内部保温构造与外部保温构造。在此体系中，外部保温构造偏好采用具有高隔热效率的复合型保温夹芯板，以进一步强化围护结构的隔热性能。库房的主要承重构件，如钢柱与钢屋架，必须被整合于保温隔热材料的内层，以保证结构稳定性和保温效果。内保温结构依托轻型钢结构作为支撑体系，其外墙及屋顶均采用外覆金属面板的轻质夹芯板材，而内部隔热则选用高性能的双面复合夹芯保温板，以进一步增强保温效能。此外，为优化热工性能，在外保温与内保温结构间设计了空气隔层，这不仅有利于减轻温差引起的压力，还可促进空气流通。目前，我国已投入使用的装配式冷链物流冷库广泛采纳内嵌式保温构造。相较于外保温结构，该类设计因排除了屋面板与吊顶空腔的需要，使得工程师能够在规划阶段适当缩减建筑物的整体高度，并直接将复合保温夹芯板作为外围护结构，进而减少成本[7]。

5.2.2.2　防潮隔汽系统

冷库的一大显著特性在于其对库内外水蒸气分压差的管理上。当库房内外部环境的水蒸气压力存在自然不均衡状态时，水蒸气便会遵循物理规律，自水蒸气高压区域向低压区域渗透扩散。这一现象要求在冷库设计中，必须采取严格的水蒸气阻隔措施，以维持库内稳定的湿度条件，防止冷凝和结构腐蚀等问题，从而保障贮藏物品的质量安全。水汽凝结现象是导致其隔热性能衰减的关键因素。水蒸气能够穿透诸如砖块、木质建材等材料，这一渗透过程在水蒸气压差的作用下得到加速，并且通过毛细现象从材料表面向墙体内部迁移。随着水蒸气深入到墙体更冷的内层区域，其逐渐趋于饱和状态，进而凝结为液态水，积累在绝缘层内部。这一系列变化不仅削弱了绝缘材料的隔热效能，还可能诱发材料的物理腐蚀或化学变质。鉴于此，在绝缘材料与墙体结构间设置一道阻隔层，旨在从根本上抑制水分侵入。冷库的防潮隔汽层常用的材料主要为石油沥青基油毡、沥青与塑料复合的防水材料、纯石油沥青以及焦油沥青，此外还有聚氯乙烯（PVC）材质的防水卷材等。当前，诸如三元乙丙橡胶（EPDM）防水卷材及经过改良处理的聚氯乙烯防水卷材成为冷藏建筑设计中防潮隔汽层材料的首选。这些材料有良好的防水性能，能在维持建筑物热工性能的同时，有效阻挡水汽渗透，从而延长绝缘材料及整体建筑构造的使用寿命。

果蔬保鲜冷库的温度一般维持在－1～0℃，而地表温度则保持在10～15℃之间，这就意味着地面向库房内部传导一定的热量。因此，有必要在地板铺设绝缘层，其隔热效能需等效于5cm厚的软木材质，以确保高效隔绝热量传递。在冷库的建筑设计中，导热性能较强的构建部分（例如柱体、横梁及管道）穿透或嵌入围护结构的防潮层时，可能会促成“冷桥”现象的产生。冷桥不仅损害绝缘与防潮层的连续性和密封效果，还极易导致绝缘材料因受潮而功能退化，从而影响整体的保温效能。一般而言，排除冷桥影响的有效策略涉及两大类：一类是外部绝缘防潮系统，此系统将绝缘防潮层布置于地板、内部墙体及天花板的外侧，从而有效包围并隔绝任何可能诱发冷桥现象的结构元素；另一类是内部绝缘防潮系统，该系统将绝缘防潮层内置，即安装于地板、内墙与天花板的内部空间，见图5-5。

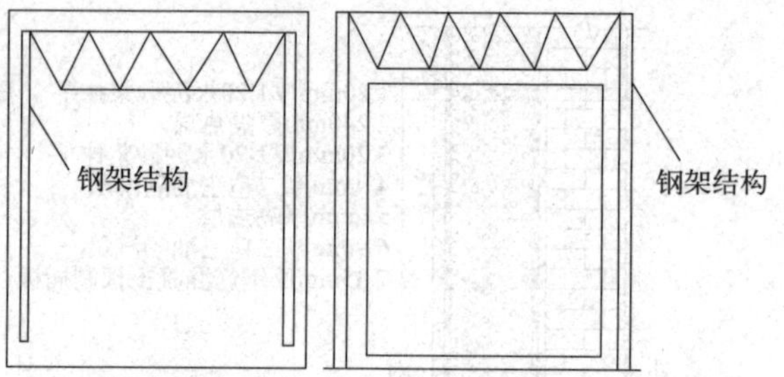

图5-5　消除冷桥的方法

此外，为确保冷库地面能够承受堆放货物及搬运机械的重压，必须设计具备足够力学强度的基础构造。在选用软木板作为绝缘材料时，需要在其上下各铺设7～8cm厚的水泥层，作为稳固的地面支撑与基础保护。地基应铺设一层煤渣或碎石，旨在增强排水性能，防止水分积聚导致的结构损害。现代冷库的建筑设计正逐步倾向于采用装配式技术，这是一种预先制作包含防潮与绝缘功能的库体组件的方法。其优点是施工方便、快速，缺点是造价较高。

5.2.2.3　库址的选择

机械冷藏库在建设前，必须确定主要贮藏的果品、蔬菜种类，然后才能确定冷库的地点。冷库通常需容纳大量货物，且产品流通量大、频率高，库址的选择极为关键。选址应侧重于交通便捷且环境无污染的区域，以确保库房外围环境有利于食品保鲜。另外，冷库的主入口应背对风向，以防自然因素对库内温度的不必要干扰。同时，地坪的设置需略微高于周边地面水平，这一措施对于防范雨水倒灌、维持库内干燥环境至关重要。考虑到农产品数量较多，很多产品需要外销，因此需要建设长期贮藏的冷库，根据存货量的差异，可以设立多间库体，库体容量不同，以满足各种贮藏需求。同时，应确保冷库附近拥有便捷的水资源与电力供应，周边环境应具备优良的排水系统，且地下水位需保持低位，以维持冷库环境的持续干燥状态，这对保障冷库效能很重要。

在全年期间，空气温度低于土壤温度的时间占比较大，并且经由冷库屋顶及墙体的空气热传递量相较于土壤而言更为有限。尽管地下冷库通常采用与地上冷库相同厚度的绝缘材料，但从经济角度来看，其建设成本效益并不理想。此外，地下冷库相较于地上冷库，在对外连通性、操作管理和日常维护方面存在不便。因此，大多数冷库建设倾向于采用地上结构。

5.2.3 冷库的管理

5.2.3.1 温度

温度调控是确保新鲜果蔬贮藏效果的决定性因素。应根据各种水果和蔬菜的独特特性，选择适宜的冷藏存储温度。适合冷藏的农产品有山楂、苹果、梨、蒜薹等。针对已成熟的山楂，理想的保存环境需依托冷库设施，其间宜频繁采用通风等管理手段，结合自然冷源与机械制冷技术，以实现温度的均衡与稳定，减少温度大幅度波动。果蔬在入库冷藏前，一个关键步骤是实施预冷处理，旨在迅速将产品降温至目标温度区间，以此来有效维护其固有的品质特性。预冷操作中，最为简便的方法是在收获后，直接于田野堆放果实，借由夜间较低的外界温度进行自然预冷，并赶在日出前气温回升之际完成入库，以此确保预冷效果的最大化。入库 1 周内采用制冷机循环冷空气，借助热传导与蒸发潜热来冷却果蔬，使果蔬与冷库温度一致[8]。

每日入库产品的数量对库温有很大的影响，建议设计其约占总库容的 20%，以确保库温稳定。一旦超过该阈值，库房的冷却效率将明显下降。建议入库果蔬在初始阶段应广泛分布存放，以便快速降温。待这些农产品的温度降至预定的低温标准后，再将其紧凑堆垛至指定高度，从而维持理想的贮存条件并提高能效。

冷库温度控制的核心原则集中于适宜性、稳定性、均匀性，以及商品入库初期的高效降温管理。为实现这一目标，可采用自动化温控系统，以实现对冷库内部温度的精准监测与调控。

5.2.3.2 湿度

通常环境湿度特指相对湿度，该指标衡量的是在特定温度条件下，空气中水蒸气达到饱和的程度。在维持果品新鲜度的过程中，关键在于最大限度地保留其水分，同时竭力抑制自然失水或干燥造成的损耗。水分流失 5%，蔬菜与水果便会出现明显的凋萎现象。因此，采用适宜的保鲜薄膜袋进行包装，被证明能显著提升贮存效果，可有效锁住产品中的水分。关于湿度调控，实践中常采纳两种策略：一是低温（0℃）、高湿（90%～95%）环境，二是低温（−1～3℃）、低湿（70%～75%）条件。根据种类特性，大白菜、芹菜、苹果、蒜薹、葡萄及甘蓝等果蔬适宜采用前一种低温高湿管理模式；而蒜类和葱类植物，则更适应于后者，即低温低湿的保存环境。针对不同果蔬种类的特定需求，当环境温度偏高时，应适当地降低湿度，并在必要情况下，利用加湿设备实施湿度调控。为有效抑制果蔬在休眠期间的腐烂及萌芽，常采取强制性休眠措施。当贮藏环境的温度降至冰点以下，增湿则转为运用湿麻袋或湿草帘覆盖于果蔬表面，以此达到保温与保湿的双重目的。

在库房设计与建造阶段，增设具有调节功能的湿度控制系统至关重要，以便有效控制库房内的相对湿度。当监测到相对湿度偏低时，常采取地面适度洒水、实施空气增湿喷雾等措施，这是对库房进行有效增湿的常用方法。

5.2.3.3 通风换气

通风换气是冷库管理中的一个重要环节。不定期进行通风措施，置换仓库内的空气，促进库内外空气循环，有利于实现温度的自然调节。在外界与仓库内温差显著时，应适当减少通风频次，以防温度波动对贮藏物造成不利影响。在昼夜温差3℃左右的时段，可于夜间开启库门短暂通风3～5d，此举有助于减少库内腐霉菌的滋生，可进一步提升贮藏产品的保存质量。光会对色素进行破坏，检查人员离开冷库时要及时关灯，尽量少翻动、少检查，以免造成果蔬损伤，同时防止造成冷库漏热、漏冷，不利于温湿度的控制[9]。

在果蔬冷藏期间，其生理代谢活动持续，不仅消耗O_2，还副产CO_2等多种气体。有些气体会给果蔬带来伤害，如乙烯（由果蔬自然生命过程生成）、乙醇（无氧呼吸的产物）以及特定果蔬如苹果释放的α-法尼烯，均被证实对果蔬的长期保存具有不利影响。因此，有效排除这些潜在危害气体显得尤为关键，而通风换气便是操作简便且行之有效的策略之一。通风的频率和次数依据贮存商品的种类特性与预期贮藏周期调整。对于高度代谢产品，增强通风换气的频率是必要的措施。在产品贮存的初始阶段，建议缩小通风间歇期，例如，每10～15d实施一次换气。当库内温度趋于稳定时，通风换气的周期可调整为1次/月。

此外，可根据果蔬的预期贮藏目标，将其分装进专用保鲜袋中，利用其自然呼吸作用限制袋内空气流通；每7～10d，需监测并调整袋内O_2与CO_2的比例，通过短暂开袋通风后再密封，以维持最佳保存条件。在苹果的众多品种中，黄元帅展现出较强的耐受高浓度CO_2的能力。采用硅塑袋作为包装材料，能够有效允许贮藏中的果蔬继续进行呼吸代谢过程，从而维持其生命力与品质。对于辣椒等对气体环境敏感的作物，在保鲜管理上需谨慎，以避免剧烈改变气体流通条件，同时可综合运用多种先进技术，如离子辐射处理、化学保鲜剂[9] 等高科技贮藏手段，以实现更优越的保鲜效果。

5.2.3.4 其他管理

（1）卫生、防虫管理　贮藏环境中病原体、害虫及鼠类的侵害是导致果蔬贮藏损耗的关键因素之一。在果蔬入库之前，必须对库房及相关器具实施全面且深入的清洁消毒，严谨构建防虫、防鼠的保护屏障。建议采用漂白粉溶液对器具（包括垫仓板、贮藏架、周转箱等）进行精细清洗，并在充分晾干后方可归置入库。库房在使用前需进行消毒处理，常用的方法有用硫黄熏蒸（10g/m^3，12～24h），用福尔马林熏蒸（36%甲醛12～15mL/m^3，12～24h），用过氧乙酸熏蒸（26%过氧乙酸5～10mL/m^3，8～24h），用0.2%过氧乙酸、0.3%～0.4%有效氯漂白粉或0.5%高锰酸钾溶液喷洒等。将80%～90%的乳酸和水等量混合，按乳酸溶液1mL/m^3的比例，将混合液置电炉加热蒸发，待蒸发完之后关闭库门6～12h即可使用。以上处理对虫害亦有良好的抑制作用，对鼠类也有驱避作用。

（2）产品贮藏及堆放　新鲜果蔬入库时，若已完成预冷步骤，则可直接进行批量入库贮藏，反之，若未经历预冷处理，则需采取分阶段、分批次的入库策略，防止单次大量入库导致的库房温度剧变及制冷效率下降。首次入库前，必须预先对库房进行制冷处理，并维持在一个适宜的贮藏温度水平，以便产品入库后能迅速实现温度下降。建议初次入库量不超过库房总容积的20%，随后的每次入库则以约10%的增量为宜。

库房内部商品的堆砌方式对贮藏成效有着显著影响，其基本原则遵循“三离一隙”。“三离”是指离墙、离地、离天花板。“一隙”是指垛与垛之间及垛内要留有一定的空隙。对果蔬的贮存，实施分等级、分类别、分批堆放的原则尤为重要，应极力避免混合贮存带来的不利影响。应注意的是，不同种类果蔬的贮存条件各具特点，即便是同种或同类果蔬，其等级差异、成熟度不一致以及不同的种植管理措施等，均会对贮存环境的选择与管理产生显著影响。

（3）贮藏产品的检查　在新鲜果蔬的贮藏过程中，必须严格监控并调控贮藏环境的温度与相对湿度，并依据实际情况适时记录与调整相关参数。此外，应定期检查贮藏中的产品状态，以便实时掌握产品质量的动态变化，一旦发现异常应迅速采取相应管理措施。具体而言，对于耐藏性较差的果蔬，建议每隔 3～5d 实施一次检查；而对于耐贮性较好的品种，则可适当延长检查间隔，例如每 15d 或更长时间进行一次检查。通过这些细致的管理措施，可以有效保障果蔬在贮藏期间的质量与安全。

(4) 产品出库　在冷藏环境与外界环境存在显著温差（通常超过 10℃）的情况下，将产品自低温冷库移出，其表面随即与库房外温暖湿润的空气相接触，由此引发一种普遍现象——表面冷凝水的形成，即所称的“出汗”现象。此现象不仅有损果蔬的外观品质，还可能诱使微生物污染，加速其腐烂过程。鉴于此，经过冷藏处理的果蔬制品，在离开冷库进入市场流通之前，应采取预设的逐步升温措施。这一升温步骤应安排在专门的增温室、中转仓库或冷库的缓冲区域内部实施，旨在通过可控的方式调节产品温度。升温速率需谨慎控制，理想状态下，环境温度较产品本身温度高出 3～5℃为宜，直至果蔬温度稳定在比室温低 4～5℃的范围内。在产品出库前，针对需进行催熟处理的产品，可融合升温操作以提升催熟效率。升温幅度需考虑外部环境的空气湿度条件，建议将露点温度作为调整依据。

5.2.4　自然冷源库

随着全球范围内能源危机的加剧，节约能源和新型节能模式的开发已成为可持续发展的重要内容。对果蔬贮藏而言，传统机械冷藏库因其显著的能源消耗及较高的初期投资成本等问题日益凸显其局限性。对自然环境资源的利用，旨在优化产地冷库的建设缺陷，并成功抑制产地果蔬高损耗率的不利态势。采用自然冷源作为制冷系统的核心，不仅顺应了节能减排的趋势，还实现了贮存技术的绿色转型。在此过程中，关键在于冷库设施的智能化升级，具体措施包括：部署全自动化温度调控柜、精密加湿控制器，以及集成各类高灵敏度阀门与传感器的网络[10]。这些设备共同作用，可精准监测并调节库房内部的温湿度条件，以最佳状态维持果蔬的新鲜度与品质，从而在确保食品存储安全的同时，最大化地提升资源使用的效率与环境的可持续性。其冷库结构见图 5-6。

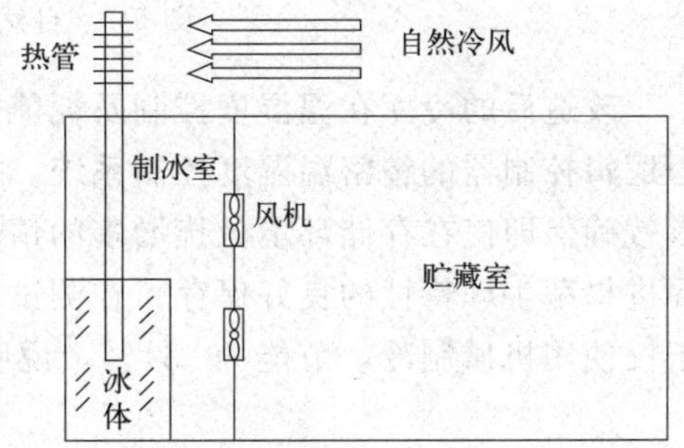

图 5-6　自然冷源冷库结构

5.2.5　机械制冷冷库改造

随着科技进步，当前制冷行业的科技内涵已显著超越了我国早期冷库建设时期的技术限制，致使老旧冷库改造的实例日益丰富。在条件允许的前提下，将系统由传统机械制冷向自然冷源制冷转换，旨在达成节能减排的目标。机械制冷冷库改造核心在于升级温湿度控制系统，具体有加湿器与智能化加热装置，阀门系统与高精度探测元件，所有这些组件均与先进的 PLC（可编程逻辑控制器）系统紧密集成并协同工作。该系统依据库存果蔬的具体品种特性，在预设的合理范围内动态调节库房的温湿度参数，以确保环境条件不仅维持在理想的稳定状态，还充分适应不同类型果蔬的保鲜需求，从而在提升能源利用效率的同时，保障农产品的新鲜度与品质。

以往的冷库依赖壁挂式空调来调控库房内的环境参数，而经过改造的冷库则在每一间库室内配置了独立的制冷系统。从设备配置的角度，考虑到温湿度调控与自然冷源至机械制冷模式的灵活切换，在既有的半封闭式压缩机和风冷机组基础上，增设了通风换气自动化控制柜、室内外温湿度探头、电动风阀、电磁阀、中止阀、加湿控制器及全自动温度控制柜等设备。此次改造极大地提升了冷库在温湿度管理与能源效率方面的性能，如图 5-7 所示。

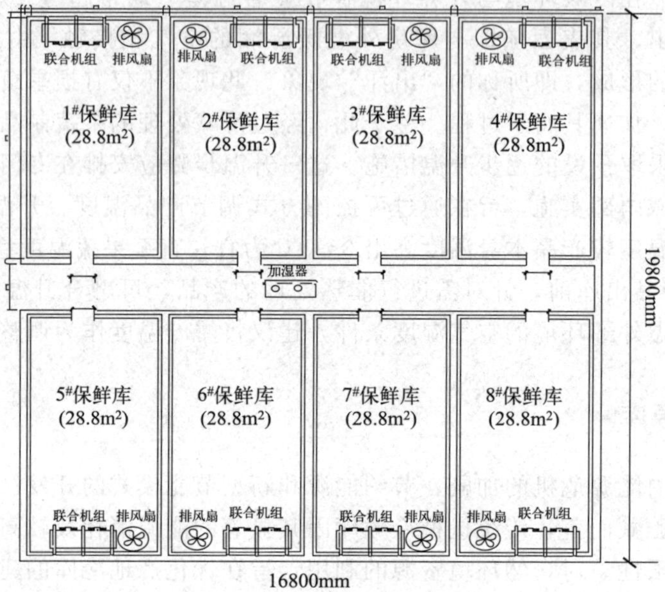

图 5-7　自然冷源和机械冷库改造示意图

改造后的冷库在温湿度控制及耗能方面均有显著的优势。在贮藏中后期，冷库基于可编程逻辑控制器的精密温湿度控制系统，能持续精准地满足果蔬保鲜所必需的温湿度条件，能有效确保即使在存储环境微扰增多的情况下，库内温度与湿度依然能够维持高度稳定，进而促进果蔬生理特性的良好保存。在测试阶段，结合自然冷源与机械制冷的复合制冷方式相较于仅使用机械制冷，节能 76.34%，说明改造后的冷库具有较强的实用性[11]。

5.3　气调贮藏

气调贮藏技术是一种在严格控制的低温、高湿度及气体成分比例环境下实施的先进贮藏方法。与传统贮藏技术的根本差异在于，气调贮藏通过在标准冷藏工艺基础上，进一步微调存储环境中的气体组成和维持适宜的相对湿度水平，以期为水果和蔬菜营造一个最为理想的保存微环境。此过程的核心在于调整库房内的氧气与二氧化碳水平：O_2 浓度降至 2%～5%，而二氧化碳水平则调至 0～5%。这样的气体配比能显著抑制果蔬的呼吸速率，有效减缓营养成分的流失，并实现更长久的保鲜效果。同时，提升贮藏环境的相对湿度是另一项关键措施，旨在减少果蔬的水分蒸发（即蒸腾作用），进一步维持其新鲜度。采取低温结合低 O_2、高 CO_2 的环境能有效制约果蔬内乙烯的生物合成途径。乙烯是一种促进果蔬成熟的植物激素，减少其生成能显著减轻或预防多种生理病害的发生，进而确保果蔬的贮藏保鲜期得以显著延长。因此，与冷藏相比，气调贮藏保鲜技术更趋完善[12]。

5.3.1　气调贮藏的条件

（1）CO_2 和温度的配合　气体调节贮存技术（气调贮藏）是在一定的温度调控下进行的，该技术不仅涉及对贮藏环境中 O_2 和 CO_2 比例的管理，还需确保温度控制与这两者的浓度达到最佳协同效应。先前的研究发现，在相对较高的温度条件下，采用气调贮藏方法依旧能够有效延长果蔬保鲜期，实现令人满意的保存效果。维持果蔬新鲜状态的关键在于外界条件对其新陈代谢活动的有效抑制，特别是显著减缓呼吸作用。为了有效遏制新陈代谢速率，采取的主要策略包括：降温处理、提升 CO_2 浓度以及降低氧气浓度。这些措施共同作用，为果蔬创造了一个延缓衰老的贮存微环境。可见，这些环境条件均构成了果蔬正常生理活动的逆境挑战，而适度施加逆境处理恰是实现有效保鲜的关键手段。每种水果或蔬菜对于逆境的耐受能力各有差异。例如，苹果气调保鲜中 O_2 为 2%～4%、CO_2 为 1%～5%、N_2 为 90%～97%；香蕉气调保鲜中 O_2 为 2%～8%、CO_2 为 2%～5%、N_2 为 87%～96%；葡萄气调保鲜中 O_2 为 2%～4%、CO_2 为 3%～5%、N_2 为 91%～95%；草莓气调保鲜中 O_2 为 2%～4%、CO_2 为 3%～5%、N_2 为 91%～95%。因不同果蔬所需要的生长环境不同，对不同气体所需要的比例也各不相同[13]。

（2）O_2、CO_2 和温度的互作效应　在气调贮藏过程中，气体组成主要涉及 O_2、CO_2 与温度等相关关键参数，其不仅各自独立地对贮藏物产生显著效应，而且这些因素之间存在复杂的相互作用与制约关系，共同构成了所谓的互作效应。为了实现理想的贮藏效果，必须精心调配 O_2、CO_2 的浓度比例以及精确设定温度，以达成最优化的环境组合。任何单一条件的变化，都需引发其他相关条件的协同调整，旨在持续维持一个平衡且适宜的综合贮藏环境。这要求我们在实践中灵活应对，确保各因素间动态平衡，从而最大化体现气调贮藏的优势，促进贮藏物品质的稳定。不同的果蔬拥有不同的最适保存环境组合。这一理想组合并非固定不变的，而是在某个环境因素发生变异时，可通过调节其他因素以抵消不利影响，从而达到补偿的效果。这意味着，即使同一种农产品，在迥异的环境条件或地理区域内，其适宜的贮存条件组合亦可能各异，但仍能实现较为满意的保鲜成效。

（3）贮前高 CO_2 或低 O_2 处理　预处理阶段采用高浓度 CO_2 处理，被证实能够显著增强后续气调贮藏的保鲜效能。实验研究与农业生产实践均表明，部分新近采摘的果实和蔬菜显示出对高浓度 CO_2 及低 O_2 环境较强的适应能力。重要的是，贮藏初期施以高浓度 CO_2 处理，对于抑制果蔬新陈代谢速率及延缓其成熟衰老过程具有积极作用。在实施气调贮藏前，对贮藏产品加以低 O_2 预处理，也能够显著增强贮藏效果。

5.3.2　自发气调贮藏

自发气调贮藏（modified atmosphere storage，MA）一般指果品通过自身的呼吸作用，不断降低贮藏环境中的 O_2 浓度，提高 CO_2 浓度，调节二者比例来达到控制果品呼吸速率的一种保鲜技术[14]。理论上有氧呼吸作用消耗的 O_2 可相应生成相应体积分数的 CO_2，而 N_2 含量保持恒定，导致 O_2 与 CO_2 的体积分数之和维持在 21%左右。而生产实践中则常出现消耗的 O_2 多于产出的 CO_2（即 O_2 含量＋CO_2 含量＜21%）的情况。自发气调贮藏方法较简单，达到设定的 O_2 和 CO_2 浓度水平所需的时间较长，操作上维持要求的 O_2 和 CO_2 比例比较困难，因而贮藏效果不如人工气调贮藏。我国普遍采用塑料薄膜袋等密封包装材料包裹产品后实施贮藏，以有效创造并维持目标气体氛围，促进果蔬的长期保存与新鲜度维持。

5.3.3 人工气调贮藏

人工气调贮藏（controlled atmosphere storage，CA），是一种有效的贮藏技术，它通过降低 O_2 含量和提高 CO_2 含量来调节贮藏环境中气体成分的浓度[15]。人工气调贮藏和初始低氧胁迫（ILOS）是梨行业使用的一些常见的非化学采后处理技术，这些技术以减少乙烯生物合成和呼吸速率而闻名。CA、ULO（超低氧）和 ILOS 在控制某些生理疾病方面需要更多的研究，这些技术通常与 1-MCP 等化学处理相辅相成，以保持水果品质。CA 为静电控制气氛，通常 O_2 含量大于 1%（体积分数）。动态可控气氛（DCA）是在全球范围内受到采后研究人员和苹果等水果生产商欢迎的最新技术。DCA 可以广义地定义为允许在开始和贮存期间定制氧气水平的系统。研究表明，与其他必须辅以化学处理的低氧贮存（LOS）技术不同，DCA 可用作 100%非化学采后处理[16]。

5.4 减压贮藏

气压处理可分为低压和高压两类。减压贮藏（hypobaric storage）又叫低压贮藏、真空贮藏，是气调贮藏的进一步发展。低压贮藏是在低于大气压下贮存果蔬，可有效保持果蔬质量并保护其免受有害代谢物（如乙醇和乙醛）的侵害。根据果蔬特性和贮藏温度，贮藏室压力可降至 1/10atm（1.01325×10^4Pa）甚至更低。新鲜空气经过压力调节器和加湿器不断引入贮藏容器，每小时更换一次，并维持一个稳定的低气压状态，旨在有效排除多种有害气体。低压贮藏技术对果蔬中生物活性化合物的作用涉及以下三个方面：①它促进了过氧化氢酶（CAT）介导的活性氧（ROS）降解的过程，有效抑制了 ROS 积累导致的氧化应激。②低压环境抑制了多酚氧化酶（PPO）和过氧化物酶（POD）的活性，这两类酶通常催化 ROS 生成及促进生物活性化合物的分解，因此，其活性的降低有助于保护这些宝贵化合物免受降解。③低压贮藏通过增强果蔬内部的 ROS 清除机制及整体抗氧化能力，进一步维护了果蔬质地与营养品质。实验与研究表明，在低压贮存条件下，多种果蔬具有显著的保鲜成效。例如，草莓的真菌腐烂发生率大幅度下降；苹果成功减轻了因贮藏产生的烫伤现象及其伴随的不良挥发性物质释放；番茄在低压环境下积累了比常规大气压存储更高的酚类和类黄酮水平；竹笋中的活性氧水平显著减少，有利于减缓其老化过程；蜜桃则表现出增强的抗氧化防御系统，提升了果实的整体营养价值与市场价值。综上所述，低压贮藏策略为保持并提升果蔬中生物活性化合物含量提供了一种高效且具有潜力的方法。低压处理是一种潜在的非化学技术，用于消毒和延长果蔬的贮存寿命。研究发现，在草莓采后没有任何延迟的情况下，可以采用 20kPa 的低压处理 2h，以对其进行微生物感染消毒并延长销售寿命。这些发现可能有助于开发用于易腐烂的水果和蔬菜的商业低压技术[17]。但是，此减压贮藏技术全面商业化目前仍处于实验探索阶段。

5.4.1 减压贮藏的原理

减压贮藏技术通过调控贮藏环境中气体的分压水平，降低氧浓度，进而抑制果蔬的呼吸作用强度及乙烯的生物合成。在低压环境下，果蔬中叶绿素的降解速率得以延缓，同时显著减少了营养成分的损耗，延长了果蔬的贮藏保鲜时间。例如，当贮藏环境的气压降至标准大气压的 1/10 时，相应地，O_2、CO_2 及乙烯等气体的分压亦同步减少至原水平的 1/10。尽管此时气体成分之间的相对比例保持不变，但其绝对浓度显著下降至原先的 1/10，其中 O_2 浓度仅剩余正常大气条件下的 2.1%。因此，减压贮藏能够在不改变气体相对比例的前提下，创造出类似于气调贮藏的低氧环境，从而起到类似气调贮藏的作用。此外，减压贮藏技术还展现出维持果蔬绿色状态、抑制组织软化、减轻冷害损伤以及缓解若干贮藏生理病害的积极作用，进一步凸显了其在保持农产品新鲜度和延长贮藏期方面的独特价值。例如，菠菜、叶用莴苣、青豆、青葱、水萝卜、蘑菇等在减压贮藏中都有保色作用。

减压贮藏技术通过有效降低果蔬的呼吸速率与乙烯生成，来延缓叶绿素的降解过程，同时抑制类胡萝卜素及番茄红素的合成速度，还能减弱淀粉向糖分转化及酸度减少的趋势，此外，该方法能有效排除不良气体，显著减少或防止多种贮藏期间的生理病变。相比之下，减压贮藏在保鲜效果上展现出比传统冷藏更为优越的性能。然而，减压贮藏面临的核心挑战在于，低压环境易于引发样品的水分蒸发与干燥，为此，维持一个高湿度水平（≥95%）很重要。高湿度环境可能会为微生物的繁殖提供温床，从而加剧贮存产品的病害问题。另外，刚从减压中取出的产品风味不好，要放置一段时间后才可以恢复。鉴于此，结合使用高效的消毒防腐剂成了减压贮藏实践中的一项关键辅助措施。

5.4.2　减压贮藏库的组成和控制方式

相较于传统的气调贮藏设施，减压贮藏对仓库的设计与建造提出了更为严苛的要求，特别是在气密性能和整体结构强度方面，需达到更高的标准以满足减压条件下的贮存需求。气密性能的不足导致难以实现预定的真空水平，从而影响预期的贮存效能，并且加剧维持低气压状态下的运营成本，同时加速机械装备的磨损过程。减压贮藏由于依赖较高的真空度，要求仓库承受远超气调贮藏库的内外压力差，这进而强调了建造材料必须具备高度的机械强度，以及确保库体构造的合理与稳固性。在减压贮藏环境下，水果和蔬菜中的水分极易挥发，为有效抑制此类水分流失，贮存环境的相对湿度需维持在极高水平，通常不低于 95%。为了实现这样的高湿度条件，减压贮藏设施内必须配备高效的加湿系统，以保障贮藏物的水分平衡与品质。因为减压贮藏可略去气调贮藏所必需的调气仪器设备，所以，减压贮藏库房的建造费用并非人们想象的那样昂贵。

一个完整的减压贮藏系统包括五个方面的内容，即真空系统、制冷系统、捕集器系统、进气加湿系统和控制系统。减压贮藏库的设备见图 5-8。果蔬贮藏采用气密性能优异的减压保鲜库房，首先，完成果蔬装载并密封库房，随后利用真空泵系统持续抽气直至预设的低压标准被稳定维持。库房配备的增湿装置内置电热元件，其功能在于加热水分，使得水体温度略微超越环境气温，这促进了库房内部达到并维持在 95%的高相对湿度水平。新引入的高温高湿气体，在库房的减压状态下能迅速遍布每一个角落，由此实现了贮藏空间中温度、湿度及气体组成的高度均匀与一致性，为果蔬长期保存创造了理想的条件。由于真空泵持续不断地进行气体抽取，果蔬在新陈代谢进程中产生的多种有害气体可迅速地通过气阀随气流排出仓库外部。在此过程中，真空调节器与气阀共同控制着仓库内部的减压水平及气体流通量，确保环境条件最优化。

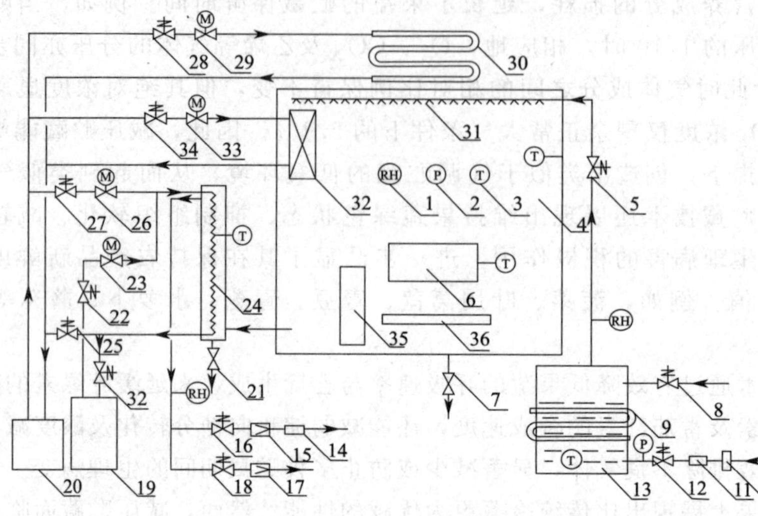

图 5-8　减压冷却贮藏系统示意图

1—相对湿度传感器；2—压力传感器；3—反辐射温度传感器；4—真空舱；5—加湿电磁阀；6—果蔬等货物；7，21—排水阀；8—补水阀（浮球液位阀）；9—自限温伴热带；10—空气过滤阀；11，14—空气流量计；12—压力伺服阀；13—低压加湿水箱；15—小真空泵（主泵）；16，18—双向电磁阀；17—真空泵（预抽泵）；19—大负荷制冷机组（水冷）；20—小负荷制冷机组（风冷）；22，27，28，34—供液电磁阀；23，26，29，33—电子膨胀阀；24—捕集器；25，32—回气电磁阀；30—真空舱体换热管；31—水汽喷嘴；32—冷风机；35—电加热板；36—称重传感器

在减压贮藏过程中，为了优化运行成本效益，可采纳间歇操作模式。该模式设定一个真空度的操作窗口，当真空水平降至预设下限时，启动真空泵介入以恢复所需真空条件；而一旦达到上限设定值，则停止真空泵工作。无论是采取连续性还是间歇性减压策略，其操作流程皆相对简便，并且真空环境的建立与解除均可高效完成。真空状态的解除迅速：真空泵停运后，仅需通过开启真空调节阀门，在数分钟内即可实现环境正常化，便于工作人员随即进入贮藏区域作业。反之，欲重返低气压状态，仅需重新激活真空泵系统即可轻松达成。

实验研究表明，采用减压贮藏技术对苹果、香蕉、番茄、菠菜、生菜及蘑菇等多种果蔬进行保存，均成效显著，延长了产品的贮藏期和货架寿命，但由于建设减压贮藏库有较高的难度，在目前技术水平下，该项技术的商业化应用受到了一定的限制。目前，该项技术在某些新鲜果蔬产品的预冷及运输中得到了应用，并取得了良好的经济效益。减压贮藏技术在易腐果蔬保鲜中的主要优势包括：①有效降低果蔬的呼吸强度及乙烯生成速率，这是通过减少环境气体供应量实现的；②可即时排出库内累积的乙烯，从而消除这一促进果蔬成熟与衰老的关键外部刺激；③低压环境有助于排除果蔬释放的多种挥发性物质，诸如 CO_2、乙醛、乙酸乙酯和 α-法尼烯等，这些物质的减少对于抑制果蔬的生理病害具有积极作用。因此，减压贮藏策略在维持易腐果蔬品质、延长其货架期方面展现出显著效益。

减压贮藏果蔬的生理效应远不限于上述几点。该项技术更深广的理论基础研究及良好的保鲜效果，得到了越来越广泛的重视。

参考文献

[1]　沈英焱．季节性利用绿能产地贮藏装备的性能研究［D］．天津：天津商业大学，2019.

[2]　王洁．果蔬土窖优化设计与热工性能研究［D］．天津：天津科技大学，2018.

[3]　武玲萱，刘钊．萝卜简易冬贮技术［J］．中国园艺文摘，2015，31（02）：167-168.

[4]　《果蔬贮藏保鲜技术与设施问答》摘编［J］．中国农民合作社，2018（12）：70-71.

[5]　果蔬保鲜贮藏设施及技术［J］．农业工程技术（农产品加工业），2012（04）：39-41.

[6]　刘晓菲．果蔬冷藏库流场的均匀性及围护结构热湿传递特性研究［D］．西安：西安建筑科技大学，2016.

[7]　焦国权．浅谈冷链物流冷库设计［J］．房地产世界，2022（14）：44-47.

[8]　西瓜机械冷藏保鲜技术［J］．云南农业，2005（05）：16.

[9]　王淑华，李炳海，薛中原，等．冷链物流＋机械冷藏，满足市场果品蔬菜保鲜供应［J］．新农业，2023（24）：54-56.

[10]　韩露．自然冷源冷库用于果蔬贮藏的试验研究［J］．北京农业，2012（21）：137-138.

[11]　郑佳，张蕊，于晋泽，等．自然冷源与机械制冷相结合的冷库改造研究［J］．冷藏技术，2020，43（03）：36-41.

[12]　侯幸．果蔬气调库制冷与气调系统的模拟分析及优化研究［D］．济南：山东建筑大学，2021.

[13]　朱伟成．不同预冷和气调处理对茭白采后品质的影响［D］．合肥：安徽农业大学，2020.

[14]　刘枫，张新宪，高振峰，等．番茄采后自发气调贮藏技术［J］．科学技术与工程，2021，21（12）：4870-4874.

[15]　Zhang W，Zhao C，Karrar E，et al. Analysis of chemical composition and antioxidant activity of idesia polycarpa pulp oil from five regions in China［J］. Foods，2023，12（6）：1251.

[16]　Mditshwa A，Fawole O A，Opara U L. Recent developments on dynamic controlled atmosphere storage of apples—A review［J］. Food Packaging and Shelf Life，2018，16：59-68.

[17]　Maryam A，Anwar R，Malik A U，et al. Pre-storage hypobaric treatment reduces microbial spoilage and maintains eating quality of strawberry fruits during low temperature conditions［J］. Journal of Food Processing and Preservation，2022，46（11）：e17121.

第6章 果品类贮藏技术

水果种类众多，生长发育特点也不同，但许多特点又与其采后成熟或衰老变化有关，从而对贮藏质量形成了一定影响。为做好水果的贮藏保鲜，首先必须依据不同水果的生物学特性，选用优良品种并给予合理的种植环境，从而获得高品质、耐藏的产品。其次要做好采摘、运送、商品化管理及贮藏管理的各种操作，如此才能达到推迟老化、减少损失、保证品质的目标。

本章重点阐述柑橘、苹果、梨、葡萄等栽培量相对较多且较为常见的果品及地方特色水果（刺梨）的贮藏知识与技术。

6.1 柑橘贮藏

柑橘又称柑果，性偏温，其种类包括甜橙、柚、柠檬等，广泛种植于南方各地。从2007年至今，我国稳居世界柑橘生产第一大国之位，柑橘的栽培面积及产量均排名首位。受品种、气候及地理位置等因素影响，柑橘采收期有所差异。通过结合贮藏保鲜技术和种植不同成熟期的品种，可以有效延长柑橘新鲜供应的时间。

6.1.1 贮藏特性

柑橘类水果是一种属于非呼吸跃变型的果实，其种类或品种不同，果实营养物质、组织结构、抗病性、成熟期及贮藏性也不同。我国柑橘品种成熟期主要集中在11月份至次年2月份，柑橘成熟期分为极早熟、早熟、早中熟、中熟、中晚熟、晚熟，品种占比分别为5%、5%、15%、30%、25%、20%[1]。一般而言，晚熟品种耐贮藏性最好，中熟品种较好，早熟品种贮藏性最差。

柑橘不同品种和种类贮藏性差异与果实大小和内在组织结构相关。通常情况下，同样的品种，中等果型比大果耐贮藏；果心小而充实，白皮层厚而致密的果实更耐贮藏；柠檬类和柚类比脐橙类更耐贮藏。

6.1.2 贮藏方式

根据柑橘品种及当地实际情况采用常温贮藏、低温贮藏、施用抗真菌保鲜剂、施用可食性涂膜剂、臭氧处理协同低压静电场贮藏、辐射等措施来延长供应期。

6.1.2.1 常温贮藏

柑橘常温贮藏包括窖藏、通风库贮藏等，是较为常见和常用的贮藏方式之一。柑橘常温贮藏关键在于控制温度、湿度和通风，避免霉变和失水。如橘子、砂糖橘、橙子等温度控制在10～15℃，湿度保持在85%～90%，使用竹篮或网格容器单层摆放，避免堆压导致挤压伤。如宽皮柑橘（如蜜橘、砂糖橘），常温储存不宜超过15d；而甜橙类（如脐橙）在通风库中能保存4个月左右。

6.1.2.2 低温贮藏

低温贮藏的有效管理在于确保恰当湿度和温度，做好通风换气。利用机械冷藏库贮藏时，应注意通风换气，及时补充 O_2 和排出多余 CO_2，维持 O_2 浓度≥17%且 CO_2 浓度≤1%，以利于维持柑橘新鲜度，延缓保质期。表6-1是部分柑橘果实的适宜贮藏条件及保存期。

表6-1 部分柑橘果品贮藏条件[2]

品种	贮藏温度/℃	相对湿度/%	保存期/月
甜橙	1～3	90～95	4
伏令夏橙	1～3	90～95	4
化州橙	1～3	90～95	4
蕉柑	7～9	80～90	4

6.1.2.3 施用抗真菌保鲜剂

抗真菌保鲜剂常见的有咪唑和双胍盐类、苯并咪唑等，其具有抑菌效果好、高效、便利等特点而被广泛应用，可有效降低柑橘果实的腐烂率。如，22.2%抑霉唑10ml+40%百可得5g/t水对青霉病、绿霉病及酸腐病等具较好防治效果；22%咪鲜胺锰盐+20%双胍盐+25%抑霉唑对柑橘炭疽病、酸腐病、青霉病、绿霉病具有较好抑菌作用。辅助添加2,4-D（1～2g/t水）可延缓果蒂脱落，减少蒂腐病发生；配合成膜剂（如壳聚糖）可降低药液残留，提升果面光泽。严格控制浸果时间和药液稀释倍数，出口果需按进口国农残标准选配药剂。

6.1.2.4 可食性涂膜剂

柑橘可食性涂膜剂主要有蛋白类涂膜剂、多糖类涂膜剂、复合纳米材料等。如，添加6%纳米纤维素后，显著延缓红橘失水和腐烂；10mg/g浓度的茁霉多糖涂膜常温贮存140d，柑橘好果率达85.98%。壳聚糖/纳米 SiO_x/单甘酯复合溶液可使橘子常温下保鲜期由20d延长至40d左右，好果率为91%。可食性涂膜有望作为一种绿色、安全、高效的保鲜剂替代化学保鲜剂的使用，目前的研究热点在于改善涂膜的阻隔性、力学性能和赋予其抗菌、抗氧化等功能。

6.1.2.5 臭氧处理协同低压静电场贮藏

低压静电场（low voltage electrostatic field，LVEF）可用于果蔬、水产品及肉制品的

保鲜，是近些年所研究使用的一种新型保鲜技术；臭氧具有强氧化性，可较好维持果蔬贮藏品质。如预处理后的柑橘采用 $4mg/m^3$ 臭氧处理 30min 后，在 2400V、5mA 的电场环境下贮藏，可有效抑制柑橘品质的劣变，提高保鲜效果，延长保鲜期。

6.1.2.6 辐照技术

辐照技术利用各种射线或电子束等杀灭微生物，而对果蔬营养与风味的破坏最低。如，钴-60 产生的 γ 射线或电子加速器的高能电子束，破坏微生物 DNA 结构实现杀菌、灭虫，同时抑制乙烯合成酶活性，延缓果实成熟衰老。$40\mu mol/m^2$ 的蓝光（456nm）可诱导宽皮柑橘中参与脂信号通路的基因表达，减少指状青霉引起的果实腐烂。离子辐照（$\lambda <$ 100nm）、远紫外光（$100nm < \lambda < 280nm$）、蓝光（$390nm < \lambda < 540nm$）都可以抑制柑橘青霉病和绿霉病，降低腐烂率。避免重复辐照，单次剂量需精准控制以防果皮褐变；高湿品种（如砂糖橘）需配合涂膜剂使用，防止辐照后失水加剧；出口柑橘需遵守目的国剂量限制。

6.2 苹果贮藏

苹果起源于欧洲、中亚细亚和我国新疆地区，我国人工种植历史仅有一百多年。近 30 年来，我国苹果产业发展迅速，现已和香蕉、葡萄、柑橘并称，成为国内四大果品之一。据统计数据显示，我国苹果种植面积近年来保持稳定，主要分布在黄土高原和环渤海湾等优势区域，其中陕西省、甘肃省、山东省等省份为主要产区。截至 2024 年产季，全国苹果种植面积约为 2900 多万亩，农业产值连续两年突破 2000 亿元。

苹果易于贮藏，市场需求大，以鲜销为主。因此，为促进苹果生产发展、市场兴旺、扩大国际贸易，正确地采摘和贮存苹果至关重要。

6.2.1 贮藏特性

6.2.1.1 品种特性

苹果的种类繁多，其中主要栽培品种有十几个。不同品种由于遗传特性而具有明显差异，包括贮藏性和商品性状。按照成熟期的不同可以分为早熟、中熟和晚熟三类（表 6-2）。

表 6-2 不同成熟期的苹果品种及其特性[3]

分类	品种	品种特性
早熟品种（6～8 月份）	藤牧 1 号	①生长发育周期短；②肉质松软；③味淡；④不耐贮藏
	嘎啦	
	辽伏	
	伏帅	
	美国八号	
中熟品种（8～9 月份）	乔纳金	①商品价值上乘；②贮藏性优于早熟品种；③鲜销为主，不宜长期贮藏
	元帅系	
	千秋	
	金冠	
	新嘎啦	
	葵花	

续表

分类	品种	品种特性
晚熟品种（10～11 月份）	秦冠	①肉质脆硬；②风味佳、品质好；③耐贮藏
	红富士	
	王林	
	北斗	
	秀水	
	胜利	
	小国光	

6.2.1.2 呼吸跃变

苹果是典型的呼吸跃变型果实，成熟时乙烯产量可高达 200～800μL/L，故苹果在贮藏过程中受呼吸作用的影响继续熟化，一定时间后果实皱缩，营养物质降解，品质下降。因此，苹果的贮藏环境需通风换气或者采用其他技术脱除 C_2H_4。此外，苹果的贮藏与采收成熟度有关，对于长期贮藏的苹果来说，应在呼吸跃变之前进行采收。

6.2.1.3 贮藏条件

温度是苹果贮藏的关键因素，许多晚熟品种机械冷藏的最适贮温是－1～1℃，气调贮藏最适温度是－0.5～0.5℃。低温环境下贮藏库内应维持 90%～95% 的高湿条件；若选择常温或气调贮藏，则库内相对湿度可降至 85%～90%，以减少腐烂损失。调节 CO_2 及 O_2 浓度比例，可提升苹果的贮藏效果。大部分苹果品种的贮藏环境为 2%～4% 的 O_2、1%～5% 的 CO_2，少数对 CO_2 敏感的品种如红富士，应将 CO_2 浓度降至 2% 以下。表 6-3 为苹果不同品种的贮藏条件及其贮藏期限，供需要时参考。

表 6-3 苹果不同品种的贮藏条件及其贮藏期限[4]

品种	温度/℃	相对湿度/%	O_2 浓度/%	CO_2 浓度/%	贮藏期限/月
元帅	0～1	95	2～4	3～5	3～5
红星	0～2	95	2～4	3～5	3～5
金冠	0～2	90～95	2～3	1～2	2～4
旭	3.5	90～95	3	2.5	2～4
红玉	2～4	90～95	3	5	2～4
橘苹	3～4	90～95	2～3	1～2	3～5
赤龙	0	95	2～3	2～3	4～6
老特兰	3.5	95	3	2～3	3～5
国光	－1～0	95	2～5	3～6	5～7
富士	－1～1	90～95	3～5	1～2	5～7
青香蕉	0～2	90～95	2～4	3～5	4～6

6.2.2 贮藏方式

苹果的贮藏方式多样，短期贮藏可选择沟藏、窖藏、通风库贮藏、机械冷藏、气调贮藏、超低氧贮藏、塑料薄膜封闭贮藏、1-MCP（1-甲基环丙烯）保鲜、MAP（modified atmosphere packaging，气调包装）保鲜等方式。贮藏期较长的应采用机械冷藏或气调贮藏。

6.2.2.1 机械冷藏

不同苹果品种的机械冷藏贮藏条件可参考表6-3，需要注意的是，入库3～5d内应将苹果温度降至最适贮温。

6.2.2.2 低温等离子体保鲜

低温等离子体技术在苹果保鲜中主要通过对贮藏环境的调控、病原微生物灭活及机械损伤修复实现品质提升。苹果需预冷至10～15℃，单层放置于透湿容器中，避免金属包装。超过3kGy可能引发表皮褐变，需根据品种调整（如金冠苹果适宜1.5～2.5kGy）；结合气调包装（MAP）可实现杀菌与呼吸抑制双效协同，延长贮藏期。

6.2.2.3 气调贮藏

入库前需预冷至4℃以下，避免温差过大导致结露；大部分苹果品种适宜气体比例为2%～4% O_2、1%～5% CO_2，贮温比普通冷藏高出0.5～1℃。同一品种不同产地可能对气体耐受性也存在差异。

6.2.2.4 1-MCP保鲜

苹果采收后需在6h内处理，此时乙烯受体处于活化态，结合效率提升22%；处理前需预冷至适宜温度（如0～5℃），1-MCP推荐浓度为0.5～1.0μL/L，处理时间6h（需在密闭空间进行），环境温度建议控制在10℃以上。富士苹果在1-MCP 0.6μL/L处理下货架期可延长至180d，但对品种差异敏感（如金冠苹果）需调整剂量，1-MCP超过1.0μL/L可能导致局部浓度超标引发表皮灼伤；富士苹果对 CO_2 敏感，需配合动态气调贮藏以增强效果。结合涂膜技术（如可食性膜）可减少水分流失，提升保鲜协同效应。

6.2.2.5 MAP保鲜

不同苹果品种对 CO_2 的敏感性不同。苹果冷藏初期充分预冷后，用厚度<0.02mm的专用PE袋扎好，袋内 CO_2 浓度≤2.0%；或利用1-MCP（0.5～1.0mL/L）处理，在0～0.5℃温度下联合0.01mm的PE袋贮藏，每袋质量约10kg。与单用MAP包装贮藏，上述方法可将贮藏期延长约60d。薄膜袋及保鲜剂的使用要规范，如使用不当，会出现严重伤害，造成损失。

苹果贮藏保鲜前应规范采前、采收和采后等方面的操作，以延长苹果货架期。

6.3 梨贮藏

梨在我国有“百果之宗”的称谓，远在公元前一千多年，我们的祖先就已经对野生梨树进行驯化栽培，因此，我国被认为是梨的发源地。梨在我国栽培极为广泛，南起海南岛，北至黑龙江，东自沿海各省，西达新疆，到处都有梨树栽培，尤其在北方，梨是仅次于苹果和柑橘的第三大类果品。近10年来，我国梨种植面积稳定在1300万亩左右，2024年梨产量约 2000 万吨，农业产值超过 600 亿元。

6.3.1　贮藏特性

6.3.1.1　品种

我国梨的种植品种繁多，其中秋子梨、西洋梨、白梨、砂梨四大品种群是经济栽培中最为常见的，各品种群及其品种的商品性和贮藏性差异显著。

秋子梨品种群果实近球形，果皮呈黄绿色或黄色，味酸涩，肉质硬，主要分布于我国东北。该品种群中的南果梨、京白梨品质较好，尖把梨、香水梨、秋子梨、花盖梨等次之。此品种群的品种大部分质量低下，贮藏性差，不宜长期贮藏。西洋梨品种群果实呈葫芦状或圆形，果皮黄色或黄绿色，肉质细腻而多汁，香气饱满。该品种群主要品种包括茄梨、考密斯梨、巴梨、日面红梨、康德梨、三季梨等，品质较好，但贮藏性较差，一般即采即销。白梨品种群果实较大，多呈近卵形，果皮黄绿，肉质脆嫩，渣少汁多，味香甜。该品种群中雪花梨、库尔勒香梨、鸭梨、长把梨、酥梨等品种商业性、贮藏性好，常温库可贮藏 3～4 个月，冷库可贮藏 6～8 个月，是我国栽培、贮运及销售的重要品系。砂梨品种群果实多呈近球形，果皮为褐色、浅褐色、浅黄色，果肉脆嫩多汁，酸甜可口。该品种群中的品种主要有菊水、苍溪梨、晚三吉、早三花等，不耐贮藏，一般即采即销。

6.3.1.2　呼吸跃变

国内外研究表明，西洋梨及白梨品种群的品种属于呼吸跃变型果实，但白梨品种群的呼吸跃变特征不像西洋梨、猕猴桃、香蕉、苹果那样典型，因其果实内源乙烯产生量少，后熟变化不明显。

6.3.1.3　贮藏条件

贮藏温度是梨敏感的因素之一。除鸭梨等个别品种，梨大部分品种贮温为（0±1)℃，越接近 0℃贮藏效果越好。软肉型品种经过预冷后须立即送入 0℃左右冷库贮藏，硬肉型品种一般采后须在 10℃左右分阶段逐渐降温预冷，当果温缓慢接近 1℃时进行贮藏。梨果皮表面蜡质少，果皮薄，皮孔较发达，易失水，贮藏环境相对湿度较高，一般为 90%～95%。梨的贮藏环境需低 O_2（3%～5%），不同品种间对 CO_2 浓度的要求差异较大，库尔勒香梨、巴梨等品种适应 CO_2 浓度较高（2%～5%）的贮藏环境。目前，全国栽培和贮藏量比较大的鸭梨、雪花梨、酥梨对 CO_2 较为敏感。表 6-4 列出了部分常见梨品种的贮藏性、贮藏条件与贮藏期等，供应用时参考。

表 6-4　梨主要品种的贮藏性、贮藏条件与贮藏期[5,6]

品种	贮藏性	贮藏温度/℃	贮藏期/月	备注
南果梨	较耐贮藏	0～2	1～3	不耐后熟，果肉易变软
京白梨	较耐贮藏	0	3～5	2%～4% O_2，2%～4% CO_2，后熟期 7～10d 缓慢降温，对 CO_2 和低 O_2 敏感，不适宜气调贮藏
鸭梨	耐贮藏	0～1	5～8	—
酥梨	较耐贮藏	0～5	3～5	相对湿度要小于 95%，一般在 90%为宜

续表

品种	贮藏性	贮藏温度/℃	贮藏期/月	备注
茌梨	较耐贮藏	0～2	3～5	对低温和 CO_2 较敏感
雪花梨	耐贮藏	0～1	5～7	对 CO_2 敏感，可直接入 0℃冷库
秋白梨	耐贮藏	0～2	6～9	可气调贮藏
库尔勒香梨	耐贮藏	0～2	6～8	相对湿度 90%，可气调贮藏
栖霞大香水梨	耐贮藏	0～2	6～8	相对湿度 90%～95%
三季梨	耐贮藏	0～1	6～8	相对湿度 90%，可气调贮藏
苍溪梨	较耐贮藏	0～3	3～5	相对湿度 90%～95%
二十一世纪梨	较耐贮藏	0～2	3～4	可气调贮藏：4%～5% O_2，3%～4% CO_2
二宫白梨	耐贮藏	0～3	1～2	相对湿度 90%～95%
巴梨	较耐贮藏	0	2～4	2%～5% O_2，1%～4% CO_2
安久梨	较耐贮藏	−1～2	4～6	可气调贮藏
长把梨	耐贮藏	0～2	4～6	对 CO_2 敏感
蜜梨	耐贮藏	0～1	4～6	相对湿度 90%～95%

6.3.2 贮藏方式

梨短期贮藏可选择低温贮藏、沟藏、窖窖贮藏、通风库贮藏等方式；中长期贮藏可选择机械冷藏库以及其他贮藏方法。

6.3.2.1 程序降温

程序降温（LTC）的原理是将贮温逐渐降低（略高于冷害温度值）以使果实逐步适应低温环境，降低冷害程度，提高果实耐受性，延缓熟化进程。LTC 还能有效抑制膜脂降解，减少膜脂对细胞膜的损伤，延迟梨发生褐变。

6.3.2.2 冷库贮藏

选择冷库贮藏梨时，入贮前要清扫库房，采用熏蒸硫黄 5～8g/m^2 或喷淋 1%甲醛对库房、包装、工具消毒，闭库 24h，通风至异味消散，提前 1 周稳定库温在 0℃，为贮藏做好准备。梨冷库贮藏需严格控制温度、湿度及气体成分，不同品种对温度、湿度及气体成分等要求有差异。多数品种适宜−1℃～1℃，库温波动需小于±0.5℃，湿度维持 85%～95%。常见梨品种的贮藏性温度、湿度可参考表 6-4。

6.3.2.3 气调贮藏

梨的气调贮藏类似于苹果，差别在于控制贮藏环境中 CO_2 和 O_2 浓度，合适的气体成分能有效推迟果实的褐变、褪绿，极大程度地保留了梨本身的风味和脆性。如，京白梨在 0℃的低温结合 O_2 2%～4%、CO_2 2%～4%的气体成分贮藏，可降低的呼吸强度，推迟乙烯释放的高峰期，降低果肉组织中乙烯合成酶的活性，延缓果实硬度、果皮叶绿素的变化，增强果实的耐贮藏性能。1.8%±0.2% O_2 和 0.8%±0.2% CO_2 气体成分贮藏西洋梨，贮藏期内，气调贮藏自贮藏 60d 起可降低果实硬度的下降速率，货架期内，气调贮藏可促进果实后熟，较好地保持果实货架品质。

6.3.2.4 1-MCP 处理

1-MCP 处理果实后，可抑制果心褐变、膜脂降解、果实后熟及衰老进程，维持果实品质，延长寿命。1-MCP 处理还可提高酶的活性，这与能量代谢有关，可缓解梨的冷害的发生。如，1.0μL/L 1-MCP 处理玉露香梨 24h 后，可下调长链酰基辅酶 A 合酶基因（*PyLACS9*）和脂肪酸去饱和酶基因（*PyFAD2*），减少 α-法尼烯等致油腻蜡质组分积累，维持蜡质片层结构完整性，延缓油腻化。1.0μL/L 1-MCP 处理南果梨 24h 后，延缓 VC/酸度下降，控酒味；0.5～1.0μL/L 1-MCP 处理鸭梨 12～24h 后，可降低黑心病发生率。一般情况下，1-MCP 处理后联合机械冷藏、气调贮藏等可以达到较好的贮藏效果，如玉露香梨结合 1-MCP＋低氧（3%～5%O_2），保质期可延至 8 个月。

6.3.2.5 塑料薄膜袋自发气调贮藏

选用 0.02～0.04mm 厚透湿性 PE 或 PVC 袋，容积 10～15kg/袋，袋底铺设吸水纸吸冷凝水，防霉变；装果量≤袋容积 80%，留呼吸空间，装袋后轻挤压排出空气，采用折叠扎口或热密封，袋内 O_2 浓度 3%～8%，CO_2 浓度 1%～5%；贮藏温度－1～0℃，相对湿度 90%～95%（多数品种）；鸭梨等敏感品种应用控制 CO_2＜2%（防黑心）。

6.3.2.6 短波紫外照射（UVC）

短波紫外照射（UVC）照射诱导果实产生应激反应，上调苯丙烷代谢关键酶（PAL、C4H）活性，促进总酚、黄酮类物质合成（如库尔勒香梨总酚含量提升 15%～20%）；增强 DPPH 自由基清除率及 FRAP 值，延缓氧化损伤；阻断乙烯信号传导，推迟呼吸跃变高峰出现时间；抑制细胞壁降解酶活性，维持果实硬度（如香梨硬度保持率提高 40%）。研究表明，3kJ/m^2 UVC 处理库尔勒香梨在 20℃贮藏可提升酚类合成峰值，货架期延长。1～2kJ/m^2 UVC 处理鸭梨后，可降低黑心病风险；1.5～3kJ/m^2 UVC 处理西洋梨冷藏环境协同 1-MCP 可降低虎皮病的发生。香梨经 3kJ/m^2 UVC 预处理后，结合低氧贮藏，可降代黑心病发生率；高压静电协同 UVC 可增强抑菌效果，减少腐烂率。

6.3.2.7 涂膜处理

目前应用于梨的涂膜材料主要有壳聚糖基复合涂膜、蜡质涂料和多糖类膜等。如，1%壳聚糖添加 3g/L 纳米 SiO_x 处理金秋梨后，室温贮藏 60d，失重率降低 50%，硬度保持率提高 35%，货架期延长 1 个月；1.5%壳聚糖涂膜结合溶菌酶处理丰水梨可降低冷藏腐烂率；西洋梨采用含防腐剂（如抑霉唑）复合蜡液，可降低虎皮病发生率；魔芋葡甘聚糖（0.8%）处理丰水梨可延缓可溶性固形物和维生素 C 的下降速率；藻酸钠（2%）＋氯化钙交联（3%～4%），可增强鲜切库尔勒香梨抗褐变能力。

6.3.2.8 臭氧（O_3）处理

梨采后臭氧（O_3）处理是通过氧化乙烯、抑制微生物活动及激活果实抗性来延长保鲜期的关键技术。黄冠梨在室温预冷 24h 后，采用 30mg/m^3 臭氧处理（处理时长依库容动态调控)，可显著降低鸡爪病发生率，维持适中的硬度和糖酸比；过量臭氧可能加速细胞损伤，导致果实软化加剧。采用 25mg/m^3 臭氧处理可抑制库尔勒香梨褐变，延长鲜切片货架期。处理需在采后 24 小时内完成，逾期效果降低显著。

要做好梨的贮藏保鲜，应注意梨品种的选择、产地选择、适宜采收期、产品处理、贮藏管理等工作。

6.4 葡萄贮藏

葡萄是世界四大水果之一，历年来其总产量仅次于柑橘和苹果。世界上 80%的葡萄用于酿酒，10%用于加工制品，其余 10%用于鲜食。我国葡萄以鲜食为主（占 70%～80%）、加工为辅。随着葡萄的产量和市场需求增加，贮藏保鲜成了提供鲜食葡萄的重要路径。

6.4.1 贮藏特性

6.4.1.1 品种

葡萄不同的品种贮藏性不同。一般而言，浅色品种贮藏性差于深色品种，早中熟品种差于晚熟品种。例如，玫瑰香、龙眼、牛奶、保尔加尔、红富士、意大利、粉红太妃等晚熟品种皮厚、表皮蜡质多、糖酸含量高、果肉致密，贮藏性好；夕阳红、先锋、瑞必尔、黑奥林等果大且抗病性强的品种贮藏性适中；木纳格、无核白等易擦伤褐变的品种，贮运效果差。同一品种不同结果次数，耐藏性也有较大差异，一般第二、第三次果就比第一次果耐贮藏。

6.4.1.2 生理特性

葡萄属于非呼吸跃变型果实，其商品价值以整穗体现，果梗的呼吸作用占整个果实的 30%，呼吸强度是果实的 8～14 倍，果粒、果梗和穗轴共同决定了葡萄的贮藏性。葡萄的果梗、穗轴是主要生理活跃部位，控制果梗、穗轴的失水、衰老、腐烂是贮藏葡萄的关键。保持果梗和穗轴的新鲜状态，果粒无病虫害和机械损伤，葡萄贮藏就比较安全。

6.4.1.3 适宜贮藏条件

葡萄大部分品种的最佳贮温是－1～0℃，控制好温度是葡萄贮藏的关键。葡萄与苹果、梨相比，贮藏时易失水，其中 49%～66%的水分是由果梗丧失掉的。控制最佳湿度是利于葡萄保绿、保水的关键。高湿（90%～98%）、低温（－1～0℃）联合防腐剂贮藏，可延长葡萄保鲜期。据报道，贮藏欧洲种葡萄的适宜相对湿度为 92%～95%，而美洲种或欧美杂种以相对湿度 95%～98%为宜，过低则引起干梗。国内常用纸箱或木箱内衬塑料袋包装贮藏葡萄，控制相对湿度在 95%以上，以袋内不结露为最佳。葡萄是非呼吸跃变型果实中可采用气调贮藏的果实。在适宜的温度和湿度条件下，控制 O_2（2%～5%）和 CO_2（1%～3%）浓度，可进一步提高贮藏效果。在实际应用中，最适宜的气体组合因品种、贮藏期长短等而有所不同。

6.4.2 贮藏方式

6.4.2.1 冷藏

葡萄采后应尽快入库贮藏，迅速降温，并根据不同品种的贮藏特性设置最佳贮藏环境。一般而言，贮藏温度保持在－1～0℃，相对湿度维持在 90%～95%。若采用 SO_2 熏蒸处理，则保鲜效果会更好。

6.4.2.2 低温简易气调贮藏

将前处理过的果穗放入内衬材质为聚氯乙烯袋（0.015mm）的箱子中，聚氯乙烯袋敞口，预冷完成后加入保鲜剂，O_2 体积分数保持在 12%～14%，扎口。堆垛贮藏，库温－1～0℃，空气湿度 90%～95%。定期开展检查，果粒出现损坏情况时及时处理。

6.4.2.3 高压静电场处理保鲜

高压静电场改变细胞膜电位，降低呼吸酶活性，使葡萄呼吸强度减弱，同时分解乙烯气体，延缓成熟进程；延长果梗保绿时间和降低落粒率。如，80 kV/m 处理巨峰后冷藏 5 个月好果率＞95%，落粒率＜8%；60kV/m 处理无核白冷藏 60d 糖酸比保持初始值 80%以上。高压静电场处理后，大部分葡萄品种贮藏期可延长 20%～60%，损耗率降低 30%～70%。

6.4.2.4 辐照处理保鲜

辐照处理保鲜参考绪论部分，该技术可降低葡萄采后损耗 40%～60%，且处理过程不升温，最大限度保留营养与风味，但该方法投资大，需特殊防护，目前无法替代其他葡萄的贮藏保鲜方法。

6.4.2.5 涂膜保鲜

1%～2%茶多酚与 1%海藻酸钠复配处理玫瑰香等薄皮品种，可降低失重率与腐烂率，维持果实硬度及糖酸比平衡。2%壳聚糖涂膜鲜食葡萄可提升防腐效果 40%，搭配低温贮藏可抑制霉菌繁殖。目前用于葡萄的涂膜保鲜剂主要有壳聚糖、蔗糖酯、虫胶、果品保鲜脂、改性魔芋葡甘聚糖、复方卵磷脂以及其他可食用的保鲜剂等。

6.4.2.6 臭氧保鲜

该技术虽已在食品领域得到广泛应用，但现阶段在葡萄贮藏保鲜方面推广及应用较少，发展提升空间大。

6.4.2.7 天然生物提取物保鲜

天然生物提取物保鲜剂具有强杀菌及抗氧化性，价格低、安全、天然，不存在污染环境、农药残留等问题，是理想的果品贮藏保鲜方法之一。目前应用于葡萄保鲜的天然生物提取物主要有茶多酚、竹提取物、桂皮提取物、姜提取物等。

要做好葡萄的贮藏保鲜，应注意葡萄的采前管理、适时采收、预冷、防腐处理等工作。

6.5 刺梨贮藏

刺梨营养丰富，食用和药用价值高，主要分布于我国西南地区。刺梨是新兴水果品种，果实成熟期正值产地高温多雨时节，且采摘后的呼吸作用较强，因此结果后非常容易引起枯萎、衰败，经济价值严重降低。目前，其采后贮藏保鲜工艺还不尽完善。所以，深入研究刺梨的保鲜技术及贮运手段，对于提升刺梨贮运能力，带动刺梨市场流通，增加刺梨生产价值，有着很大的现实意义。

6.5.1 贮藏特性

6.5.1.1 品种

刺梨有四个品种，分别是花光皮野刺梨、无籽野刺梨、重瓣缫丝花和单瓣缫丝。刺梨果带刺，采摘及运输过程中易发生机械损伤，造成病害侵染，不利于贮藏。成熟晚期的刺梨耐贮藏，因该阶段营养组分丰富，抗病性强，乙烯量低，衰老速度慢。

6.5.1.2 生长环境

刺梨的最适生长环境温度为15℃，温度＞17℃或＜－10℃时，对刺梨树势及果实生长不利；光照（散射光）充足利于刺梨树分枝和分化，能提高刺梨果的品质和产量，过强的直射光则对刺梨造成负面影响，不仅抑制植株生长，还可造成产量和品质下降，不利于贮藏的开展。

6.5.2 贮藏方式

6.5.2.1 低温贮藏

贮藏温度维持在0～1℃，刺梨的贮藏保鲜期可达2～3个月。贮藏期需严格控制温度波动，当温度波动≤±0.5℃，－1℃以下果肉细胞空腔化加剧；高于4℃时细胞壁褶皱变形，低于－1℃易冻伤果肉。

6.5.2.2 气调贮藏

目前刺梨所调贮藏的气体成分常用O_2 3%～5%，CO_2 3%～5%，可明显抑制呼吸强度，维生素C保留率提升25%，SOD活性维持85%。

6.5.2.3 熏硫冻藏

刺梨鲜果经前处理后，用硫黄（2～4kg/t）在密闭的环境下熏蒸2～3h，装入聚乙烯薄膜袋（0.05cm），束口，每袋质量大约10kg，随后放在－10℃条件下进行速冻。熏硫冻藏处理的刺梨鲜果可保藏 1 年左右，且较好地保留了原来的风味品质，解冻后出汁率极高。

6.5.2.4　涂膜保鲜

1.5％羧甲基壳聚糖＋0.5％海藻酸钠＋0.05％蔗糖脂肪酸酯＋0.5％ nisin 进行涂膜处理刺梨鲜果后 1.0±0.5℃贮藏，果实贮藏期间代谢强度低，维生素 C、总糖、可滴定酸等损失较少，硬度下降程度较慢，腐烂率低，其中维生素 C 保留率提高 15.7％。

6.5.2.5　辐射保鲜

常温下，八成熟刺梨鲜果辐射处理剂量为 3～5kGy，大于 5kGy 会加速维生素 C 流失，小于 3kGy 抑菌不充分；低温易引发冻伤，高温加剧氧化反应；未成熟果辐照后易褐变，过熟果易腐败。结合 3％～5％ O_2 气调包装，抑菌效果可显著提升。

6.6　核果类贮藏

核果的果实中心有一木质硬壳，其中包有种子，可食部分为果皮及果肉。桃、李、樱桃属蔷薇科李属水果，果实分类上为核果类果实。核果类果实色香味美，肉质细嫩，营养丰富，且成熟期早，对调节晚春和伏夏的市场供应起到了重要作用。但桃和李皮薄、肉软、汁多，收获又多集中在 6～8 月份的高温季节，容易出现软化腐烂，采后贮运中易受机械损伤，低温贮藏易产生褐心冷害。因此，核果类为适于短期贮藏的果实。

6.6.1　贮藏特性

6.6.1.1　桃的贮藏特性

桃早熟品种一般不耐贮运，而晚熟、硬肉或不溶质、黏核品种贮藏性较好。例如早熟水蜜桃、五月鲜贮藏性差，而山东青州蜜桃、肥城桃、中华寿桃、河北晚春桃较耐贮运。此外，大久保、白凤、岗山白等品种也有较好的贮藏性。桃属呼吸跃变型果实，采后具双呼吸高峰和乙烯释放高峰，乙烯释放高峰先于呼吸高峰出现，乙烯释放量大，果胶酶、纤维素酶、淀粉酶活性高，果实变软败坏迅速，这是桃不耐藏的重要生理原因。

6.6.1.2　李的贮藏特性

一般情况下，早熟品种果实耐贮藏能力差；中、晚熟品种的耐藏性较好，如牛心李、冰糖李、黑琥珀李、黑宝石李、澳大利亚 14 号李、安哥诺李、龙园秋李等。李属呼吸跃变型果实，其采后软化进程较桃稍慢，果肉具有韧性，耐压性较桃强，常温下可保藏 5～10d，李贮藏中 CO_2 浓度过高易引起褐心病，一般 CO_2 浓度不宜超过 8％；低浓度（低于 1％）O_2 对果实也会产生生理伤害。其成熟的特征是绿色逐渐减退，显现出该品种固有的颜色。

6.6.1.3　樱桃的贮藏特性

樱桃对温度极为敏感，最适贮藏温度为 0～4 ℃。低于 0 ℃易发生冻害，高于 4 ℃会加速呼吸作用和营养流失。气调冷库通过精准控温（±0.5℃波动）可延长保鲜期。樱桃对乙烯气体敏感，贮藏需维持在90%～95%的高湿度环境。果皮厚度显著影响耐贮性，如红灯樱桃、黑珍珠樱桃、车厘子等（皮厚）比普通樱桃（皮薄）保鲜期更长。

6.6.2 贮藏方式

6.6.2.1 桃的贮藏方式

（1）冷藏　桃和油桃的适宜贮温为0℃，相对湿度为90%～95%，贮藏期可达3～4周。若贮藏期过长，果实风味变淡，发生冷害且移至常温后不能正常后熟。冷藏中采用塑料小包装，可延长贮藏期，获得较好的贮藏效果。

（2）气调贮藏　目前，商业上一般推荐桃气调贮藏的条件为：0℃下1%～2% O_2、3%～5% CO_2。但Liu等[7]研究也表明5% O_2、10% CO_2 可保持水蜜桃良好的感官品质。

（3）冰温贮藏　冰温贮藏是一类将易腐败变质的果蔬置于冰温环境（0℃以下，冰点以上的温度）的保鲜方法，这种方法相较于普通冷藏而言，可以抑制可溶性固形物的分解和细胞膜系统的损伤，减少丙二醛的积累，从而延长果蔬的保质期，降低腐烂率。

（4）1-MCP处理　桃1-MCP处理浓度0.5～3.24μL/L。如，0.5μL/L 1-MCP可抑制油桃乙烯合成；3.24μL/L 1-MCP处理水蜜桃可较好保持其风味。1-MCP处理桃对成熟度要求是桃果实八成熟，未成熟桃果实易褐变，过熟桃果实保鲜响应弱。

（5）NO处理　NO具有化学性质活泼、气体分子小等特点。研究表明，八成熟桃鲜果采用10μL/L的NO处理后放入温度4±1℃、相对湿度90%～95%的冷库贮藏，可有效延缓桃的细胞代谢，并且延缓果实的腐败软化，同时也降低冷害对桃果实造成的伤害。

（6）硫化氢（H_2S）　H_2S 是除了NO和CO以外的第三气体信号分子，参与调控植物的多种生理过程。有研究表明，低浓度外源 H_2S 可以抑制沙红桃果实乙烯释放、硬度下降、果实腐烂和水分损失，提高抗氧化酶SOD、CAT活性，抑制活性氧的积累，延缓果实衰老，具有良好的贮藏保鲜能力；但是高浓度的 H_2S 则加速了果实的衰老进程。

6.6.2.2 李的贮藏方式

（1）冷藏　商业贮藏多以冷藏为主。在（0±0.5）℃、相对湿度85%～95%下，贮藏期一般为20～30d，耐贮藏的品种可达2～3个月；若结合间歇升温处理，贮藏期可进一步延长。

（2）气调贮藏　以澳大利亚14号李为材料的研究表明，果实采收后在4℃下预冷12h后，在（0±1）℃、6%～8% O_2、4%～6% CO_2 的条件下贮藏，可显著抑制采后李果实可滴定酸的下降和呼吸速率、果酸比的上升，延缓果肉褐变，延长贮藏时间，贮藏50d果肉不褐变。

（3）O_3 贮藏　O_3 具有一定的抑菌作用，可以有效抑制微生物繁殖；还能打开有机物中的苯环，清除果蔬表面的农药残留，并可自行分解为 O_2，是一种安全有效的保鲜方法，已成功应用于黑宝石李果实中。

（4）1-MCP保鲜　1-MCP和PE膜包装的组合处理，可使李在0℃下保存60d，在减少重量损失、延缓软化、延长货架期以及保持果实质量方面具有明显的优势。

(5) ClO_2 保鲜 ClO_2 是联合国世界卫生组织（WHO）确认的安全、广谱、高效的新型防腐保鲜剂，能杀灭果蔬表面的病原菌，保持果蔬贮藏品质，延长货架期。李林竹等[8]研究发现在（4.0±0.5)℃温度下，用50mg/L ClO_2 溶液浸泡蜂糖李可有效保持果实的质地和风味。

(6) 钙处理 采前钙处理可显著维持李果实的采后贮藏品质，能明显抑制李果实的呼吸强度；抑制相对电导率的增加，减少细胞膜的破坏程度；降低PPO活性，减缓果实褐变程度；增加POD活性，减弱果实氧化反应；降低PG及纤维素酶活性，减缓果实软化速度。研究表明，采前1.0%钙处理能有效减缓李果的采后衰老，较好地保持果实贮藏期间的品质，其保鲜效果更佳。

(7) NO熏蒸保鲜 NO是一种调控果蔬成熟衰老的内源因子，能抑制果蔬贮藏过程中乙烯的合成和呼吸强度，提高抗氧化酶活性而减少果实中活性氧的积累，调控果蔬软化相关酶而延缓果蔬组织衰老进程，进而延长其采后贮藏寿命。

(8) 防腐保鲜剂保鲜 防腐剂具有抗氧化作用，能抑制果蔬贮藏过程中微生物的繁殖和生长，在果实贮藏过程中对维持其体内活性氧平衡和抵制酶促褐变起重要作用。目前在李果上常用的防腐保鲜剂有抗坏血酸、草酸和水杨酸等。

6.6.2.3 樱桃的贮藏方式

(1) 低温冷藏 樱桃适宜的贮藏温度为（0±0.5)℃，相对湿度90%～95%，贮藏期可达30～40d。

(2) 气调贮藏 樱桃可耐较高浓度的 CO_2。气调贮藏温度（0±0.5)℃，CO_2 浓度10%～20%，O_2 浓度3%～5%，相对湿度85%～90%，贮藏期可达50～60d。目前气调库贮藏应用较少，自发气调贮藏应用较多。

(3) 减压贮藏 减压贮藏可使樱桃果实色泽保持鲜艳，果柄保持青绿，与常压贮藏相比，果实腐烂率低，贮藏期长，果实的硬度、风味及营养损失均很少。试验表明，在温度为(0±0.5)℃，相对湿度90%～95%条件下，压力控制在20kPa，可贮藏约50d。

(4) 简易包装贮藏 简易包装贮藏适于短期贮藏，包装材料有聚乙烯膜、聚氯乙烯膜、聚丙烯膜、保鲜膜和纸质保鲜材料。温度为1℃，其方法简单易行，成本低，但要注意选用无毒和透气性较好的薄膜袋包装，使其具有一定的气调平衡能力，可有效地将 O_2 和 CO_2 浓度控制在3%～10%之间，以发挥其自发性气调的作用，进而延缓衰老，抑制病菌生长，减少水分损失。由于樱桃果实皮薄多汁、抗机械损伤能力差，因此薄膜袋不宜过大，以每袋装果0.5～2kg为宜。

(5) ClO_2 保鲜 果实经 ClO_2 溶液处理后，可有效控制腐烂率以及还原糖、总酚与可溶性固形物的含量，稳定糖酸比。研究表明，(0±1)℃时，甜樱桃经30mg/L的 ClO_2 溶液瞬时浸泡后，果肉硬度得以更好地维持。

6.7 坚果类贮藏

果实成熟时，果皮呈现干燥的状态，这类果实称为干果。干果中又分为裂果和闭果两类，干果的果皮在成熟后可能开裂，成为裂果，如核桃、扁桃（巴旦木)、阿月浑子（开心果）等；如果干果的果皮不开裂，则称为闭果，闭果中有坚果，如栗子、橡子等。本节主要讲述板栗和核桃的保鲜技术。

6.7.1 贮藏特性

6.7.1.1 板栗的贮藏特性

（1）品种　目前生产中栽培的板栗多为地方品种，一般北方品种贮藏性优于南方品种；中晚熟品种强于早熟品种；嫁接板栗优于实生板栗；海拔高产区的板栗比海拔低产区的板栗更耐贮藏；在同一地区，干旱年份的板栗较多雨年份耐贮藏。如山东的晚熟品种焦扎、青扎、薄壳、红栗，陕西的镇安大板栗，湖南的虎爪栗，河南的油栗等贮藏性较强；而宜兴、溧阳的早熟品种处暑红、油光栗等不耐贮藏。同一品种果实越大，耐贮藏性越好。

（2）生理特性　板栗刚采收时，主要成分是水和淀粉，水占比47%～56%，其种壳表面无蜡层覆盖且结构为纤维状，不具备阻隔水分蒸腾的功能，极易失水。水分过多易被微生物侵染而使果实霉烂，但是水分蒸腾易引起果实失水萎缩。新鲜的板栗在通风条件下，24h失水率高达2%～3%，5～10d损耗最大，失重率可达20%～30%；板栗在贮藏过程中，呼吸强度增加，淀粉在酶的作用下转化成可溶性糖，易造成腐烂。

板栗在九十月份采收，脱苞后由于含水量高和气温高，板栗中的淀粉酶、水解酶活性强，呼吸作用十分旺盛。栗果脱苞1周后呼吸强度及淀粉酶的活性都逐渐增强，酶活性的峰值比呼吸跃变的峰值出现晚，故板栗脱苞后应及时进行通风、散热、发汗，使果实失水5%～10%，以减少贮运中的霉烂。板栗贮藏中既怕热怕干，又怕冻怕湿，较为“娇气”，防止霉烂、失水、发芽和生虫是板栗贮藏的技术关键。

（3）采收期　板栗采收过早，气温偏高，坚果组织鲜嫩且含水量高，淀粉酶活性强，呼吸旺盛，不利于贮藏。若采收过迟，坚果则自然脱落，易造成损失。板栗成熟的标准为栗苞色泽由绿转黄，刺束先端枯焦，苞肉缝合线露出白色纵痕但未裂开，其内坚果红褐色，组织充实。全树1/3以上栗苞开始开裂时为适宜采收期。采收最好在晴天进行，用竹竿打落，或用铁钩夹折，将栗球收集堆放数天后，待栗苞全部开裂时及时取出栗果；或等果实自然成熟，落地再拾取。

6.7.1.2 核桃的贮藏特性

（1）品种　核桃硬壳缝合线的紧密度、机械强度、硬壳的密度、硬壳的厚度、硬壳细胞的大小与虫果率、污染率、裂果率等密切相关。缝合线紧密度越大，虫果率、污染率、裂果率越小；硬壳越薄，缝合线越平，裂果率越高，种仁受污染概率越高，贮藏中发生虫果率也越高。核桃的出仁率与硬壳厚度、机械强度、缝合线精密度达到极显著的负相关，坚果硬壳越薄，出仁率越高；出仁率过高，坚果硬壳很薄，缝合线不紧密，易出现裸仁、裂果。因此，在选择贮藏品种时，应选择贮藏性和商品性均良好的核桃品种。

（2）生理特性　核桃带青皮的鲜果为呼吸跃变型果实，含水量高，营养物质丰富，呼吸作用强，贮藏保鲜期在3个月内，腐烂率高达50%；核桃脱除青皮后其含水量在17%以上，此时核桃内种皮与种仁易剥离，称为鲜食核桃，鲜食核桃具有非呼吸跃变型果实的特征，较耐贮藏，贮藏期间可较好维持原有风味和品质。核桃脂肪含量高，占种仁的60%～70%，不饱和脂肪酸含量高达90%，因而易发生脂肪氧化败坏。冷藏条件下，核桃种仁的哈败程度明显低于室温贮藏；冷暗环境下，裸露核桃仁比有壳核桃仁哈败味重。

6.7.2　贮藏方式

6.7.2.1　板栗的贮藏方式

(1) 常温沙藏法　常温沙藏方法较为传统，选址应通风、干燥，沙子湿度控制在 8%～10%，以沙子：板栗＝7：3 的比例进行贮藏。贮藏中，前 2 个月，5～7h 需翻动 1 次，可贮藏 5 个月左右，板栗腐烂率在 30%～40%。采用此法贮藏，要定期喷水增湿，以免出现失重风干现象。

(2) 冷藏　低温可有效降低板栗的呼吸作用，抑制微生物的生长。在库温－3～0℃、相对湿度 90%～95%条件下，可较好维持板栗原有品质。

(3) 速冻保鲜　将新鲜板栗剥皮后，放入－20～－18℃条件下迅速冻结，约 24h 后，板栗进入冰冻状态，随后将贮果全部取出，此后贮藏于－4℃的低温库中，在此温度下板栗可贮藏 1 年以上。但温度要保持恒定，且栗果不能随意搬动。

(4) 气调贮藏　气调贮藏可更好地抑制板栗的萌芽和腐烂，降低腐烂率和失重率，有效控制淀粉水解，保持更多支链淀粉的含量，细胞透性也相对降低，从而有效保持板栗的贮藏质量。气调贮藏的板栗出库后，“气调残效”有利于板栗的运输和货架期的延长，是理想的贮藏方法。采用气调将新鲜板栗在－1～0℃下保存，贮存期长达 110d；在 0℃贮藏环境下，用 40μm PE 薄膜袋覆盖板栗，营养物质损耗得以缓解。

(5) 辐射贮藏　辐射可有效抑制和减缓病害的发生发展，杀灭虫害，并对板栗的生理活动起到一定的抑制作用。研究表明，采用 1kGy ^{60}Co γ 射线联合低温（0℃）处理板栗，可有效贮藏 90d。

(6) 空气放电处理贮藏法　运用高压放电产生的臭氧和空气负离子可进行板栗防腐保鲜。臭氧能抑制真菌，杀死细菌，防止腐烂变质；同时还能使果皮气孔收缩，抑制呼吸强度，消除果实贮藏时产生的乙烯、乙醇和乙醛等挥发性物质，抑制分解代谢，从而减少果实的生理消耗。臭氧无毒、无害、无污染。采用定期、定时用空气保鲜机对板栗进行吹气，并结合贮前防腐处理，经过 150d 常温贮藏后，板栗发芽率为 0，平均好果率达 80.16%。

(7) 总苞（带刺苞）贮藏　当板栗开始开裂口时，选择晴天采收，将果大色浓、饱满完整、无病虫害的总苞放在地板上摊晾 1～2d，使其发汗，并晾干刺苞表面的水分，贮藏在阴凉、通风的库房内。先在地面上铺 10～15cm 厚的湿河沙，然后将经过选择的总苞堆放在沙面上，苞口朝上，堆放高度 80～100cm，上面盖一层稻草或麻袋，每 20～30d 翻动 1 次，注意保持低温和湿度。这种方法可以随食随取，较为方便，但贮藏时间不长，只可以贮藏 3 个月左右。

(8) 与豆类混合贮藏　把晒干后的绿豆、黄豆等杂粮豆同采收处理好的新鲜板栗混装入坛子内，6～8 个月不发霉，不生蛀虫，味甜新鲜。农村的老百姓多采用这种方法贮藏，但贮藏量少。

(9) 鲜松针贮藏　板栗摘下后，将其晒干，在存放的板栗盒子中放入 5cm 厚的松针，然后铺上无霉烂、未变质的板栗（3cm 厚），再盖上一层 5cm 厚的松针，放置在通风、干燥、凉爽处，这样可以保存 3 个多月。

(10) 超高压处理　超高压处理可以通过破坏有关酶类来降低呼吸强度，进而抑制呼吸高峰，减缓营养物质的消耗，但超高压处理对控制板栗脱水率效果不佳。350MPa/10min 的超高压处理结合 2.0%壳聚糖涂膜处理则能有效抑制板栗脱水率，常温（2～10℃）贮藏 120d 后，好果率可达 94.79%。超高压技术可以与涂膜保鲜技术、冷藏法和气调贮藏法等结合使用，抑制呼吸作用，延缓营养物质消耗的同时，还能有效降低脱水率，保证板栗果实品质。

6.7.2.2 核桃的贮藏方式

（1）常温贮藏　用于贮藏核桃的库房应事先进行消毒、灭虫。库内要求冷凉、干燥、通风、背光，可利用冷空气对流将库温降至 10℃以下，在此温度下可有效维持核桃的质量 12 个月。因为冬季气温低、空气干燥，产品不致发生明显的变质现象。此法可贮藏至次年夏季之前。

（2）冷库贮藏　核桃适宜的贮藏温度为 0～1℃，相对湿度为 70%～80%，可贮藏 90d。冷库贮藏核桃的效果更好，安全性更高。干核桃水分在 6%～8%，在冷库条件下贮藏期可达 2 年，若向帐内充入 CO_2 或 N_2，则贮藏效果更佳。

（3）塑料薄膜封闭贮藏　将核桃密封在塑料薄膜内，抽出内部空气，并充入 20%～50%的 CO_2 或 N_2，可起到抑制呼吸、减少油脂氧化、减少损耗、抑制霉菌和虫害的作用。我国北方地区冬季气温低，空气干燥，一般秋季入库的核桃不需立即密封，待次年 2 月下旬气温逐渐回升时，再用塑料薄膜密封，调节内部气体成分至 2%O_2、20%～50%的 CO_2 和 N_2，贮藏效果更佳。空气潮湿时，帐内必须放置吸湿剂，并尽量降低室内的温度。

（4）气调贮藏　微自发气调条件有利于核桃保鲜。研究发现，气调贮藏对于青皮核桃果实的氧化衰老有抑制作用，其主要通过抑制果实内源乙烯的大量产生、果实病原菌的繁殖生长以及延缓青皮核桃的新陈代谢，来降低营养物质的损耗，延长果实的贮藏期。

（5）保鲜剂贮藏　陈柏等[9] 研究了不同保鲜剂（咪鲜胺、抑霉唑、葡萄保鲜剂、ClO_2 和 1-MCP）处理对去青皮核桃的影响，结果发现葡萄保鲜剂在－2～0℃下对核桃发霉和发黏抑制效果最好，对核桃的种壳、种皮色泽的保持效果也是最佳的，有效地保持了贮藏期间去青皮鲜核桃的感官品质。

6.8 其他热带和亚热带果品贮藏

在我国，热带及亚热带水果主要种植在海南、福建、广东、广西及云南地区，湿热多雨、雨热同季、日照充足及超过 8 个月的无霜期，适宜热带及亚热带果树的种植栽培。我国热带及亚热带水果单位面积产量不断提高，果品贮藏保鲜技术一直在开发。

6.8.1 贮藏特性

6.8.1.1 菠萝的贮藏特性

菠萝属于非呼吸跃变型果实，其特点是皮薄、肉软、汁多、糖高、不耐贮运等。

菠萝贮藏期主要靠采收时间来调节，不同品种的菠萝受果皮厚度及果实硬度影响，其贮藏特性有所差别。一般在 8 成熟采收时，“金钻”品种与“苹果”相比，耐贮性较好，“金菠萝”较耐贮藏，保藏时间可超过10～15d，“甜蜜蜜”“8号”及“蜜宝”等品种耐贮性稍差，“冬蜜”最不耐贮藏。

在菠萝成熟前、采收时以及采后处理过程中都须避免各个环节处理不当所造成的损伤，任何损伤都会导致采后快速腐烂。根据鲜果用途在晴天或阴天按成熟度分批采收，采后立即进行分级、剔除病虫害果和成熟果，作鲜果销售的应放到临时包装棚再分级、预冷和包装，加工原料果应立即装车调运。

6.8.1.2　芒果的贮藏特性

芒果是一种呼吸跃变型水果，成熟到一定程度后果实呼吸强度和乙烯产生量迅速上升，达到高峰后下降，此时果实的色、香、味发生明显的变化，果肉软化，皮色转黄，淀粉、维生素C及酸含量下降，可溶性固形物和糖含量增加，贮藏性和抗病性明显下降，果实极易腐烂变质，贮销期间芒果损坏率高达25%～40%。芒果采后贮藏处理流程：采前防病防虫→适时采收→选果→清洗→杀菌剂处理→包装→贮运→销售。

6.8.1.3　荔枝的贮藏特性

荔枝属非呼吸跃变型果实，成熟衰老期间虽然不出现明显的呼吸跃变，但呼吸代谢旺盛，导致其采后品质迅速劣变，极难贮运。荔枝低温环境下的呼吸强度为常温环境下的1/3，适宜的低温可有效地降低荔枝的呼吸速率，延长其贮运期，在3～5℃，相对湿度90%～95%下可贮运1个月，色香味基本不变。荔枝果皮的褐变是影响其贮藏效果和贮藏寿命的一个重要原因。采收后在常温条件下，如果不经任何处理，一般24h内果实就会均匀变褐，虽然此时果肉仍然可以食用，但果实已失去商品价值。在低温条件下贮藏一段时间后，果皮也会变褐。虽然荔枝果实贮藏性较差，但品种间仍有一定差异。宜选择中晚熟品种中贮藏性较好的淮枝、黑叶、桂味、双肩玉荷包、陈紫、大红袍等品种进行贮藏。

6.8.1.4　龙眼的贮藏特性

龙眼虽然是非呼吸跃变型水果，但采后果实在常温条件下呼吸强度高，代谢旺盛，导致采后品质迅速劣变，常温下放置7d即可全部腐烂。低温可有效抑制龙眼的呼吸强度，从而延长贮藏期，保持果实的品质。

龙眼的品种很多，我国有400多个，目前生产中主栽的有十几个品种。不同品种的龙眼贮藏特性不同，一般来说，厚壳、高糖的品种，如石硖、储良、东壁、泉州本等较耐贮藏；薄皮、低糖的品种，如福眼、赤壳、水涨、大乌圆等不耐贮藏。龙眼贮藏期间，外观品质变化最明显的是果皮褐变，无论是常温还是低温贮藏、包装或者裸放，果实衰老最初的表现都是果皮褐变。褐变是龙眼进入衰老阶段的第一表象，而且各品种之间发生时间的迟早和程度差异很大。

6.8.2　贮藏方式

6.8.2.1　菠萝的贮藏方式

(1) 冷藏　菠萝经预冷后，在7～12℃、相对湿度80%～90%条件下，一般可贮藏2～

3周。菠萝的贮运期和货架寿命因品种、产地、成熟度、采后处理、包装以及贮运条件的不同而有差异。

(2) 热水处理　研究表明，菠萝在水温56℃下浸泡30s后沥干30min，贮藏于相对湿度85%～90%的环境下15d，水果失重及腐烂率最低，总可溶性固形物和维生素C保留量最高。这表明，表面热水处理可维持菠萝在贮藏期间的稳定性。

(3) 氯化钙处理　氯化钙处理可提高菠萝果实的抗氧化性，降低由活性氧积累引起的细胞膜氧化损伤。谷会等研究表明，采后1%的氯化钙处理可延缓菠萝采后贮藏品质的劣变，延缓果实维生素C、可溶性糖含量的下降，提高果实水溶性总钙的含量[10]。

6.8.2.2　芒果的贮藏方式

(1) 冷藏　芒果属热带水果，对低温极敏感，不同品种、不同产地的芒果其最适贮藏温度不同。冷藏是用于延长芒果果实保质期的主要采后策略，因为低温会降低其代谢活性。芒果可于8～13℃环境中保留21～30d。然而芒果在13℃以下的贮存会导致生理恶化和冷害的发展。因此，不建议长时间冷藏。

(2) 气调贮藏　气调贮藏的本质是通过改变气体成分的浓度来降低果实的呼吸强度及代谢活动。在13℃下适宜的气调贮藏气体比例为2%～5%的O_2，约5%的CO_2，此条件下可有效延长芒果的寿命。

(3) 百里香精油处理　采用百里香精油对常温保存的芒果做熏蒸处理，能有效延缓芒果表皮褐变和出现病斑，降低叶绿素的损失，抑制淀粉水解和糖酸比的升高，还能起到较好的抑制微生物侵染、延缓芒果后熟软化速度、保持芒果品质、延长芒果贮藏期限的效果。将芒果放于装有5μL百里香精油的带圆盖的保鲜盒中（40cm×20cm×10cm），就能很好地延缓芒果后熟速度，延长芒果货架期。

(4) 热处理　热处理主要是采用适宜的热度对果实进行处理，以改变果实表面特性，降低酶活性，抑制或杀死病原菌，有效减缓果实细胞壁的降解速度，从而延长成熟时间。常见的热处理方法主要为热水处理、强力热风处理、热空气处理。研究发现，芒果经50℃热水处理15min后，果实贮藏品质得以改善；热处理结合0.5%壳聚糖涂膜处理，可有效保护营养物质，提高保鲜效果。

(5) 涂膜保鲜　涂膜技术是在果实表面涂上一层半透膜薄膜，以对果实进行隔离保护，减少病原菌对果实造成污染，减少果实中的水分流失，推迟其乙烯高峰的出现，钝化酶活性，有效控制果实与空气进行气体交换，从而进行保鲜。研究表明，采用0.1mg/L的1-MCP或0.1mg/L的1-MCP联合0.2mmol/L的褪黑素（MT）处理芒果，可维持果实较好的品质。

(6) O_3保鲜　O_3具有极强的氧化及杀菌作用，利用O_3可快速氧化分解果实呼吸时所产生的乙烯气体，减缓果实的新陈代谢，抑制或杀死果实中的有害病菌，减少腐败变质，进而延长果实寿命。研究表明，芒果经O_3（0.25mg/L）处理后，果实颜色从绿色转变为黄色的时间推迟了14d，O_3处理有效控制了芒果茎端腐烂，提高了芒果果实采后品质。

(7) 减压冷藏　减压冷藏技术主要是对果实周围空气及贮藏温度进行有效控制，以降低贮藏温度（不能低于10℃），降低空气压力、氧分压。谢建华等[11]通过实验发现，减压冷藏技术能有效地减少芒果果实中可滴定酸、维生素C及可溶性固形物含量，降低芒果的呼吸作用及乙烯释放率，能较好保持果实的硬度，维持果实的外观及品质，延长其贮藏时间。

6.8.2.3 荔枝的贮藏方式

(1) 低温贮藏 低温贮藏是目前生产上最常见的贮藏方式，适宜低温条件下，荔枝一般可贮藏30d。荔枝贮运保鲜的技术关键是采后快速预冷、防腐保鲜剂处理、保持稳定低温及较高湿度。荔枝贮藏低温一般为3～5℃，相对湿度为90%～95%。温度过低易发生冷害，过高则腐烂增加、贮藏期缩短。

(2) 气调贮藏 气调贮藏通过改变贮藏环境中的气体成分，在较低温度下可以更进一步延长荔枝的贮藏期和保持其品质。但不同品种荔枝适宜的最佳气体比例不同。研究表明，荔枝在温度为3～6℃，O_2浓度3%～6%，相对湿度90%～95%环境下搭配液氮充注保鲜，口感和营养物质维持较好；荔枝经20%CO_2、80%N_2处理后，好果率和果皮色得以保存。

(3) 药剂浸果和套网 对于要远销或贮藏的果实，必须进行防腐处理，应选择高效、低毒、安全可靠的保鲜药剂洗果，对荔枝果实表面进行杀菌。对大量果实进行防腐处理时，可用水池或大水缸，将分级后的果实整箱（有孔塑料箱）放入，使药液浸过果面，浸果1min，捞起后用冷气晾干果实，没有冷气设备的，可让其自然晾干，再套上干净泡沫网，以减少果实间的摩擦，然后用带盖有孔塑料箱（可装25kg果实）装箱，就可放入冷库进行贮藏。

(4) 复合酶液处理 复合酶液可有效降解荔枝上的有机磷、菊酯类等农药，还可有效控制荔枝采后病害等，结合其配套设备及生产线使用，可实现清洗、浸泡、喷雾、除水、包装等工艺流程的自动化，对农药残留的降解率达到80%以上，在荔枝鲜果上可实现30d的低温贮藏期和3d的出库常温贮藏期[12]。

(5) γ-氨基丁酸处理 荔枝采后常温下极易发生褐变。研究表明，荔枝经外源γ-氨基丁酸（5mmol/L）浸泡处理15min后，在(20±1)℃下贮藏6d，褐变指数为2.8，同时相关氧化酶活性受抑制，进而可延缓荔枝褐变速度。

6.8.2.4 龙眼的贮藏方式

(1) 常温贮藏 龙眼在常温下只能短期贮藏，在25℃时经5～6d果壳即已变褐，果肉完全腐烂变质。所以，常温贮藏只有与其他保鲜措施（硫处理、辐射、涂膜、气调等）结合，才能对龙眼保鲜有一定的效果。其技术流程为：采果→选果→装周转箱→保鲜处理（熏硫、涂膜、辐射等)→风干→包装→贮运→销售。此保鲜方法便于果农和水果经营者操作，贮藏保鲜成本低。但在目前的技术水平下，由于有效保鲜期短（一般在1周以内)，故不适宜长距离运输销售。

(2) 低温贮藏 低温贮藏是目前延长龙眼保质期的一种有效方法，在适宜低温（5℃）下，龙眼一般可贮藏21～28d，若结合熏硫处理，贮藏时间可延长到40～50d。此法要求完整配套的低温设备，贮藏成本高，故目前主要限于城镇消费中实施，不便于广大果农和经营者使用。尽管如此，低温贮藏保鲜龙眼仍是今后的主要手段。

(3) 气调贮藏 气调贮藏用薄膜来包装果实，材料有PE、PVC、PP等。气调贮藏可以抑制果实的呼吸和微生物活动，降低果实对生理病害的敏感度，延长贮期和保持食用价值。魔芋葡苷聚糖可以创造相对密闭的环境，有利于果实进行自发性气调。邹少强等[13]报道魔芋葡苷聚糖膜能在龙眼果皮表面形成隔绝层，减少外界氧气进入，阻止果实自身呼吸产生的二氧化碳的扩散，从而达到自发气调。研究表明，在温度为4℃，CO_2浓度15%及O_2浓度5%的条件下贮藏龙眼，可抑制果皮褐变和感染病菌发生，维持果实品质及价值。

本章思考题

1. 苹果、梨、柑橘、葡萄、香蕉等常见果品的贮藏特性各有哪些？
2. 常见果品贮藏保鲜的综合技术有哪些？
3. 常见果品的贮藏方式及其技术要点有哪些？

参考文献

[1] 林子桢．采收期对广西沃柑贮藏性能的影响［D］．武汉：华中农业大学，2023.

[2] 赵蕊．柑橘的贮藏条件及影响因素分析［J］．中国果菜，2019，39（08）：21-24.

[3] 康丽莎．苹果贮藏条件及贮前准备［J］．农机推广与安全，2005（03）：37.

[4] 任小林，李倩倩．苹果贮藏保鲜关键技术［J］．保鲜与加工，2013，13（01）：1-8.

[5] 杨刚．浅述梨的保鲜措施［J］．中国果菜，2013（11）：80.

[6] 高文胜．梨贮藏保鲜技术（二）［J］．农业知识，2014（13）：51-54.

[7] Liu H，He H，Liu C，et al. Changes of sensory quality，flavor-related metabolites and gene expression in peach fruit treated by controlled atmosphere（CA）under cold storage［J］. International Journal of Molecular Sciences，2022，23（13）：7141.

[8] 李林竹，邓雪薇，林长松，等．低温结合 ClO_2 处理对蜂糖李果实采后贮藏品质的影响［J］．保鲜与加工，2023，23（10）：1-6.

[9] 陈柏，颉敏华，吴小华，等．5 种保鲜剂对低温贮藏去青皮核桃感官品质的影响［J］．甘肃农业科技，2018（06）：40-44.

[10] 谷会，朱世江，侯晓婉，等．氯化钙处理对菠萝采后黑心病及贮藏品质的影响［J］．食品科学，2020，41（09）：161-167.

[11] 谢建华，翁建淋，郑俊峰，等．减压冷藏对芒果贮藏品质的影响［J］．食品与机械，2017，33（07）：129-132.

[12] 新技术可助荔枝鲜果贮藏 30 天［J]．中国食品学报，2018，18（07）：147.

[13] 邹少强，庞杰，林启训，等．可食性魔芋葡甘聚糖膜对龙眼保鲜及其生理研究［J］．江西农业大学学报，2001，（01）：99-104.

第7章

蔬菜类贮藏技术

7.1 叶菜类

叶菜类的蔬菜主要由其鲜嫩的叶子和茎组成，其类型众多，涵盖了生长周期较短的速成蔬菜、高产且能够贮藏的蔬菜，还有一些具有调味功能的品类。叶菜类蔬菜的形态多样，但其特点基本都是植物的叶或其某一部分供食用，所以在外表上，它们都保留了叶子的基本属性，包括叶柄、叶片以及托叶。

7.1.1 大白菜

大白菜为结球白菜，又称包头白菜。我国栽培大白菜的区域广泛，南北各地都有种植，以北方种植面积较大，贮藏量大，贮藏时间较长，为冬季和春季市场上盛产的蔬菜。大白菜的保鲜技术对调节蔬菜供应起着重要作用。

7.1.1.1 贮藏特性

大白菜适于冷凉且较湿润环境，贮藏适宜温度为0℃，相对湿度为90%～95%。贮藏温度偏高、过度晒菜，都会导致大白菜脱帮和失水现象的出现。但在−0.6℃以下时大白菜的外叶开始结冰，心叶的冰点为−1.2℃，长期处于−0.6℃以下就会发生冻害。因此，要严格控制温、湿度等条件。贮藏白菜要选用晚熟、耐贮、抗病品种，并注意适时收获。

7.1.1.2 贮藏方法及技术要点

（1）堆藏　堆藏是一种适宜于长江中下游、华北南部的贮藏方法。有两种堆叠方式：

① 圆堆　底层摆放15棵大白菜，菜根向里，菜头朝外，逐层递减，堆成圆锥形，以1～2棵菜封顶。

② 长堆　双行相对纵向摆放，菜根向里，菜头向外，大棵菜放下面，小棵菜放上面，逐层摆放，堆至8～10层，中间留10cm左右的距离，以利于通风。贮藏前期和后期温度高，须勤倒菜；中期温度低，不用倒菜或中间倒1次，做好防冻保温工作即可[1]。华北地

区初冬时节采取短期堆藏。在阴凉通风处，将白菜根对根，叶球朝外，双行排列码垛，两行间留有不足半棵菜的距离。气温高时，夜间将顶层菜掀开通风散热；气温下降时覆盖防寒物。堆藏法需勤调菜的位置，一般 3～4d 倒换 1 次。因此，该法简单易行，但贮藏期短，费工且损耗大。

（2）埋藏　又称沟藏。沟深依据当地冻土层厚度及贮藏时间长短而定，覆土厚度随地区、气温而定，以严寒季节不使土冻透为原则。贮藏不宜过早，沟内温度会因大白菜的呼吸作用而回升，使腐烂现象加剧。沟深与土埂高度相加等于白菜的高度，外界最低气温降到 0℃左右时将大白菜根向下直立排列入沟，最后在排满后的大白菜顶部盖秸秆（或者撒些草、菜叶），再覆 5～7cm 厚的土。

（3）窖藏　窖藏有垛贮、筐贮、架贮等几种方式。在贮藏过程中可通风，调节温度、湿度，以保证最佳的贮藏环境。

① 垛贮　将大白菜入窖后码成数列高 2m 左右、宽 1～2m 的长条形垛，垛与垛之间留一定缝隙，以便通风和管理。码垛方法随地区而异，寒冷地区多为实心垛，入窖初期根对根地双行排列，进入严寒时期改为叶球对叶球排列，以利于保温防寒。这种方法贮量大，垛稳固，但通风效果差。为提高通风效果，可采用花心垛，花心垛内每层之间都有较大的空隙，便于通风散热，但贮藏量小。

② 架贮和筐贮　架贮是将大白菜摆放在分层的菜架上。即在窖内设立两排固定的架柱，间隔以 1～2m 为宜，在架柱间设立若干活动或固定的横杆，层层之间距离为 20～40cm，在同层的两排横杆上平架几对活动架杆，每对架杆上放 1～2 层大白菜。架贮大白菜在每层之间都有一定空隙，从而改善了菜体周围的通风散热效果。所以架贮贮藏期限长，效果好，倒菜次数少，但需架杆多，库的利用率低。筐贮是用直径 0.5m、高 0.3m 的条筐或塑料筐装大白菜 15～20kg，菜筐在窖内码成 5～7 层，垛与垛、箱与箱、垛与墙体之间都留有适当的空隙，同样能起到架贮的作用。

（4）通风库贮藏　先将采收修整后的大白菜在背阴处码成长方形或圆形垛预贮 10～15d，待气温降到－2～0℃时入库。将入库的大白菜码成高 1.5～2.0m、宽为 2 棵菜长的条形垛（跟向外），或按 1 棵菜宽码成一排，码约 10 层高，每层菜摆向相反。码垛走向与库内空气流动方向一致，垛间留出 1m 距离以便通风和倒垛管理。菜垛与地面、墙面和顶部均预留空隙。贮藏温度应控制在 0～2℃，贮藏温度不应低于－1℃，贮藏相对湿度应控制在 85%～90%。贮藏期间保持温湿度的稳定，可贮藏 5～6 个月。

（5）机械冷藏　机械冷藏可有效地控制贮藏环境条件，但贮藏成本较高。大白菜经采收处理后入库，入库应分批进行，以免库温骤然升高而影响贮藏质量。可采用架贮和筐贮两种方式进行贮藏，注意在筐、垛之间应预留通风道，每隔 20d 左右倒菜 1 次。贮藏温度应控制在 0℃，相对湿度应控制在 85%～90%，可长期贮藏、陆续上市，直到第二年的五六月[2]。

（6）假植贮藏　即把大白菜连根拔起后有序摆放于事先挖好的山沟里，植株间留一定间隙，以能适当通气，让大白菜在极弱的生长状态下，仍然能够保持正常代谢，进而保证大白菜质嫩可口。

（7）强制通风贮藏　该法是采取强制通风脱除乙烯的贮藏方式。可在原半地下式菜窖的基础上，增加内风机、风道、风道出风口、活动地板、匀风空间（即地板下设计均匀空间）、码菜空间和出风口组成强制通风系统。入窖的菜要交叉码成“井”字形，使每棵菜之间都能通风。应用强制通风，可通过外界气温变化调节菜温。当外温低于 0℃时，可作为冷源让窖内排热降温；当外温稍高于 0℃时，可视为热源在窖内适当蓄热。由于气流可通过每棵菜间的空隙，便可均匀而有效地防止乙烯的积累。大白菜呼吸排出水汽能使窖内的湿度保持在 95%左右；即使通风时有部分湿气被带出窖外，关风机后只需 1～2h 菜垛内的湿度即可恢复到 95%左右。经该法贮藏的大白菜品质好、腐烂率低、损耗小，是贮藏大白菜较理想的方法。但当外界最低温度高于 0℃时，就需结束贮藏，并进行一次性出窖。北方采用此法可在春节前后结束贮藏。

7.1.2 小白菜

小白菜又称白菜、青菜。与大白菜相比，小白菜不结球，有明显的叶柄而无叶翼。小白菜按叶柄色泽分为白梗和青梗两大类型；根据上市季节有秋冬小白菜、春小白菜和夏小白菜之分，是我国普遍栽培的大众蔬菜之一。

7.1.2.1 贮藏特性

小白菜性喜冷凉而怕炎热，适宜贮藏温度为 1～2℃。小白菜在贮藏中易失水萎蔫，贮藏环境需要保持较高的湿度，以 85%～90%为宜[3]。小白菜在 0℃条件下贮藏，贮期为 3～4 周，但随温度上升贮期会缩短，在 25℃常温下只能贮 1～2d；而高湿环境，可防叶片凋萎、黄化，但不能有凝聚水，否则加速腐烂。小白菜采收后经整理挑选，可放入筐中并置于 1～5℃预冷库进行预冷，以除去田间热，降低呼吸代谢，然后转入冷库贮藏，无预冷库的也可直接放入冷库预冷。

7.1.2.2 贮藏方法及技术要点

小白菜可在冷库中进行短期贮藏，方式参考大白菜。此外，可采取假植贮藏，在 11 月初至 11 月中气温降低转冷后，将菜连根带土挖出，假植至已准备好的阳畦内，株行距 8～10cm，用水浇透。初期中午盖席以防晒，待成活后，每天要早上揭开晚上再盖。前期防热，后期防冻。上市前要整修、削根，摘除黄、烂叶片及老叶，露出黄色心叶，其产品即为“油菜心”[4]。此外，LED 白灯照射[5] 以及结合短波处理[6] 对小白菜采后贮藏可起到较好的保鲜作用。小白菜不宜久贮远运，在短途调运时需装筐，并注意防晒、防冻。

7.1.3 芹菜

芹菜为绿叶菜类香辛蔬菜，以肥嫩的叶柄供食用。芹菜包括本芹（即中国芹菜）和西芹（又称洋芹）两大类型。本芹叶柄细长，香味浓郁，按叶色分为青芹和白芹两种；西芹是芹菜的变种，从国外引进，植株高大，叶柄宽厚，纤维较少，脆嫩质佳。本芹主要在北方地区通过春、夏、秋三季栽培，可分别在夏秋和初冬收获上市。而西芹在华北和长江流域每年可种春秋两季，在东北和西北等地每年只能种一季。

7.1.3.1 贮藏特性

芹菜耐寒性强，生长与贮藏都需要冷凉湿润的条件。芹菜可在0℃恒温贮藏，也可在−2～−1℃条件下微冻贮藏，低于−2℃易遭受冻害，难以复鲜。芹菜的品种不同，耐贮性差异很大，包括实心种和空心种，每一种又有深绿和浅绿色的不同种类。其中空心种贮藏后易发生叶柄变糠、纤维增多、质地粗糙等现象，所以不适宜贮藏。而实心种叶柄髓腔很小，腹沟窄而深，品质好，春季栽培不易抽薹，产量高，耐寒力较强，较耐贮藏，经过贮藏后仍能较好地保持脆嫩品质。芹菜贮藏适宜条件为：温度0～2℃，相对湿度98%～100%，O_2浓度2%～3%，CO_2浓度4%～5%。芹菜可以进行冻藏，或假植贮藏，或在0℃左右恒温贮藏。

7.1.3.2 贮藏方法及技术要点

(1) 气调冷藏　气调冷藏的条件为：0℃，相对湿度为95%以上，O_2浓度2%～3%，CO_2浓度4%～5%。此条件能有效地使芹菜保绿，保持贮藏品质。此外，还可在冷库内，用塑料薄膜袋包装法进行贮藏。芹菜收获后及时运到冷藏库进行加工挑选，保留2cm左右的长根，剔除黄叶、损伤叶片，将健壮植株捆绑，摆放在库内货架上预冷1～2d，待菜温降到0℃时装入聚乙烯塑料薄膜袋，每袋装约2/3满，袋口折叠即可。用此法可贮藏本芹1～2个月；西芹的耐贮性更强，在相同的条件下可贮存2个多月。该方法操作简便，效果良好。

(2) 假植贮藏　北方地区普遍采用此法贮藏。一般假植沟宽1m左右（不超过1.5m），深1～1.2m，长不限。把芹菜连根带土铲下，以单、双株或成簇假植于沟内，再灌水淹没根部。株、行之间应适当留有通风空隙，为便于沟内通风散热，每隔1m左右在芹菜间插一束秫秸，或在沟的两侧按一定距离挖通风道。芹菜入沟后用草帘覆盖，或在沟顶做成棚盖然后覆上土，覆盖物与菜之间适当留出空隙，后续根据土壤湿度可适时灌水。随气温下降增厚覆盖物，维持沟温在0℃左右。

(3) 热烫处理　热烫处理可以抑制微生物生长繁殖，阻止酶促褐变的发生，保护果蔬的颜色和质地。研究表明，经热烫处理后的芹菜贮藏3d后品质无明显变化。

7.1.4 甘蓝

甘蓝，又名结球甘蓝，俗称洋白菜、圆白菜、卷心菜、莲花白等，属于十字花科蔬菜。原产于地中海沿岸，引入我国已有300多年历史，现全国各地都有栽培。甘蓝的生长发育可分为两个时期，即营养生长期和生殖生长期。种子发芽到叶球形成时期称为营养生长期。从花芽分化到现蕾、抽薹、开花、结果、种子成熟的过程称为生殖生长期。甘蓝成熟后形成其固有品质。一般而言，晚熟品种比早熟品种耐贮，叶球外部叶片颜色深者较浅者耐贮。近年来，由于甘蓝育种工作的进展，甘蓝在许多地区基本能做到常年生产，周年供应。

7.1.4.1 贮藏特性

甘蓝虽属于叶菜类蔬菜，但它有强制休眠特性。为此，控制好贮藏条件对降低呼吸代谢有很大作用。甘蓝的抗寒性比大白菜强，短期可忍耐－5～－3℃的低温，故收获和入库期可稍晚。收获时宜摘除外层松散的叶子，要保留 1～2 层外叶，以保护叶球免受机械损伤和病虫侵入。采收后可进行适当晾晒，使菜体失水 10%～15%，至外叶失去脆性，可减轻机械损伤和病虫害，保护叶球，同时也可使收获时造成的根部伤口愈合，减轻贮藏期的腐烂。

甘蓝适宜的贮藏条件：温度 0～1℃，相对湿度 90%～95%，O_2 浓度 3%～5%，CO_2 浓度 5%～6%，可贮藏 4～5 个月。

7.1.4.2　贮藏方式及技术要点

（1）假植贮藏　包心不够坚实的晚熟品种可采用假植贮藏。为了防止贮藏期叶片的脱落，可在收获前 1 周喷施 25～50mg/L 的 2,4-D。也可把甘蓝连根带土囤在阳畦或秧棚内假植。

（2）冷藏　选择包心坚实的叶球，把根削平，留 1～2 层外叶，将菜装入箩筐内，放入冷库，或者直接摆放在冷库的菜架上。贮藏条件为：温度 0～1℃，相对湿度 85%～95%。用该法贮藏的菜新鲜，重量损耗较少。在冷库中，也可采用 MA（modified atmosphere storage，自发气调贮藏）贮藏：O_2 浓度 3%～5%，CO_2 浓度 5%～6%。MA 贮藏对延缓甘蓝衰老，防止失水、失绿、脱帮、抽薹、根部长须都有一定的效果。用此法贮藏 100d 后，甘蓝外叶略黄，球心发白，但很少出现抽薹、腐烂等劣变现象。

（3）新型保鲜技术　光是影响作物生长发育非常重要的环境因素之一，它能有效地调节作物物质代谢、光合作用及其他活动，是构成作物产量与质量的基础。适宜条件的光照处理能保持果蔬品质，延缓果蔬衰老黄化进程。资料显示 LED 绿光处理能维持甘蓝的品质，提高其抗氧化酶活性，将其常温保鲜期延长 5～6d。1-甲基环丙烯具有化学性质稳定、无毒、高效、作用效果长久等优点，被广泛应用在果蔬的贮藏保鲜中。经过 1-甲基环丙烯和抗坏血酸处理后的甘蓝能较好维持品质，贮藏效果好。

7.1.5　菠菜

菠菜又称赤根菜，是绿叶菜类蔬菜，以鲜嫩的叶片和叶柄供食用。通过调控栽培方法和贮藏技术可实现常年供应。供应春、冬春两季上市的菠菜应选择耐寒型的尖叶菠菜品种，以种子或幼苗状态越冬的埋头菠菜和根茬菠菜到第二年返青长成以后供应早春市场；以成株状态形成商品的秋菠菜适时采收后经贮藏可以供应冬春市场。

7.1.5.1　贮藏特性

菠菜有圆叶型和尖叶型两种。圆叶型叶薄，不耐寒，不适于贮藏。尖叶型叶厚，色深，耐贮性强，适于贮藏。作为贮藏用的菠菜，应适当晚播，加强水肥管理，保证植株健壮。还应适时收获，收获过早或过晚，均不利于贮藏。收获时连根铲起，留根 3～4cm，抖掉泥土，摘去烂叶、病叶，捆成 2kg 左右的小捆，捆不宜过大，否则捆心发热、易腐。将捆好的菠菜放到背阴的地方临时贮藏，晾 4h 左右，散去露水，脱去部分水分，并使菜温逐渐下降，以利于贮藏。

7.1.5.2 贮藏条件

菠菜耐寒力极强，短期可冻至－9℃，缓冻后仍可恢复新鲜状态。菠菜冰点为－0.3℃，含水量为92.7%。最适贮藏温度为0℃，空气湿度在95%以上为宜。充分利用菠菜的耐寒特性，灵活地采取各种贮藏方法，就能获得较好的效果。

7.1.5.3 贮藏方法及技术要点

（1）冷藏　将预冷后的菠菜用贮运塑料薄膜袋包装，每袋12～13kg，库温控制在－1～0℃。约1周后当O_2含量降到11%～12%，CO_2含量上升到5%～6%时，应打开袋口交换气体，时间需2～3h。当O_2含量升到16%以上，CO_2大量放出，下降至接近空气中正常含量时，扎口封闭。在贮期每隔1周需开袋换气1次。此法因菠菜呼吸作用可使密闭袋内的氧含量降低，从而使呼吸代谢减缓，达到保鲜的目的。还有一种方法是“松扎袋口法”，即扎袋口时不扎紧（不封闭），松口处直径30mm。此法作业更简便，既防水分蒸腾，又有一定调节袋内气体组分的作用，即有降O_2增CO_2的功效。贮藏初期每月检查1次，以后每15d检查一次，此法贮效优于沟藏。一般春菠菜能贮存1个月，秋菠菜可贮存2～3个月。

（2）化学保鲜剂　实验表明，1-MCP与植酸（phytic acid，PA）复合处理能有效延缓菠菜采后衰老和品质劣变。此外，菠菜在采后用Na_2SeO_3处理能够维持菠菜品质，提高其抗氧化能力以及增加贮藏后期的能量供给。

（3）真空预冷　资料显示用1000Pa预冷压力对菠菜进行处理具有较好的贮藏效果。

7.1.6 生菜

生菜即叶用莴苣，因最宜生食，故称生菜。生菜按形态分为皱叶生菜、直立生菜和结球生菜等三类，都是叶用莴苣的变种。我国南方多栽种皱叶生菜、直立生菜；北方多栽培团叶生菜等结球品种。充分利用园地以及阳畦、温室、塑料大棚等保护地，冬春覆盖保温、夏季遮阴防热，合理排开播种，基本可实现常年供应。

7.1.6.1 贮藏特性

生菜水分含量高，组织脆嫩，在常温下只能保存1～2d，且易受冻害，冰点为－0.2℃。贮藏温度以0～3℃为宜，湿度应在98%以上，最适贮藏期为2～3周。美国推荐的气调方法是最好用2%的CO_2和3%的O_2，因为2%的CO_2可以减少腐烂，其作用超过了它对结球生菜的损伤。日本推荐的气调方法是CO_2含量为0，O_2含量为1%，贮藏期可达到28～42d。

7.1.6.2 贮藏方法及技术要点

（1）保鲜包装技术　生菜在采后进行包装处理可以防止采后污染，起到抗氧化的作用。

如高密度聚乙烯膜（HDPE）、微孔膜（MF）、纳米包装材料，能在一定程度上延长货架期。自发气调通过透气性包装袋让果蔬自身呼吸作用产生的气体与外界的气体进行交换，以改变贮藏环境的气体成分，从而保持果蔬品质。自发气调能抑制生菜呼吸作用，与 PE 保鲜膜相比，能更好地维持生菜的营养品质，效果更好。

（2）光控保鲜技术　光控保鲜技术具有易操作、低成本、无毒无残留、环保等优点，被广泛应用于果蔬采后保鲜中，包括 LED 光照保鲜、紫外线照射保鲜和辐射保鲜三大类[8]。LED 红蓝光组合以及紫外线处理能显著提高生菜贮藏效果。资料显示采用 2.0kGy 的 X 射线处理生菜，可以降低生菜上微生物的数量，在 4℃、相对湿度 90％的条件下，生菜色泽几乎无变化且品质得到有效维持。采用 0.68～2.32kGy 剂量的 γ 射线辐射处理鲜切生菜，其感官品质无显著变化，货架期可达 6d。

（3）低温保鲜技术　资料显示，生菜的最佳贮藏温度是 0℃，该温度下生菜的色泽以及感官品质能得到长时间维持。

（4）控压保鲜技术　在 50MPa 压力下对鲜切生菜处理 5min，其感官品质得到有效维持，并且口感更好。但是随着压强的增加，鲜切生菜的硬度降低，感官品质下降，在 100MPa 高压处理 20min 后的生菜品质发生劣变；200MPa 高压处理会导致生菜出现高韧度、异苦味和严重水浸的情况。

（5）热处理保鲜技术　蒸汽热烫 10s 以及采用 55℃热水处理鲜切生菜 1min，可以维持生菜的质构，抑制褐变的发生，维持采后品质。

（6）清洗剂清洗　在清洗环节通过适当浓度化学试剂处理能有效延长生菜保质期。资料显示用臭氧水（0.5mg/L）、有效氯 70mg/L 的电解水和有效氯 10mg/L 的次氯酸钠水清洗生菜 5min，都能有效维持其感官品质，其中用臭氧水处理的保鲜效果最好。

（7）化学保鲜剂处理　采用浓度 15mg/L 赤霉素、2.0μL/L 的 1-MCP 对生菜进行处理，能达到护色、提高贮藏品质和保鲜效果的作用。

7.2 果菜类

果菜类蔬菜是指以植物的果实或幼嫩的种子作为主要供食部位的蔬菜。果菜是蔬菜中的重要类群，多数原产于热带，生长时需要较高的温度，是春、夏季节上市的重要蔬菜。果菜类蔬菜依照供食果实的构造特点不同，可分为瓜类、茄果类和豆类三大类。

7.2.1 辣椒

辣椒是重要的蔬菜之一，原产于中南美洲的热带和亚热带地区，在我国有着悠久的栽培历史，分布广泛，品种多样。辣椒可以鲜食、干制、腌制、调味、观赏，也可用于天然色素的提取，同时还有一定的药用价值，故在人们的健康、生理膳食中起着重要的作用。辣椒的种类主要有两种，即长辣椒和灯笼椒。长辣椒辣味强，宜在充分成熟并转红时采收，多在干制后保存，鲜食的很少，或只做短期贮藏。灯笼椒无辛辣味，长圆形、果大、肉厚、味甜，多在绿熟时食用，是目前贮藏量和运输量较大、经济效益较高的蔬菜种类之一。

7.2.1.1 贮藏特性

辣椒性喜温暖多湿，故对低温敏感。辣椒贮藏适温因产地、品种及采收季节不同而异。国外报道辣椒贮温低于6℃易遭受冷害，而国内报道认为辣椒的冷害临界温度为9℃。冷害诱导乙烯释放量增加，致使果面出现水渍状软烂或透明圆形水烂斑点，进而被病菌侵染而腐烂。生产实践证明，不同季节采收的辣椒能忍受低温的时间不同，夏季采收的辣椒在28h内乙烯无异常变化，秋季采收的辣椒在48h内乙烯无异常变化；夏椒比秋椒对低温更敏感，冷害发生时间早。

贮藏青椒要选用耐贮的晚熟品种，并挑选色深、肉厚、无损伤、无病害的完好果进行贮藏。采后如气温尚高，可在阴凉处短期预贮，装筐或散放在阴凉室内或田地浅沟内，注意防晒和防霜冻。最佳贮藏条件为：温度9～11℃，空气相对湿度90%～95%，O_2浓度3%～5%，CO_2浓度1%～2%。

7.2.1.2 贮藏方法及技术要点

(1) 窖藏　利用带有通风口的半地下式窖，窖深与宽均为2.3m，长度以贮藏量而定。窖底需晒几天再盖顶，每隔2～3m留一个通风孔，孔径15cm。窖顶留有天窗，窖底用沙子垫铺。入窖初期要加大通风量，并充分利用夜间进行通风降温，将温度控制在6～10℃为宜。以后可随气温下降逐渐减少通风量，严寒天气则要注意防寒保暖，通风时应选晴暖天气中午进行，防止辣椒受冻，此法一般可贮藏60～90d。

(2) 沙藏法　霜冻前把辣椒果带柄摘下，放在阴凉处晾2～3d，除去水汽后即可贮藏。在室内或窖内用箩筐、木箱等工具，也可在地面上用砖圈起一块地，底部铺上晒干的细沙土，把晾好的辣椒按层摆好。按一层辣椒一层沙子摆放后，再活动一下辣椒，达到辣椒间用沙子隔离不相碰的目的。待辣椒全部摆好用沙子盖严。贮藏期间每隔10～15d检查1次，挑出烂果，一般能贮藏到12月下旬至元旦。

(3) 气调贮藏法　适用于秋季采收的辣椒贮藏。贮藏温度为6～9℃。贮藏时使用仲丁胺（用量每升自由空间0.03mL）有一定的防腐效果。可以选用北京市蔬菜贮藏加工研究所的焦炭分子筛气调机进行气调贮藏，在使用防腐剂的情况下，O_2浓度控制在3%～6%，CO_2浓度控制在2%左右，每天换气1次，既保湿又通风，贮藏效果较好，还可延迟果实转红的速度。

(4) 袋贮法　将采收的辣椒，在剔除病虫果、伤果并经适当摊晾后，装入无毒害的聚乙烯塑料袋内。每袋装3kg左右，然后松扎袋口，每10～15d解开口透气1次，放出袋内过多的二氧化碳。此法主要利用塑料薄膜袋能保持一定的湿度与CO_2，延缓辣椒成熟，抑制其老化，增长保鲜时间。

(5) 温度调节保鲜　温度调节对辣椒等新鲜商品货架期的延长而言是一种最有效的方法。研究资料显示，青椒最佳贮藏温度为10℃，能有效维持辣椒的品质。低温保鲜经济环保，具体适宜温度依品种决定。热处理能够降低辣椒冷害发生，延长辣椒的贮藏时间。研究报道热处理能够降低冷藏30d后尖椒的腐烂率，经热水浸泡后的青椒能够将贮藏期从28d延长到60d左右。

（6）化学保鲜　化学保鲜剂在辣椒贮藏中效果显著。资料显示，对辣椒进行贮藏时用赤霉素（150mg/kg）处理有较好保鲜效果。用低分子壳聚糖以及0.2%的水杨酸溶液处理辣椒能有效地抑制维生素C和可溶性固形物含量的损失。

（7）生物保鲜技术　生物方法利用多种技术，如细菌素、酶、植物化学物质、噬菌体和保护性培养物等，可有效消除病原体和防止食品变质。

（8）天然提取物保鲜　资料显示巴西绿色蜂胶提取物（PP）、肉桂油（CM）和阿拉伯胶（GA）能保持辣椒的品质。

7.2.2 番茄

番茄又名西红柿。我国引种栽培番茄仅有90～100年的历史，现在南北各地均有栽培，已成为一种主要的蔬菜。华北各地以春夏季栽培为主，长江流域也以春夏季栽培为主，少量做秋季栽培。珠江流域一年四季均可栽种番茄，一般以秋冬番茄为主。番茄品种很多，大致分为普通番茄、大叶番茄、直立番茄、梨形番茄和樱桃番茄5个种类。

7.2.2.1 贮藏特性

番茄属喜温、呼吸跃变型果实，果实的成熟存在着明显的阶段性。用于贮藏的番茄应选子室少、种子腔小、皮厚、肉致密、干物质和糖含量高、组织保水力强的品种。一般晚熟的品种较早熟的品种耐藏。

若进行气调贮藏，在2%～4%的O_2和3%～6%的CO_2条件下，可贮藏60～80d。番茄贮藏适宜的相对湿度为85%～90%。若采取脱除乙烯的措施，还可以进一步减缓番茄的转红和衰老速度。

7.2.2.2 贮藏方法及技术要点

（1）简易贮藏　夏秋季节可利用土窖、地下室、通风贮藏库等阴凉场所对番茄进行贮藏。将番茄装入浅筐或木筐中，一般容器中装4～5层，筐堆码4层高，堆码的筐之间应留有一定空隙，以利于通风。也可将番茄堆放在菜架上，每层菜架堆放2～3层果，架堆宽应不超过1m。贮藏期间，加强夜间通风换气以降低库温，且要经常检查，随时挑出已成熟不易贮藏的果实供应市场，剔除有病、腐烂果实。该法一般可贮藏20～30d。

（2）冷藏　采收的番茄经挑选后放入适宜的包装容器内预冷，待番茄品温与库温一致时进行贮藏。绿熟期或变色期番茄的贮藏温度为12～13℃，红熟前期至中期为9～11℃，红熟后期为0～2℃；空气相对湿度保持在85%～90%。冷藏时，绿熟番茄的贮藏期通常为45～60d，红熟番茄贮藏期为30～45d。

（3）热处理　热处理能抑制微生物生长繁殖，维持果蔬品质。樱桃番茄常温贮藏的适宜热处理条件为55℃（3min）、50℃（6min），可延长保质期至10d。

（4）涂膜保鲜　涂膜保鲜能够阻断微生物对果实进行侵染，保持果实的品质，从而延长果实贮藏期。用普鲁兰多糖涂膜处理后的樱桃番茄果实硬度无明显变化，可保持采后果实的营养价值。经壳聚糖-植物提取物复合涂膜处理后的樱桃番茄品质和营养价值得到有效维持，保鲜效果较好。

（5）天然保鲜技术　生物保鲜剂和植物提取物，具有安全无毒的特点，被广泛应用于果蔬保鲜中。用ε-聚赖氨酸、纳他霉素对番茄进行处理均能维持果实的品质，提高果实保鲜效果。西蓝花提取物能够延长樱桃番茄的贮藏期到36d，并可保持果实的硬度、色泽。

7.2.3 茄子

茄子属于茄科植物，是我国北方夏秋季节的主要蔬菜。茄子从形态可分为三个类型：第一类为大圆茄，北京栽培最多，历史也最久；第二类为长茄，呈赤紫色，江南栽培较多；第三类为卵圆形茄，也称为电灯泡茄。茄子以鲜果供食用，鲜果具有较高的营养价值。

7.2.3.1 贮藏特性

茄子性喜温暖，不耐寒，为冷敏型蔬菜。一般选用晚熟、深紫色、圆果形、含水量低的品种来贮藏，应适时把握采收时期。如采收过早，茄子含水量高，产量低；但采收过晚，果皮变厚，种皮坚硬，种子变褐，衰老，不易贮藏。茄子采收一般在下霜前、晴天气温较低时进行。茄子采收的标志为：在萼片与果实连接处有一白绿色的带状环，环带不明显，即为采收期。适宜贮藏温度为10～12℃，相对湿度为85%～90%，O_2浓度为2%～5%，CO_2浓度为3%～5%。

7.2.3.2 贮藏方法及技术要点

(1) 塑料袋、帐气调贮藏法　用40cm长的乙烯塑料袋，两侧打5个直径5mm的小孔，折口或扎口贮藏。30cm宽的塑料袋每袋装入4～5个茄子，在常温20～25℃以下的库房里，用塑料帐气调贮藏。帐内O_2含量为2%～5%，CO_2含量为5%，可贮藏30d。

(2) 化学贮藏法　研究发现经1-MCP（1mg/L）处理贮藏后的茄子能保持较好的品质。茉莉酸甲酯能够抑制乙烯的产生，并延迟茄子果实的衰老。

(3) 涂膜贮藏法　用蜂蜡涂膜后的茄子在10℃条件下可以贮藏17d，色泽和品质均得到有效维持。

(4) 高湿贮藏法　资料显示高湿贮藏（4℃，相对湿度96%～99%）能保持茄子较高的硬度，减轻果实冷害，保持较高的品质。

7.2.4 黄瓜

黄瓜又称王瓜，以幼嫩果实供食用。按形态可分为刺黄瓜、鞭黄瓜、短黄瓜和小黄瓜等；按栽培季节分有春夏秋三种。在全国各地均有栽培，南方地区春、夏、秋三季均可栽培，4月开始上市；广州地区冬季也可栽培，可周年供应。北方地区6月份开始上市，无霜期长的可栽培春、秋两季，无霜期短的只能种一季；冬季还可利用保护地生产。

7.2.4.1 贮藏特性

黄瓜是一种比较难以贮藏的蔬菜。它在贮藏过程中，仍在进行各种生理活动。因有顶端优势，养分不断向黄瓜顶部运送，种子继续发育，使顶部膨大变粗，而瓜把处逐渐萎缩。最终瓜条变形，组织变软，品质下降。黄瓜对乙烯反应敏感，由于受本身在代谢中释放出的微量乙烯的影响，黄瓜由绿变黄。黄瓜还容易受机械损伤而感染病害。所以，黄瓜在贮藏中的主要问题是后熟变质和腐烂。

7.2.4.2 贮藏条件

黄瓜的适宜贮藏温度为 10～13℃，低于 10℃易发生冷害，适宜相对湿度为 90%～95%。气调贮藏的条件为：O_2、CO_2 浓度均为 2%～5%。

7.2.4.3 贮藏方法及技术要点

(1) 低温贮藏　黄瓜对温度敏感，低于 10℃易发生冷害，高于 15℃瓜条易老化。

(2) 臭氧贮藏　据报道，黄瓜用臭氧（10mg/kg）处理 30min，于贮藏后的第 20 天开始出现失水现象，其货架期可延长到 22d。用臭氧持续处理黄瓜时能减少 40%以上的重量损失，黄瓜的生化指标没有显著变化。

(3) 化学保藏　用 1-MCP 处理黄瓜能提高其抗氧化能力，并且能维持果实品质。纳米结构涂层能延长果实的保质期，并且可保留果实原有的生物活性成分，提高果实抗菌能力。将纳米颗粒加入肉桂精油和肉桂醛壳聚糖涂膜中对黄瓜进行处理后，黄瓜的抗菌能力提升，果实品质得到保持，并且叶绿素含量较高。

(4) 生物保鲜　由迷迭香和桉树精油所制成的环保产品对黄瓜果实有很好的保鲜效果，可代替氯水。此外，7%的山药汁浸涂黄瓜果实后，其营养价值和色泽均无明显变化，品质得到有效维持，商品价值提高。

7.2.5 菜豆

菜豆又名芸豆、豆角等，为豆科菜豆属一年生草本植物。起源于美洲中部和南部，现在全国各地区均有广泛栽培，尤其在我国东北地区广泛种植的优质菜豆品种（油豆角）更是远销国内外[9]。菜豆品质鲜嫩，营养丰富。

7.2.5.1 贮藏特性

菜豆喜温暖，不耐寒，不耐霜冻。温度过低易发生冷害，出现凹陷斑，有的呈现水渍状病斑，甚至腐烂。8℃是抑制锈斑发生的临界温度，低于此温度，锈斑发生严重；高于 10℃时容易老化，腐烂也严重。菜豆适宜的贮藏相对湿度为 90%～95%，湿度低会加速老化与锈斑出现，并出现蔫尖膨粒现象。菜豆适宜的贮藏条件：温度 8～10℃，相对湿度 90%～95%，CO_2 浓度 1%～2%，O_2 浓度 5%。

7.2.5.2 贮藏方法及技术要点

(1) 气调贮藏　除常用的窖藏法外，气调贮藏也被广泛使用。将豆荚采收后进行挑选，剔除病虫害、机械伤者，放入冷库内先预冷，当温度与库温基本一致时，装入聚氯乙烯小包塑料袋中，每袋 5kg 左右，袋内装入生石灰以吸收空气凝结水。最后将袋子单层摆放于菜架上，也可将经预冷处理的菜豆装入 PVC 的筐中或箱中，折口放好。堆放时应留有一定空隙，以便于通风。贮藏期间每 2 周左右检查 1 次，可贮藏 1 个月，最长可达 50d，好荚率可达 80%～90%。

（2）辐照保藏　菜豆经 γ 射线辐照后贮藏 12 个月，其感官品质变化差异不显著。

（3）涂膜保鲜　蜂胶涂膜处理菜豆能显著降低菜豆的失水率和失重率，并且还能保持菜豆较好的品质，延长菜豆贮藏期。壳聚糖涂膜处理能使菜豆豆荚纤维化进程得到延缓。

7.2.6 其他瓜类

7.2.6.1 苦瓜

苦瓜，又名凉瓜、锦荔枝、癞瓜、君子菜，果实为浆果。苦瓜属于呼吸跃变型果菜，当瓜皮颜色变为浅绿时已经到达跃变时期；苦瓜老熟的标志为瓜顶露出黄色。苦瓜对乙烯十分敏感，微量的乙烯会促使苦瓜立马进入老熟、黄化阶段。苦瓜皮薄，周身是瘤状突起，一旦碰伤，立刻产生乙烯，加速自身老熟，也促使周围的苦瓜加快老熟。

（1）贮藏特性　苦瓜怕冷，即使在 10℃时也有可能会遭受冷害。苦瓜适宜的贮藏温度为 10～13℃，低于 10℃会发生冷害，高于 13℃则迅速衰老变黄，进一步变红、腐烂。贮藏环境空气相对湿度为 85%～90%。

（2）贮藏方法

① 冷藏　是苦瓜贮藏的常用方式。将苦瓜经 5～10℃的冷空气预冷，可在 48h 左右将果实品温降到 13～15℃；预冷后用软纸或发泡网对苦瓜进行单果包装，防止苦瓜相互摩擦、挤压而损伤肉瘤；然后整齐地装入有孔聚乙烯袋中，每袋重量 5～10kg，控制温度为 10～13℃，相对湿度为 85%～90%。10～13℃能贮藏 10～15d，低于 10℃有严重冷害发生，如槟城苦瓜在 10℃下贮藏 9d，果实即表现出明显的冷害症状；高于 13℃，将促使苦瓜后熟衰老。苦瓜在 7.5℃贮藏 4d，升温后有轻微的凹陷斑；贮藏 12d，升温后发生严重冷害、高度腐烂和褐变。水杨酸和腐胺处理可有效改善这些现象并保持苦瓜采后品质。

② 气调贮藏　是苦瓜保鲜的另一有效方式。适宜的气体组成为 2%～3%的 O_2 和 3%～5%的 CO_2，温度控制在 10～13℃，相对湿度为 85%～90%。与非气调环境中的苦瓜相比，前两周差异不明显，在第三周气调贮藏苦瓜的腐烂、裂果和失重明显低于非气调贮藏。由于苦瓜易发生冷害，且冷害后的升温会促进苦瓜呼吸作用，因此气调温度不宜过低。

③ 速冻贮藏　将苦瓜用清水冲洗干净后去除苦瓜内的籽和瓤，然后将苦瓜切成不同形状（如瓜块、瓜圈、瓜片），并放置于竹篮内，在沸水中浸泡 0.5～1.0min（苦瓜形状不同，浸泡时间不同），其间不停搅动。浸泡结束后将苦瓜迅速捞出，用冷水冷却至 5～8℃。然后捞出在竹筐内沥干。待水基本沥干后再立即放入冷库内速冻（翻动 2～3 次），原则上冷库温度应控制在－30℃左右，使瓜条的温度保持在－18℃最好。速冻结束后用食品包装袋包装并密封，随后放入纸箱，于－18℃的冷库内贮藏，冷库应经过彻底的清洁和消毒。一般经过速冻的苦瓜可以保存 6～8 个月。

7.2.6.2 冬瓜和南瓜

冬瓜和南瓜是人们日常生活中的重要瓜类蔬菜。主产于我国南方，现在几乎全国各地均有栽培，在蔬菜周年供应中占有重要地位。冬瓜富含维生素 A、维生素 C 和钙，含有的胨化酶能将不溶性蛋白质转变成可溶性蛋白质，有利于人体吸收。青熟期的南瓜含有较为丰富的维生素C和葡萄糖，老熟期的南瓜含胡萝卜素、可溶性糖和淀粉的量比较多。

（1）贮藏特性

① 品种特性　冬瓜有青皮、白皮和粉皮之分。其中青皮冬瓜的茸毛及白粉均较少，皮厚肉厚，质地较致密，抗病力强，果实较耐贮藏。粉皮冬瓜是青皮冬瓜和白皮冬瓜的杂交种，早熟质佳，也较耐贮藏。白皮冬瓜耐藏性相对较差。南瓜的品种很多，多为地方品种。晚熟、皮厚且表面光滑、果面蜡质厚、肉质致密、种腔小等是耐藏品种具有的特征。

② 贮藏条件　冬瓜和南瓜贮藏的适宜温度为10～13℃，低于10℃则会发生冷害。适宜的相对湿度为70％～75％，湿度过高易发生腐烂病害。这些条件在自然条件下能够满足，因此，冬瓜、南瓜在民间主要采取窑窖或室内贮藏。

（2）贮藏方式

① 室内堆藏　选择阴凉、通风的房间，把选好的瓜直接堆放在房间里。贮前用高锰酸钾或福尔马林溶液对房间进行消毒处理，然后在堆放的地面铺一层麦秸，再在上面摆放瓜。应按田间生长时的状态摆放。冬瓜可采取“品”字形堆放，这样压力小、通风好、瓜垛稳固。直立生长的瓜柄向上，只放一层。南瓜可将瓜蒂朝里、瓜顶朝外，堆码成圆形或方形，每堆放15～25个即可，高度以5～6个瓜为宜，也可装筐堆藏。在堆放时应留出通道，以便检查。仓库内分层贮藏架用木、竹或角钢搭成，铺上草帘，即可将瓜堆放在架上。此法通风散热效果比堆藏法好，检查也比较方便，管理同堆藏法。

② 冷库贮藏　商业化大量贮藏冬瓜、南瓜时，最好采用冷库贮藏。在机械冷库内，可人为地控制贮藏所要求的温度（10～13℃）和相对湿度（70％～75％）条件，管理也方便，贮藏效果会更好，贮藏期一般可达到半年左右。

7.2.6.3 佛手瓜

佛手瓜为葫芦科多年生宿根性攀缘植物，因其果实形状似佛手而得名。佛手瓜原产于墨西哥和西印度群岛一带，在热带和亚热带地区栽培较为广泛。佛手瓜在我国主要产于南方，多系零星种植，少数农户做自给性庭院栽培。近年，我国南北方许多地区集约化种植面积不断扩大。佛手瓜营养丰富，生食熟食均可，美国、日本等国家称之为“超级蔬菜”，具有很大的利用价值和开发前景。因其供应时间短，难以满足市场周年供应的需要，贮藏保鲜显得尤为重要。

（1）贮藏特性

① 品种特性　我国佛手瓜大致可分为绿皮无刺、绿皮有刺、白皮无刺和白皮有刺4种类型，其中以绿皮无刺类型的外形美观、商品性好而被广大消费者接受。而白皮无刺类型的长势弱、产量低、维生素含量低，虽有较好的风味，但难与绿皮无刺类型相比。两个有刺类型因表面刚刺的存在，其商品性大为降低。就贮藏性而言，佛手瓜是瓜类蔬菜中耐贮藏的种类。

② 贮藏条件　佛手瓜贮藏的适宜温度为2～5℃，高于10℃呼吸速率明显增加，易发芽或发生霉烂；低于－2.5℃会发生冻害，出现烂瓜。适宜的相对湿度为85％～95％。另外，5％～8％的 O_2 和3％～5％的 CO_2 能明显抑制佛手瓜的成熟与衰老。

（2）贮藏方式

① 冷藏　长期以来，人们总认为佛手瓜耐贮藏，所以多在常温条件下采用缸藏、沟藏和窖藏等方式贮存。而实际上，佛手瓜中虽然腐烂病害发生较少，但萌芽（胎萌）是制约其贮藏的主要因素。所以，对商业化贮藏而言，最好采用冷库贮藏。入贮前挑选健康成熟的瓜，将瓜放在通风的场所2～3d，让瓜散失部分田间热；在冷库中将瓜体温度降到10℃左右后，将瓜装入厚约0.03mm的聚乙烯袋；为减少腐烂病害，入贮前可用800倍多菌灵浸泡大约1min，捞出后沥水、晾干即可贮藏；为提高贮藏效果，减少碰撞、挤压造成的腐烂，可用软纸或发泡网先将佛手瓜单果包装后，再装入聚乙烯袋中低温贮藏。

② 化学保鲜技术　资料显示，将佛手瓜于9～10℃、相对湿度为85%～95%条件下预冷24h后用水杨酸（SA）处理，在贮藏的前60d水杨酸可有效延缓果实品质的下降，但贮藏后期保持效果不佳。国外有研究发现，用1-MCP对佛手瓜处理后进行贮藏，可抑制其呼吸作用，有效保持其品质并延长贮藏期。

7.3 花菜类

花菜类主要包括蒜薹、西蓝花、花椰菜等，它们分别以花蕾、变态的花茎作为食用器官。此类蔬菜营养丰富，经济价值高。

7.3.1 蒜薹

蒜薹是从大蒜中抽出的花茎，含有丰富的营养物质。蒜薹在中国分布广泛，南北各地均有种植，是蔬菜冷藏业中贮量最大、贮期最长的蔬菜品种之一。

7.3.1.1 贮藏特性

蒜薹属呼吸跃变型蔬菜，呼吸高峰一般出现在采后两周内，一旦出现呼吸高峰，薹苞开始膨大，薹茎变黄，基部老化并上翘等。蒜薹贮藏过程中，应抑制呼吸高峰，延缓衰老，以降低采后流通过程中的损失。另外，蒜薹可忍耐低O_2和高CO_2。短期条件下，可忍耐1% O_2和13% CO_2。对于长期贮藏的蒜薹来说，适宜的贮藏条件为：－0.8～0℃，相对湿度85%～95%，O_2 2%～3%，CO_2 8～10%。在上述条件下，蒜薹可贮藏8～10个月。

贮藏用的蒜薹应质地脆嫩、色泽鲜绿、成熟适度、无损伤、无病斑，薹条粗细均匀、长短差异小，薹苞绿色且不膨大，花茎末端断面整齐。

7.3.1.2 贮藏方式

（1）简易气调贮藏　生产上蒜薹贮藏普遍采用简易气调贮藏。蒜薹品温控制在－0.5～0℃；库房温度控制在－1～0℃，温度波动范围以不超过±0.5℃为宜，相对湿度控制在85%～95%。不带硅窗的保鲜袋，气体控制在O_2 1%～3%，CO_2 10%～13%；硅窗保鲜袋气体控制在O_2为2%～5%，CO_2为8%～10%。贮藏期间应定期检测袋内气体指标，根据检测结果和气体指标要求，及时开袋放气。在冷库中，简易气调贮藏的蒜薹，贮藏期可达8～10个月，总损耗＜10%；而不用薄膜包装的蒜薹，贮藏期仅有3～4个月，总损耗（主要是失水）通常＞10％。

（2）主动自发气调贮藏　主动自发气调是在容器内充入一定比例和体积的 O_2 和 CO_2，然后密封保鲜的一种方式。在（20±0.5）℃，80％ O_2 ＋20％ CO_2 条件下贮藏蒜薹，失重率、腐烂率均未上升，硬度能得到有效保持。在（10±0.5）℃贮藏温度下，100％ O_2 处理使蒜薹硬度、弹性和内聚性下降缓慢，并可维持较高的维生素 C 含量。

（3）物理贮藏法　将选好的蒜薹经过充分预冷后装入筐、箱等容器内，或直接在贮藏货架上堆码，冷库温度控制在 0℃左右，相对湿度在 90％～95％。此法只能对蒜薹进行较短时间的贮藏，贮藏期一般为 2～3 个月，贮藏损耗率高，蒜薹质量变化大。切除薹苞后的蒜薹在 25℃条件下进行贮藏，抑制了蒜薹薹条的老化，降低了失重率并保持了蒜薹的品质，延长了货架期。

（4）化学贮藏法　赤霉素处理蒜薹能降低其失重率，减少病害的发生，保持其贮藏期间的品质，并能延缓衰老。用赤霉素 A4＋A7 50mg/L 同咪鲜胺 800 倍液联合处理蒜薹，发现贮藏期间其发病率最低为 1％，色泽和营养价值都得到有效维持，其商品价值得以保持。

7.3.2　西蓝花

7.3.2.1　贮藏特性

西蓝花又称青花菜、绿菜花、嫩茎花椰菜，属十字花科。其食用部分是脆嫩的花茎、花梗和绿色的花蕾。其贮藏性较差，保鲜期短，采收后花蕾在室温下极易开放和黄化而失去商品价值。西蓝花贮藏过程中花蕾极易黄化，当温度高于 4.5℃时开始黄化，中心最嫩的小花对低温较敏感，受冷后褐变。西蓝花在贮藏中会释放较多乙烯。因此，对贮藏环境要求较严格，最好冷藏。适宜贮温为（0±0.5）℃，相对湿度为 90％～95％，O_2 为 1％～2％，CO_2＜10％。在低温下气调贮藏，配合乙烯吸收剂，对西蓝花保鲜有明显效果。贮藏的西蓝花应选用花球整齐、花形好、色泽绿、花蕾较小的品种。

7.3.2.2　贮藏方式及技术要点

（1）冷藏　西蓝花在采收后包装前须经预冷，立即降温至 1℃，并用 0.03mm 厚的 PE 薄膜对单个花球密封包装，再用包装箱包装。可用 60cm×32cm×30cm 的纸板箱，箱内衬入 0.04mm 厚的 PE 塑料袋，每箱装西蓝花 10kg。花球装入后扎口密封，并打两个小孔。贮藏适温为 0℃，空气相对湿度为 95％。可贮藏 30～45d，保鲜、保绿效果良好，好球率在 90％以上。

（2）气调贮藏　西蓝花气调贮藏的气体组分是 O_2 1％～2％、CO_2＜10％，温度 0～1℃，相对湿度 90％～95％。在贮藏过程中，使用乙烯吸收剂高锰酸钾，可以提高西蓝花的保鲜效果，延长贮藏时间。

（3）薄膜包装　用 0.02mm PE 与 0.06mm PVC 包装西蓝花在冷库中[（0±0.5）℃]进行贮藏，发现能将其失重率控制在 5％左右，减少西蓝花黄化以及保持叶绿素含量，进而保证西蓝花的商品价值。

（4）光处理　LED 红光处理西蓝花能抑制其呼吸作用，推迟呼吸高峰，减缓乙烯生成速率。与低温避光处理相比，LED 红蓝复合光间歇照射处理可使西蓝花的感官品质得到有效保持，衰老进程得以延缓，进而使西蓝花货架期延长 5d 以上。

（5）高湿贮藏　新鲜果蔬的含水量高，在采后由于蒸腾作用容易失水出现萎蔫状态，降低商品价值。低温高湿的环境可避免果蔬出现失水现象，如可延缓西蓝花衰老黄化进程并提高其抗氧化能力。

7.3.3　花椰菜

7.3.3.1　贮藏特性

花椰菜又名菜花，与甘蓝同属十字花科蔬菜，但食用器官为花球。生产上春季多栽培瑞士雪球，秋季以荷兰雪球为主，这两个品种的品质好、耐贮藏。贮藏用花椰菜宜适当早采，七八成熟最好，采收晚时花球易变得松散而不耐贮藏。采收时宜保留 2～3 轮叶片，以保护花球。花椰菜对贮藏环境条件的要求与甘蓝相似，适温（0±0.5)℃，相对湿度 90%～95%，O_2 2%～3%和 CO_2 2%～4%。

7.3.3.2　贮藏方式及技术要点

（1）冷库贮藏　采收后的花椰菜要尽快放到阴凉通风处或冷库中预冷，以去掉携带的田间热。将预冷后的花椰菜按等级、规格、产地、批次分别码入冷库间，距蒸发器至少 1m。一般花椰菜装箱（筐）冷藏时，花球应朝上；箱（筐）码放时，以不伤害下层花椰菜的花球为宜。单花球套袋冷藏时，应将单个花球装入 0.015mm 厚的聚乙烯塑料袋[规格(30～35cm)×(35～40cm)]中，扎口放入箱（筐）内，码放时要求花球朝下，以免袋内产生的凝结水滴在花球上造成霉烂。冷藏温度应保持在（0±0.5)℃，库内相对湿度为 90%～95%。在上述条件下，根据花椰菜品种和产地不同，一般冷藏方法冷藏期限为 3～5 周；单花球套袋冷藏方法冷藏期限为 6～8 周。

（2）大帐气调贮藏　在冷库内将花椰菜装箱或筐码垛，用塑料薄膜封闭，控制帐中 O_2 2%～3%，CO_2<3%，则有良好的保鲜效果。入贮时在花球上喷洒 3000mg/kg 的苯菌灵或硫菌灵有减轻腐烂的作用。花椰菜贮藏中释放乙烯较多，在封闭的帐内放置适量乙烯吸收剂对外叶有较好的保绿作用，花球也比较洁白。要特别注意防止帐壁的凝结水滴落到花球上，以免造成霉烂。

（3）假植贮藏　入冬前后，可利用贮藏沟，将还没有长成的小花球假植其内，用稻草等物捆绑包住花球，适当覆盖，注意防热防冻，适当灌水保持湿度。

（4）保鲜剂保鲜　用乙烯抑制剂 1-MCP 处理花椰菜后，发现其能显著降低贮藏期间的失重率、呼吸速率，延缓衰老，并且 1-MCP 能抑制微生物对花椰菜的侵染。用外源褪黑素处理花椰菜能提高其贮藏期间的抗氧化能力，降低腐烂率、乙烯生成速率，进而保持其采后品质。

7.4　根茎类

7.4.1　萝卜和胡萝卜

萝卜原产于我国，是我国栽培的根菜类蔬菜中最主要的一种，也是我国北方除大白菜以外栽培最普遍的冬菜之一。萝卜一般自10～11月份开始大量上市，可以一直供应到次年的3～4月份，贮藏期限可长达半年左右。胡萝卜原产于中亚细亚，元代传入我国，其栽培远不如萝卜普遍。但由于胡萝卜优良的品质和商品性状，愈来愈为人们所关注，在我国许多地区已经成为栽培的重要蔬菜，在冬春季主要依靠贮藏而陆续供应。

7.4.1.1 贮藏特性

萝卜和胡萝卜的品种很多，以晚熟、皮厚、质地脆硬、表皮光滑、茎盘小、心柱细的品种品质好、耐贮藏。此外，萝卜青皮种比红皮种及白皮种耐贮藏，肉质根紧密的小型品种不易糠心。如北京的心里美，吉林的磨盘、秋丰2号，沈阳的翘头青，内蒙古的金红四号，山东的春萝一号，陕西的孟德尔、农春90等品种，品质好，抗病性强，耐贮藏。

适合气调贮藏的气体组分为O_2 2%～3%和CO_2 5%～6%。萝卜和胡萝卜的适宜贮藏条件为：温度0～3℃，相对湿度90%～95%。

7.4.1.2 贮藏方式及技术要点

沟藏和窖藏至今仍是萝卜和胡萝卜传统的主要贮藏方式，其中沟藏以其简便易行、经济实用而在产地应用最为普遍。近年来，商业化机械冷库贮藏胡萝卜逐渐增多，贮藏效果优于沟藏和窖藏，故主要介绍萝卜和胡萝卜的冷库贮藏。

（1）收获　萝卜和胡萝卜收获的适宜时期以整个地块八成以上植株达到成熟标准（肉质根充分膨大）为宜。收获过早，肉质根未充分长大，产量低，且外界气温较高，若不能及时入库，则易萌芽和腐烂；收获过晚，肉质根生长期过长，贮藏中容易糠心，还可能使肉质根在田间受冻。收获前7～10d不得浇水。收获应在晴天的早、晚进行，可人工或机械收获，收获时应尽量减少机械伤害，且收获后应避免在阳光下暴晒。

（2）削顶　收获后的萝卜和胡萝卜，应在田间选取生长健壮、成熟一致的产品，削去叶缨（即时运销的产品可留1～2cm叶缨），并立即装箱或装袋运至贮藏地。

（3）修整、预冷　入贮前削去肉质根残留叶缨，以不伤及肉质根为准，清除肉质根上附带的泥块，减少病原菌，整齐装入塑料筐或塑料网袋中并扎紧袋口。将修整后的产品放入0℃库预冷24h，使其温度降至0～2℃。

（4）贮藏管理　将预冷后的肉质根按等级和规格及时转入贮藏冷库中。塑料筐装的可直接码放，堆码不宜太高，一般不超过3m，且应稳固；网袋装的应放在货架上，每层货架放一层或两层网袋。贮藏中期应控制库温0～2℃，相对湿度90%～95%。若用塑料薄膜袋包装，应定期检查避免结露，且袋内CO_2浓度不宜超过7%，否则易发生气体伤害而使肉质变黑、发苦。贮藏中若发现有腐烂情况，应及时挑拣出。在良好的贮藏条件下，萝卜和胡萝卜的贮藏期可达到3～5个月。

7.4.2 莲藕

莲藕为睡莲科水生蔬菜，其食用器官为莲的肥大根茎，又名湖藕、荷藕、果藕、菜藕等。莲藕原产于印度，在中国栽培历史悠久。莲藕有七孔藕和九孔藕之分，七孔藕外皮褐黄色，体形短粗，淀粉含量高，水分低，糯而不脆；九孔藕外皮白色，体形细长，水分含量高，脆嫩多汁。两种藕在营养价值上没有太大差别，都是营养丰富且具有一定食疗价值的优质蔬菜。

7.4.2.1 贮藏特性

温度是影响莲藕后熟衰老最重要的环境因素。莲藕的保鲜效果随贮藏温度升高而逐渐变差，普通聚乙烯袋包装的莲藕，在 0～4℃可贮藏 20d，在 4～6℃可贮藏 10d，在 6～15℃可贮藏 7d，在 15～25℃仅能贮藏 3d。莲藕具有休眠期，不属于典型的呼吸跃变型蔬菜。贮藏期间其呼吸强度的变化规律为：在刚开始的几天有明显的高峰，此后几天内也有较高的呼吸强度，但呈现下降趋势，到最后恢复到初期的水平。因此，气调贮藏可有效延长莲藕的贮藏期，其适宜的气体组成为 5%的 O_2 +5%的 CO_2。

贮藏用的莲藕要选择藕体健壮、藕肉肥厚、质地坚实、根茎完整、品质好、含水量少的品种。挑选后的莲藕应及时进行预冷处理，应在 24h 内将藕体温度降至 0～4℃。

7.4.2.2 贮藏方式及技术要点

（1）埋藏　莲藕喜阴凉，对湿度适应范围较广，加之采后具有较长时间的休眠期，因此适用于泥土埋藏。贮藏期间，一般每隔 20d 左右翻堆检查一次，检查时要小心谨慎，不要折断莲藕。莲藕冬季埋藏，特别是在北方，贮藏室内温度可以控制在 2～5℃，相对湿度维持在 80%～85%，管理好可以贮藏 2 个月左右。

（2）冷藏　为降低贮藏过程中莲藕的褐变及腐烂程度，延长保鲜期，低温冷藏法在莲藕贮藏保鲜中的研究和应用得到了大力发展。将洗净的莲藕经严格挑选后，用 300mg/kg 杀菌剂 ClO_2 处理，可有效抑制和杀灭引起莲藕腐烂的镰刀菌及引起褐斑病的莲褐斑尾孢霉。杀菌剂处理后用 0.5%氯化钙+0.5%焦磷酸钠+0.3%柠檬酸+0.2%植酸的保鲜护色剂处理，可有效抑制莲藕的褐变，保持藕体的感官性状。在包装材料的选择上，低密度聚乙烯袋因透气性较强而不适合莲藕的贮藏保鲜，而真空尼龙聚乙烯（PA/PE）复合袋可以极好地保持莲藕色泽洁白和风味正常。在上述条件下，将莲藕包装于真空复合袋，并控制气体组分为 5% O_2 +5% CO_2，在 0～4℃下可贮藏 60d，莲藕感官品质、主要营养成分基本无变化，卫生指标满足食品要求，细菌总数低于 10^{-3}CFU/g，大肠杆菌低于 3MPN/100g，莲藕的保鲜效果显著优于传统的埋藏法。

（3）冰温贮藏　冰温贮藏能抑制莲藕褐变，延缓品质下降，能有效维持其营养价值，保证其商品价值。此外，冰温及冰水混合物贮藏莲藕，能维持莲藕的品质和色泽，并且能延缓衰老，其中冰温贮藏能延长莲藕保质期到 60d，冰水混合物能延长贮藏期到 45d。

7.4.3 洋葱和大蒜

洋葱的种类很多，分布很广，我国从南到北，一年四季均有栽培。洋葱含有一种油脂状的挥发成分——大蒜素，能够杀灭病菌，可用来预防和治疗多种疾病，还可以增进食欲。因此，洋葱是一种深受消费者喜爱的蔬菜。大蒜是一种调味蔬菜，蒜瓣中也含有丰富的大蒜素，人们对大蒜的需求一年四季都很旺盛，尤其在我国北方地区，大蒜是餐桌上必不可少的调味料。

洋葱和大蒜同属百合科二年生蔬菜，食用部分为肉质鳞茎，它们的生物学性状、生理特性及贮藏技术要求等基本相似或相同。所以，将二者的贮藏放在一起介绍。

7.4.3.1　贮藏特性

洋葱的休眠期一般为 50～80d，休眠期过后，遇到适宜的温度条件便会萌芽生长。一般洋葱品种贮藏至 9～10 月份大都会从外部看到发芽，但实际上在此前的 30d 左右洋葱已经结束了生理休眠，芽在鳞茎内部开始旺盛地生长发育。发芽导致养分转移到生长点，鳞茎发软中空，品质下降，乃至不堪食用。所以，延长洋葱的休眠期，阻止其萌芽，是洋葱贮藏的首要问题。普通洋葱按皮色可分为黄皮、红（紫）皮及白皮三类；按形状又可分为扁圆形和凸圆形两类。从贮藏特性上看，黄皮类型和扁圆形洋葱的休眠期长，贮藏性好于其他类型。另外，含水多、辣味淡的品种贮藏性较差，不适于长期贮藏。大蒜与洋葱一样，收获后有一段比较长的休眠期，一般为 60～90d。对洋葱和大蒜来讲，低温和干燥是保持休眠的有利条件。二者贮藏的适宜温度为－1～0℃，空气相对湿度为 65%～70%。近年来商业化生产中多用冷库贮藏，可有效延长休眠期，抑制萌芽，贮藏期长且效果好。

7.4.3.2　贮藏方式及技术要点

民间贮藏洋葱和大蒜较常用的方式是在常温下挂藏、垛藏和筐藏等。无论采取哪种贮藏方式，其核心问题都是如何防止发芽。

（1）常温贮藏

① 化学抑芽法　在洋葱、大蒜收获前 7d，用浓度 0.2%的青鲜素（MH）溶液均匀喷洒于叶片上，喷药前 3～4d 不可浇水。

② 辐射法　用^{60}Co γ 射线对洋葱、大蒜进行辐射处理，剂量一般为 0.05～0.15kGy，这是目前洋葱、大蒜抑芽中最为经济、方便、有效的方法。但种用洋葱、大蒜不能采取此法处理。

（2）冷库贮藏　近年来，由于洋葱、大蒜的市场需求量逐年增大，其经济价值明显提高，所以冷库贮藏洋葱和大蒜的规模发展很快。把经过晾晒处理、符合质量要求的葱头、蒜头装入尼龙编织网袋中，每袋 20～30kg，堆放在－1～0℃（≤3℃）、空气干燥的冷库中，就能长期、安全地贮藏，无萌芽之虑。贮藏期一般为 6～8 个月。

（3）气调贮藏　气调贮藏能降低洋葱呼吸强度，使其维持正常且最低的代谢水平，进而可延长贮藏期和防止抽芽。适宜贮藏条件为 O_2 3%～6%，CO_2 8%～12%，能有效抑芽。当气调包装条件为 10% CO_2＋80% O_2＋10% N_2 时，对大蒜进行处理能降低大蒜失重率，保持其色泽，还能有效维持大蒜的品质和营养价值。

7.4.4　生姜

生姜是姜科姜属的多年生草本植物的新鲜根茎，在全国栽培很普遍。生姜除含有一般营养成分外，还含有一些特殊的成分，如姜酮、姜烯、姜酚等，具有辛辣和芳香味道。因此，生姜不仅是一般的蔬菜，还是重要的调味品和中药材。

7.4.4.1　贮藏特性

生姜原产于东南亚和我国热带地区，性喜温暖潮湿的环境。收获后的生姜不耐低温，

10℃以下便容易发生冷害，受冷害的姜在温度回升时极易腐烂，而贮藏温度过高时腐烂也会加剧，适宜的贮温为13～14℃。贮藏用的生姜应适当晚收，当地上部茎叶开始枯黄、根茎充分膨大时收获，此时的姜品质好，耐贮藏。收获时间一般应在霜降至冬至期间。而通常在立夏以前下种，到夏至就收获的嫩姜贮藏性很差，不适于长期贮藏。

生姜没有生理休眠期，贮藏环境温度适宜时（16℃开始发芽，20～25℃为幼芽生长适温）即发芽生长，使品质严重下降。生姜的愈伤能力比较强，贮前应在25～30℃、相对湿度85%～90%的条件下愈伤20～30d，待姜块外皮老化不再脱皮、剥除茎叶的疤痕长平、顶芽长圆后再贮藏。

7.4.4.2 贮藏方式及技术要点

（1）常温贮藏　生姜常见的常温贮藏方式有坑藏和井窖贮藏。两种方式的原理和管理技术基本相同。井窖贮藏适合在土质黏重、冬季气温较低的地区应用，而地下水位较高、不适合挖井窖的地方则多采用挖坑埋藏。生姜在收获后贮藏前，应防止冷害的发生，不能在地里受到霜冻。一般是收获后稍微晾晒，随后立即下窖贮藏。不要在雨天收获，日晒过度和浸水的生姜都不耐贮藏。

（2）冷库贮藏　适宜贮藏条件为：温度13～14℃，相对湿度90%～95%，贮藏期可达到6个月以上。用于冷库长期贮藏的生姜宜选用沙质土壤中生长的姜，其表面光洁且较干燥，带泥且较湿的生姜则需适当晾晒。收获初期的生姜脆嫩、易脱皮，可在入库前先于17℃左右的预冷间进行预冷，此过程有利于防止姜块脱皮，有利于茎叶被剥除所留下的伤痕长平，以及顶芽长圆，进而使姜块的耐藏性提高。

7.4.5 山药

山药，又名薯蓣、薯药、怀山药、山薯等，属薯蓣科植物，是我国原产的菜药兼用植物，其食用部分是肥大的块根。山药产量高，耐贮运，营养极为丰富，除供烹调和用作滋补品外，还可代替粮食或制取淀粉。

7.4.5.1 贮藏特性

山药属耐贮蔬菜，但因栽培技术、品种、土质的不同，产品的贮藏特性也有所不同，一般紫皮山药和白皮山药较耐贮藏。山药具有生理休眠期，较耐低温、低湿贮藏。但当山药的休眠期结束后，生理代谢变得旺盛，块根表皮长出须根，在此情况下，贮藏不当易引起块根腐烂变质。山药是冷敏型蔬菜，冷害症状为组织变色、似水渍状软化，并逐渐腐烂。美国农业部推荐，山药的适宜贮藏温度为16℃，相对湿度为80%～85%。最常用的方法为埋藏、筐藏和沟藏。

7.4.5.2 贮藏方式及技术要点

（1）冷藏　将块根完整、无伤疤、无病虫害、表面干燥的山药放入周围垫有四五层纸的板条箱或塑料筐内，防止表皮擦伤；箱（筐）口再用纸封住，于2～4℃的预冷间预冷24～48h，然后在冷库中码垛或上架摆放；调控库温为0～2℃、相对湿度为80%～85%。贮藏期间应注意通风，相对湿度不可超过 85%，以防止霉菌滋生。如此可贮半年以上。

(2) 保鲜剂保鲜 用 $CaCl_2$ 和壳聚糖处理紫皮山药，能降低贮藏期间的失重率，减少呼吸消耗，保持硬度，并且能延缓衰老。但浓度需适宜，研究发现当 $CaCl_2$ 浓度超过 2%时处理山药有相反的效果，不能起到保鲜的作用。

(3) 辐照保鲜 用 70～200Gy 的 ^{60}Co γ 射线对怀山药进行处理，能有效抑制其发芽，保持山药贮藏期间的品质。用 He-Ne 激光辐照铁棍山药，其块茎含水量以及可溶性糖含量和可溶性蛋白含量均得到有效维持，商品价值得以保持，贮藏期得以延长。

7.4.6 马铃薯

马铃薯又名土豆、洋芋等，是茄科一年生作物，原产于南美洲高山地区。我国以黑龙江、吉林、内蒙古、河北、甘肃、宁夏、陕西 7 大产区产量较大。马铃薯是一种菜粮兼用的产品，同时它还是制造乙醇、淀粉、糖浆等的重要原料，具有很高的经济价值。

7.4.6.1 贮藏特性

马铃薯具有不易失水和愈伤能力强的特性，而且在收获后还要经过一段生理休眠期，一般为 2～3 个月。在休眠期，马铃薯的新陈代谢水平减弱，抗性增强，即使处于适宜的条件下，也不萌芽生长。所以，马铃薯是较耐贮藏和运输的一种蔬菜。选择休眠期长的品种并在贮藏期创造适宜的环境条件，以延长马铃薯的休眠期，是贮藏成功的关键。就品种而言，我国生产中栽培的马铃薯有春播夏收的夏熟品种、夏播秋收的秋熟品种，贮藏多以后者为主。马铃薯贮藏的适宜温度为 3～5℃，相对湿度为 90%～95%。1℃左右易出现冷害；加工用马铃薯的贮藏适温为 10～12℃，这样可减少淀粉的水解。另外，马铃薯对光很敏感，光线能诱导马铃薯缩短休眠期而萌芽、薯皮变绿，并能使芽眼周围组织中对人畜有毒害作用的茄碱苷含量急剧增加，且很容易超过中毒阈值 20mg/kg。因此，马铃薯应在黑暗环境中贮藏，尽量避免光照。

7.4.6.2 贮藏方式及技术要点

采收后应在适宜条件下进行愈伤处理，适宜条件为：温度 10～15℃，相对湿度 90%～95%。将薯块放在阴凉通风的室内、窖内或荫棚下，薯堆一般不高于 0.5m，宽不超过 2m，时间一般不超过 10d。为了防止马铃薯在贮藏期间发芽，可用药物处理。常用的药物是 α-萘乙酸甲酯或 α-萘乙酸乙酯，每吨马铃薯用药 40～50g，用 100mL 乙醇或丙酮溶解后，加 1.5～3kg 细土制成粉剂，撒在块茎堆中即可。施药应在生理休眠即将结束之前进行。此外，商业化大量贮藏马铃薯时，用剂量 0.1～0.2kGy 的 γ 射线或电子束进行辐照处理，具有很好的抑制发芽效应，且具有一定的抑菌作用，可减少贮藏中的腐烂。在法国、俄罗斯等欧洲国家及加拿大，马铃薯辐照贮藏规模较大。

(1) 堆藏法 选择通风良好的仓库，用福尔马林和高锰酸钾混合液进行喷雾消毒，2～4h 后将进行愈伤处理后的马铃薯放入仓库中。四周用板条箱或者箩筐、木板包围，中间放入一定数量的竹子所制成的通气筒。此方法常用于短期贮藏和秋季土豆的贮藏。

(2) 冷库贮藏 冷藏马铃薯因温度易控制、效果好而在生产中受到重视，贮量逐年扩大。薯块入库前，必须经过严格挑选、愈伤处理和适当预冷。装箱入库后，库温应维持在

3～5℃，相对湿度在90%～95%，若湿度过高，则易发病。在贮藏过程中，通常每隔1个月左右检查一次，若发现品质劣变的应及时挑出，防止交叉感染。在堆垛时应留出通风道，以便于通风和检查贮藏情况。

(3) 化学保鲜　适宜浓度外源亚精胺处理不同品种马铃薯能抑制发芽，降低失水率，保持薯块的营养价值和品质。过高浓度则会促进衰老，导致贮藏期间薯块品质降低。此外，外源钙处理能补充马铃薯生长期间的钙，保持贮藏期间马铃薯的硬度、厚度，有效维持其品质和商品价值。

(4) 天然保鲜剂处理　香茅精油能有效抑制马铃薯发芽，抑制其呼吸作用，降低失重率，延缓可溶性糖和淀粉含量的下降。油樟精油也能抑制马铃薯发芽，保持贮藏期间马铃薯的抗氧化能力。

7.5 食用菌类

食用菌是对可以食用的大型真菌的通称，是指真菌中能形成大型子实体或菌核并能食用的种类，常称为菌、菇、耳、蕈等。食用菌是药食兼用的食品，自古被誉为“山珍”。食用菌营养丰富，风味独特，既是餐桌上的美味佳肴，又具有提高机体免疫功能、预防或治疗某些疾病的功效，因而深受广大消费者的喜爱。食用蘑菇的高水分含量导致它们在收获后也表现出强烈的呼吸和代谢活动。它们的组织很脆，缺乏保护组织，因此容易受到机械损伤和微生物污染，这会导致其质量下降和腐烂，从而失去商业价值和食用价值。适宜的低温有助于降低食用菌的代谢水平，延缓其衰老过程，延长贮藏期。目前，我国食用菌的总产量已居世界首位。对食用菌进行贮藏保鲜具有重要的社会效益和良好的经济效益。

7.5.1 平菇

平菇又称为北风菌、耳菇等，为优质真菌。平菇由菌丝体和子实体组成，菌丝体是营养器官，呈白色或毛状，可分解培养基质，吸收养分；子实体为食用部分，菌盖呈覆瓦状丛生或叠生，幼小时灰色，菌肉白色，肥厚柔软，长柄侧生。

7.5.1.1 贮藏特性

鲜平菇含水量高，组织脆嫩，极易损伤，保存不当时容易腐烂变质。采用科学的方法保鲜可减少损失，提高效益。水分是影响平菇鲜度、嫩度和风味的极其重要的成分之一。在贮藏保鲜过程中，如果自由水蒸腾损失过多，就会使鲜菇外观萎蔫、干缩，风味变劣。但如果自由水含量过高，就会影响平菇贮藏保鲜的稳定性，容易滋生霉菌，导致子实体腐烂变质，在高温季节，这种现象更为严重。影响鲜菇水分散失的重要因素是温度和空气湿度，所以，在贮藏保鲜期要特别注意对环境温度和空气湿度的控制。

7.5.1.2 贮藏条件

新鲜的平菇在温度为5～7℃、空气相对湿度为80%左右时，可贮藏1周。随着温度增高，湿度也要增加。存菇量不多时，可将平菇放在装有少量冷水的缸内，可将缸口封严，气温即使达到 15～16℃，也可保藏 1 周左右。

7.5.1.3　贮藏方法及技术要点

（1）冷冻保鲜　将新鲜的平菇在沸水或蒸汽中处理 4～8min，放到 1%柠檬酸溶液中迅速冷却，沥干水分后用塑料袋分装好，再放入冷库中贮藏（量少时可放入冰箱中存放），能保鲜 3～5d。

（2）气调贮藏　平菇水分含量高，贮藏期间易腐烂。采用 1.5% O_2＋20% CO_2 气体条件贮藏平菇，能抑制平菇的呼吸作用，减少贮藏期间水分的蒸腾，保持平菇的营养价值和品质，能延长贮藏期到 6～10d。采用聚乳酸（PLA）袋自发气调包装处理平菇，在贮藏 10d 后仍然能保持平菇较好的品质。

（3）保鲜剂保鲜　1%抗坏血酸、1%水杨酸、1-MCP、二氧化氯 0.005%＋乳酸钙 0.5%＋水杨酸 0.025%、0.4g/L 乳酸链球菌素、250mg/L 的无水亚硫酸钠溶液等都能在贮藏期间降低平菇的失重率，维持其营养价值，延长贮藏期。

（4）辐射处理　操作方法是将成熟的平菇用塑料袋封装，按一定剂量进行照射，在 15℃左右条件下贮藏。常采用 2000Gy 剂量辐射处理，可保鲜 2 周左右。研究发现，使用短波紫外线处理平菇，能减缓贮藏期间维生素 C、丙二醛（MDA）含量的下降程度，保持平菇的品质。此外，用剂量 1.0kGy 的 ^{60}Co γ 射线处理平菇，能延缓褐变和衰老进程，延长贮藏期到 10～12d。

7.5.2　香菇

香菇是亚洲国家主要栽培的食用菌。中国香菇生产历史悠久，距今已有 1000 多年的历史，是世界香菇栽培发源地。香菇已经成为世界第二大食用菌栽培种类。香菇一般生长在冬春季，有些地区夏秋季生长在阔叶树倒木上。人工栽培香菇，按发生季节有春生型、夏生型、秋生型、冬生型和春秋生型等类型，在段木上单生或群生。

7.5.2.1　贮藏特性

香菇含有丰富的氨基酸、蛋白质等营养物质，味道鲜美。但由于香菇质地细嫩，后熟作用强，采收后鲜度下降快。此外，香菇采后呼吸作用较强，在常温下容易发生开伞、褐变等品质劣变的现象，只能短期贮藏。香菇采收后要进行及时的加工处理，采取适当的措施运输和销售，以保证其品质和商品价值。生产上主要通过低温贮藏运输来保证其鲜度。

7.5.2.2　贮藏条件

香菇的最佳贮温在 0～8℃，最适贮藏空气相对湿度为 80%～90%，湿度过低会使水分散失，导致菇体枯萎和皱缩，降低贮藏效果。

7.5.2.3　贮藏方法及技术要点

（1）冷藏　低温处理能抑制香菇的呼吸作用，还能抑制微生物生长繁殖和菇体组织化学反应引起的品质劣变，可在短期贮藏内保证香菇的品质。控制冷库温度为 2～4℃，香菇可贮藏 40d。

(2) 速冻保鲜　一般是将鲜菇经冰水预冷后，置于－50～－60℃的超低温冰库中速冻，然后放入－18～－24℃冷库中贮藏，速冻香菇保藏期可达 1.5～2 年。

(3) 薄膜封闭气调贮藏　适当降低空气中的 O_2 浓度，提高 CO_2 浓度，可明显抑制菇体新陈代谢和微生物活动，而且 CO_2 可延缓子实体开伞和降低酚氧化酶活性，从而达到保鲜目的。鲜香菇经过精选、修整后，菌褶朝上装入透气性的聚乙烯薄膜袋内，扎紧袋口，于 0℃左右贮藏，此种方法具有材料易得、保存方便、费用低、卫生美观等优点，现已广泛用于鲜菇的贮藏、运输和零售各个环节。薄膜材料采用低密度聚乙烯效果较好，厚度在 20～70μm 之间，市场上通常采用小袋包装，选 6～7 成熟的鲜香菇，每袋装 200～300g，袋内保持 1%的 O_2 浓度、10%～15%的 CO_2 浓度，在 20℃下可保鲜 5d，6℃下可保鲜 7d，1℃下可保鲜 22d，基本能满足鲜菇上市的保鲜要求。

(4) 化学保鲜　用 0.5mmol/L 褪黑素处理可以抑制香菇褐变、开伞，降低其呼吸速率，并且保持贮藏期间香菇的硬度和品质。用 γ-氨基丁酸处理香菇也有同样的效果，并且能保持贮藏期间香菇的营养价值。此外，用 1-MCP 处理香菇能提高其贮藏期间的抗氧化能力。

(5) 辐照保鲜　用 1kGy 的 ^{60}Co γ 射线处理香菇能延缓其衰老，防止品质劣变，但高于 1.5kGy 有相反的效果。用 3kGy 电子束处理香菇比用 ^{60}Co γ 射线处理保鲜效果好。

7.5.3　金针菇

金针菇又名金钱菇，因其金黄细嫩的柄如金针而得名金针菇；又因其赤褐色、小细扣状的伞似金而得名金钱菇。金针菇不含叶绿素，不具有光合作用，不能制造碳水化合物，完全可在黑暗环境中生长，必须从培养基中吸收现成的有机物质，如碳水化合物、蛋白质和脂肪的降解物等。金针菇既是一种美味食品，又是较好的保健品。

7.5.3.1　贮藏特性

新鲜金针菇常温下不易贮藏，采收后易出现开伞、褐变和腐烂等现象。因此，合理贮藏金针菇对保证其品质是十分重要的。金针菇的贮藏关键在于防止失水、抑制呼吸和遏制褐变。

7.5.3.2　贮藏条件

适宜的低温有助于降低金针菇的代谢水平，延缓其衰老过程，延长保鲜期。金针菇适宜的贮藏环境条件一般为：温度 2～4℃，相对湿度 85%～90%。

7.5.3.3　贮藏方法及技术要点

(1) 冷藏　将金针菇贮藏于 4～5℃低温高湿环境下，可保鲜 5d 左右。贮藏时间不能太久，超过 7d 品质劣变严重。把金针菇用 0.20%柠檬酸＋0.15%抗坏血酸＋0.5mg/kg L-半胱氨酸复合保鲜剂喷涂后，真空包装，在 3℃贮藏条件下，贮藏期可延长至 24d。

(2) 冷冻保鲜 把新鲜金针菇装于普通塑料袋中，密闭封口，放入－20℃的冰库中保存，保存一年，其风味尚存。这种贮藏方法不能维持较好的外观，但能较好地保持贮藏期间金针菇的营养价值和风味。

(3) 真空包装保鲜 用聚乳酸薄膜包装袋包装无损伤、无虫害的金针菇，抽至真空后热封，能延缓金针菇褐变和衰老，贮藏 5d 时间内营养品质得到有效维持。

(4) 化学药剂保鲜 在金针菇保鲜中常见有焦亚硫酸钠浸泡法和喷抗坏血酸法。焦亚硫酸钠浸泡法：金针菇采后经去杂、漂洗干净，用 0.1%～0.25% 焦亚硫酸钠浸泡 10～20min，沥干，用塑料袋包装，每袋装 3～5kg，在 20～25℃温度下保存，可保鲜 7～10d。喷洒抗坏血酸法：在金针菇采收高峰期时，可喷洒 0.1% 的抗坏血酸溶液，然后将其装入非铁质容器中，在－5～0℃下贮藏，将其色泽、鲜度保持 24～30h。

(5) 气调保鲜 据报道，80% 的氧分压可以使金针菇在贮藏期间的品质得到有效维持，金针菇贮藏期可延长至 35d。在 3% O_2 气体条件下于 (2±1)℃、相对湿度 95% 以上冷库贮藏金针菇，可以有效抑制金针菇的呼吸速率，延缓衰老，保持营养价值，延长贮藏期。

7.5.4 木耳

木耳又称黑木耳，是中国特色产品。野生黑木耳分布很广，主要分布在北半球温带地区的东北亚，我国野生黑木耳分布在东北、华中、华北以及西南 20 多个省（自治区、直辖市），以东北黑木耳为最好。

7.5.4.1 贮藏特性

鲜木耳贮藏保鲜的难度较大，即使在适宜的温度、湿度环境条件下，也只能贮藏 2～3 周，故不宜久贮。木耳贮藏适温为 0～4℃，适宜相对湿度在 95% 以上。木耳是胶质食用菌，质地柔软易发黏成块，需适时通风换气，以免霉烂。木耳贮藏中应注意以下几点：一是及时采收，若不及时保鲜或烘干则极易腐烂；二是注意保藏温度，木耳对低温不敏感，低温可抑制病原微生物侵染。

7.5.4.2 贮藏方法及技术要点

(1) 盐水浸泡保鲜 配制 0.1%～1% 的盐溶液，将黑木耳在盐溶液中浸泡 15～20min，取出沥干，装塑料袋密封，于 15℃下可保鲜 3～5d。

(2) 冷藏 木耳出耳批次明显，采收集中，若遇阴雨天气或烘干设备容量不足时，往往因不能及时烘干而发生烂耳，造成损失。木耳的贮藏保鲜主要是克服烂耳，因此通常采用冷藏保鲜。木耳对冷藏温度反应不敏感，不怕失水、失重，褐变程度较低。因此，其保鲜温度的控制主要取决于控制微生物活动的温度，通常在 2～6℃时就可保鲜 10d 以上。冷藏方法是将鲜耳清理蒂头后，放入通气的塑料筐内，置于 2～6℃冷库内。库内空气湿度的控制依贮藏用途而定，若是用于烘干，库内空气相对湿度越低越好；若是用于鲜销，库内空气相对湿度控制在 85% 左右。

7.5.5 蘑菇

蘑菇 (*Agaricus bisporus* Sing.)，英文名 mushroom，又称双孢蘑菇、口蘑等。是世界

上栽培地域最广，生产规模最大的一种著名食用菌，有“世界菇”之称，最早栽培始于法国。蘑菇除了直接食用之外，也是一种重要的加工原料，重要的加工品有蘑菇罐头、健肝片、肝血康复片和蘑菇糖浆等。

7.5.5.1 贮藏特性

鲜菇含水量高，组织幼嫩，各种代谢活动非常活跃，采后如不及时进行处理，可因其呼吸作用快速消耗体内养分而迅速衰老，水分大量蒸发，子实体出现萎蔫。采后蘑菇容易出现菌柄伸长、开伞、褐变等品质劣变现象，影响食用和销售。蘑菇组织结构的特点使它容易遭受病菌、害虫侵染和机械伤害，因此易腐烂变质。常见的贮藏病害有：菌洼、菌斑、褐腐病等。

蘑菇对贮藏环境的温度、湿度、O_2 浓度、CO_2 浓度的变化反应敏感。一般适宜的贮藏条件为：温度 0～3℃，相对湿度 95%～100%，O_2 浓度 0～1%，CO_2 浓度>5%。

7.5.5.2 贮藏方法

（1）气调贮藏　于 20% CO_2、5℃低温和 95%相对湿度下贮藏蘑菇，可减缓失重和硬度下降，可抑制呼吸作用，保持贮藏期间蘑菇的品质。在 5% O_2 浓度、10%～15% CO_2 浓度的气调条件下贮藏蘑菇，可抑制贮藏期间的失重，保证其硬度和色泽以及品质，保鲜效果较好。

（2）辐射保藏　辐射处理可有效延长蘑菇贮藏期，且处理方便、快捷。实验表明：用 1～10Gy 处理可推迟蘑菇开伞 10～14d。用 γ 射线照射可延长蘑菇的货架期，在 15℃下，2.5～20Gy 剂量可抑制开伞和菌柄伸长；15～20℃时，50Gy 可有效抑制褐变，从而可使在 15℃下贮藏 36d 的蘑菇有相应的货架期。

（3）化学保藏　用化学药剂处理蘑菇，在一定程度上也能延长蘑菇贮藏期。常见的化学药剂处理方法有：将蘑菇用 0.1%～0.2%的焦亚硫酸钠浸泡 30min，再密封包装贮运；或将蘑菇浸泡于 0.03%～0.07%的焦亚硫酸钠溶液中，或用 0.01%的焦亚硫酸钠漂洗 5～6min，均可有效地抑制变色和衰老。

（4）臭氧保鲜　臭氧处理可以降低贮藏期间蘑菇的失重率，抑制褐变，延长贮藏期至 10d。但高浓度臭氧会促进衰老，导致蘑菇的品质劣变，反而会起到相反的作用。

（5）涂膜保鲜　用壳聚糖/淀粉/苹果多酚复合膜涂剂对蘑菇进行处理，能显著降低贮藏期间的失重率，抑制褐变和呼吸作用，从而能较好地保持蘑菇的品质。用抗坏血酸+乳酸链球菌素+卡拉胶所制成的保鲜剂处理蘑菇，能保持其贮藏期间的抗氧化能力，维持蘑菇的品质，延长贮藏期 3～4d。

7.5.6 竹荪

竹荪属（*Dictyophora*）食用菌以夏季多寄生于枯竹根部而得名，又名竹蕈、竹参、竹笙、仙人笠、竹君等。竹荪营养物质丰富，是名贵的大型食用菌之一。市场上常见的竹荪属食用菌有短裙、长裙、红托、棘托竹荪等 4 个品种。竹荪包含菌丝体和子实体两部分，菌丝体是竹荪的营养体，子实体由菌托、菌柄、菌裙和菌盖 4 部分组成[10]。

7.5.6.1　贮藏特性

红托竹荪鲜品水分含量在 85%以上，采后细胞非常活跃，在贮藏和运输过程中易产热、失水变黄、腐烂，且易受机械损伤，极不耐藏[11]。红托竹荪中酚类物质含量较高，多酚氧化酶活性较高，在干制和贮藏过程中极易发生酶促褐变。竹荪的贮藏主要是防止失水、遏制褐变。

7.5.6.2　贮藏方法

（1）低温贮藏　对于鲜竹荪的贮藏，目前借鉴其他食用菌贮藏保鲜方法，通过在泡沫盒内加冰袋、吸水纸进行贮藏，该方法只能保持竹荪品质 2～6d，即便采用冷链甚至航空运输，货架期也仅剩 1～3d。

（2）化学保藏　实验表明，采前用茉莉酸甲酯结合氯化钙处理红托竹荪可以延缓红托竹荪的劣变进程，维持红托竹荪的品质，为后期贮藏提供较好的条件。用 100μL/L 褪黑素处理能够延缓贮藏期间红托竹荪鲜品的衰老进程。

（3）微波处理　适度微波处理可有效抑制红托竹荪子实体自溶酶的活性，抑制细胞壁的降解，维持能量水平和细胞膜的完整性，并保持风味物质，从而延长红托竹荪鲜品子实体的贮藏保鲜寿命。

本章思考题

1. 分别说明叶菜类、果菜类、花菜类、根茎类及食用菌类蔬菜的贮藏特性。

2. 从每一类蔬菜中各选择 1～2 个具有代表性的蔬菜种类，叙述其贮藏保鲜的技术要点。

参考文献

[1] 王秀英，赵军良，李改珍，等．大白菜贮藏保鲜技术［J］．农村新技术，2020（10）：62-64.

[2] 于延申，滕云．大白菜的贮藏方法［J］．吉林蔬菜，2016（06）：36-37.

[3] 郭玉花，滕立军，黄震，等．PE/$CaCO_3$ 保鲜膜研制及其在小白菜保鲜中的应用［J］．食品科技，2006（05）：120-123.

[4] 王夏，郦月红，王强．长江中下游地区无公害小白菜周年生产技术［J］．长江蔬菜，2015（03）：42-43.

[5] 闫志成．LED 白光照射对采后小白菜贮藏品质的影响［D］．沈阳：沈阳农业大学，2019.

[6] 张朦，史君彦，刘婧，等．短波 UV-C 结合 LED 白光辐照对小白菜采后保鲜的影响［J］．北方园艺，2021（13）：107-113.

[7] 梁豪，田怀文，杨文哲．真空预冷技术及其在果蔬方面的应用和发展前景［J］．科技创新与生产力，2020（11）：75-77.

[8] 王真，王清，高丽朴，等．蔬菜采后光控保鲜技术研究进展［J］．Agricultural Science & Technology，2017，18（06）：1138-1144.

[9] 韩玉珠，薛艳杰，宋述尧．菜豆采后生理及贮藏技术的研究进展［J］．食品科学，2013，34（13）：345-349.

[10] 段小明，刘升，贾丽娥，等．竹荪属食用菌国内研究进展［J］．食品安全质量检测学报，2015，6（11）：4433-4440.

[11] 郑秀艳，陈曦，何扬波，等．干燥方式对红托竹荪品质特性和微观结构的影响［J］．现代食品科技，2024，40（03）：209-218.

第 8 章

果品蔬菜贮藏病害

果蔬产品的生理和病理状态在贮藏过程中要发生一系列的变化，最终导致品质的显著劣化。新鲜果蔬采后品质恶化是多因素综合作用的结果，主要有五个原因：果蔬组织的生理失调或衰老；病原微生物侵染；贮运过程中的机械损伤；昆虫危害；化学药物伤害。五者相互影响，最终引起果蔬腐烂。而病原微生物侵染和果蔬组织的生理失调或衰老造成的损害最为严重。

据联合国粮食及农业组织报告，在北美、欧洲和大洋洲，果蔬采收后造成的平均损失约为 29%，而在工业化的亚洲、非洲、拉丁美洲和东南亚，平均损失约为 38%[1]。

8.1 贮藏病害的定义及病因

8.1.1 定义

果品蔬菜采后在存储、运送及售卖过程中发生、流传并不断扩散的一系列病害统称为采后病害（postharvest diseases）。包括田间病原体已潜伏于其中，但症状未显现，于采收后才显现或加剧的病害。

8.1.2 病因

果品蔬菜的采后病害可分为两大类，一类是由于病原微生物的侵染所导致的可在植物间传播的病害，统称为侵染性病害，如洋葱软腐病、桃褐腐病及柑橘裂皮病等；另一类是由非生物因素如不适宜的环境条件或栽培管理不当等所诱发的，不具备传染性特征的生理性病害，又叫生理失调（physiological disorder），如柑橘的褐斑病、梨的黑皮病及香蕉的冷害等。

8.2 侵染性病害

8.2.1 定义

侵染性病害是由病原微生物侵染而引起的，可破坏果蔬的组织结构及其化学成分。侵染性病害造成的损害最为严重。侵染性病害的病原物主要为真菌和细菌，极个别的为线虫和病毒，总共大约有 25 种真菌和细菌可侵染果蔬并引起腐烂。由于水果组织大都呈酸性，所以果类产品的病原菌几乎都是真菌，而叶类蔬菜的腐烂主要是由于细菌的侵染。

8.2.2　病原种类

病原微生物侵入果蔬后有多种摄取营养的方式，只能依赖于从活体的寄主组织或细胞中直接获取营养物质的叫专性寄生；只能依赖于分解死亡的组织或细胞来摄取营养的叫专性腐生；既能在活体寄主上寄生生活，又能在特定条件下转变为从死亡的组织中获取营养的为兼性寄生。侵染果蔬的病原菌以兼性寄生和腐生为主。

8.2.2.1　真菌

真菌的核心特征是：营养体以丝状分枝的菌丝形态存在，具有细胞壁和细胞核；主要通过产生孢子有性或无性生殖；无叶绿素，无法进行光合作用，归类于异养生物。引起园艺产品采后病害的病原真菌主要有以下几类。

（1）半知菌亚门（Deuteromycotina）　半知菌亚门的真菌既有腐生型，也有寄生型。主要特征是：菌丝体发达，分枝菌丝均具隔膜；无性繁殖产生各种类型的分生孢子。最常见的有以下几种。

① 链格孢属（*Alternaria*）　可侵染苹果、柑橘、樱桃、柠檬、黄瓜、甜瓜、番茄、甜椒、茄子、马铃薯、甘薯、洋葱等 4000 多种植物。该属可引起苹果叶斑病和果斑病，首先在皮孔上出现 1～3mm 的斑点，有时被红色的晕包围，通常导致轻微的组织穿透和软腐。这些斑点在收获期和采后贮存期间尤其明显，影响产品的新鲜销售或榨汁[2]。还可引起甜樱桃（图 8-1）和樱桃番茄的黑腐病，症状表现为果实外表面出现深褐色至黑色斑块。在高湿度条件下，会发展成白色到浅棕色的蓬松霉斑，最终可能导致完全的水果腐烂[3]。腐生期发生在冬季，真菌以菌丝体形式越冬，主要寄生在果园地面的残叶中，也寄生在树枝或休眠芽中。该病原菌在－2～0℃的低温环境中也能发展，番茄和甜椒受到冷害后，链格孢菌丛会广泛覆盖于冷害斑上，是冷害的标志性病原。

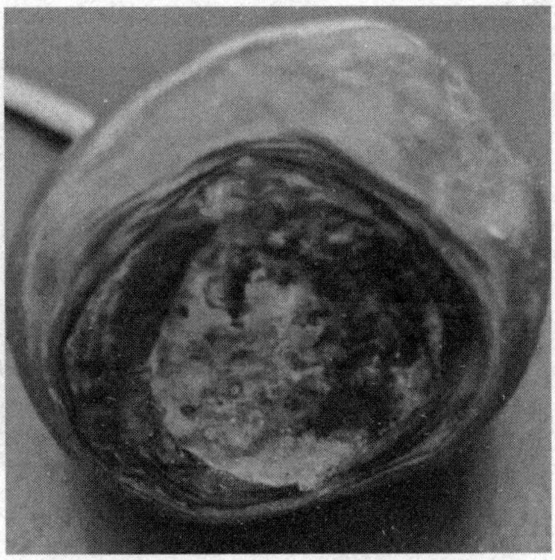

图 8-1　甜樱桃感染黑腐病的症状[4]

② 葡萄孢属（*Botrytis*）　是灰霉病的主要病原菌，是世界上第二大植物病原真菌。蔬菜（如卷心菜、生菜、花椰菜、豆类）和小型水果作物（葡萄、草莓、覆盆子、黑莓）受影响最严重，且可侵染包括花、果实、叶、芽和根茎在内的几乎所有植物器官[5]。症状在不同的植物器官和组织中表现不同。叶子和软果最典型的症状是软腐，伴随着薄壁组织的塌陷和水浸状，随后迅速出现灰色的分生孢子团块。果皮较厚的水果，如猕猴桃，只有在切开后才会出现深色水浸状。主要病原菌为灰葡萄孢（*B. cinearea*），其耐低温，冷湿条件下灰色霉层最严重，在 0℃下也可缓慢发展，常被称为冷藏库中的“灰色幽灵”。图 8-2 为蓝莓感染灰霉病的症状。

图 8-2　蓝莓感染灰霉病的症状[6]

③ 青霉菌属（*Penicillium*）　青霉菌属是通过预先存在的病变、损伤、伤口和其他非生物损伤感染水果的病原体。柑橘采后最重要的病原菌指状青霉（*P. digitatum*）造成的损失，可占总损失的 90%。青霉菌属种类多，对寄主有一定的专一性，如指状青霉和意大利青霉（*P. italicum*），主要侵染柑橘类果实，造成柑橘绿霉病和柑橘青霉病，如图 8-3 所示为柑橘感染青霉的症状；扩展青霉（*P. expansum*）主要侵染苹果、梨、葡萄及核果类，而不侵染柑橘；多毛青霉菌（*P. hirsutum*）则侵染大蒜。在我国浙江省特有的柑橘品种中发现草酸青霉菌（*P. oxalicum*）侵染，初期症状表现为浅棕色病变，随着病变的扩大而变成深棕色[7]。青霉引发的腐烂起初表现为果实表面出现变色、充水且质地变软的斑点，这些病层虽浅，但会迅速向果实内部扩展。在室温环境下，只要短短数日大部分果实就会全面腐烂。靠近斑点中心的腐烂表皮会滋生出白霉，随后开始形成孢子，孢子区域会呈现出蓝色、淡绿色或橄榄绿色，而在孢子区的外围，则常伴有一圈白色的菌丝带，此带之外则是水浸状的组织。

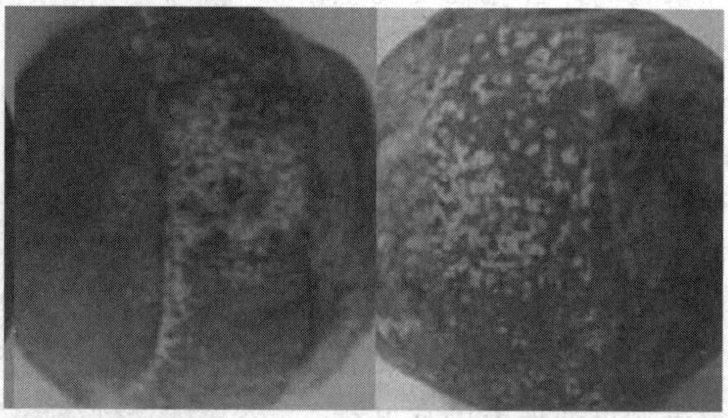

图 8-3　柑橘感染青霉的症状[8]

④ 地霉属（*Geotrichum*）　地霉属真菌通过昆虫或机械损伤造成的伤口感染水果和蔬菜，最初表现为水浸状和软腐，并伴有表面组织上白色至奶油色的真菌菌丝体生长和酸味[9]。地霉属真菌会造成柑橘、番茄、胡萝卜和其他果蔬产品的酸腐病（图 8-4）。成熟或过熟的果蔬，尤其是置于高湿度塑料袋中贮藏的果蔬，极易感染酸腐病。这种真菌广泛分布于土壤中，常在采前或采收时附着在果蔬表面，伺机通过表皮的裂缝、剪切留下的伤口以及各类损伤处侵入内部。地霉偏好高温高湿的环境，最适宜的温度范围是 24～30℃，但在温度低至 2℃时，仍能够保持一定的活动能力。

⑤ 盘长孢属（*Gloeosporium*）和刺盘孢属（*Colletotrichum*）　盘长孢属的孢子是盘状或垫状分生孢子，可对香蕉、桃和芒果等造成炭疽病，还可造成苹果的苦腐病。如图 8-5 所示，芒果的叶片发病时，叶面出现褐色小斑点，有黄色晕圈，后期发展成不规则形或圆形黑

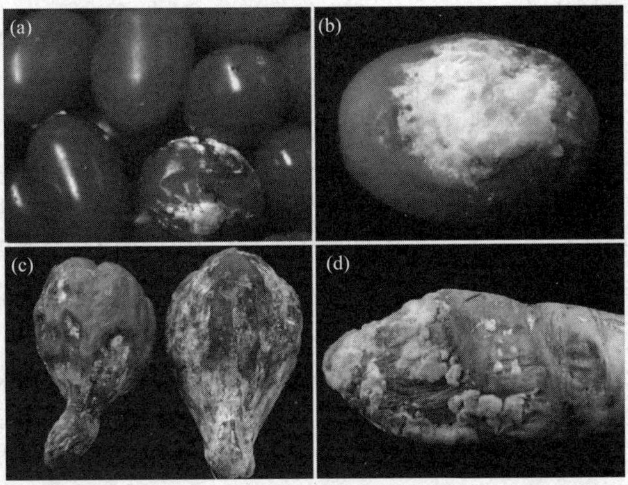

图 8-4　番茄（a）、红芒豆（b）、佛手瓜（c）和秘鲁胡萝卜（d）感染酸腐病的症状[10]

褐色病斑，多个大病斑相连后造成枯叶。未成熟的芒果果实染病，症状表现为黑褐色小斑，果实成熟后病斑呈圆形或不规则形，有凹陷，果柄和果蒂染病会引起落果。草莓感染盘长孢菌后，有深棕色的病变，带有弥漫性的黑色晕，中心为浅棕色和/或深棕色的V形坏死区域，通常从叶子边缘开始发病[11]。苹果苦腐病（图 8-6）的症状最初表现为果实上浅至深褐色的小圆形病斑，随着果实成熟，这些区域可能被红色的光晕包围且生出纹状排列的小黑粒，高温高湿下可溢出橙红色黏液，传染迅速，使果肉发苦[12]。在对受感染的果实进行横截面处理后，可以观察到V形的棕色水样病变，这是苦腐病区别于其他水果腐烂病的关键诊断特征。刺盘孢菌，作为炭疽病的致病元凶之一，主要攻击葫芦科、十字花科果蔬及柑橘类。炭疽病是危害最大、最难控制的病害。这种病发生在叶子、芽和果实上。病变最初表现为叶子上的深棕色斑点，后来扩大为黑色圆形斑点，导致周围区域褪色，叶子脱落。随后，果实出现 1～12mm 深色的圆形凹陷病变，带有鲑鱼色的分生孢子团块，坏死的叶柄和匍匐茎也出现病变。

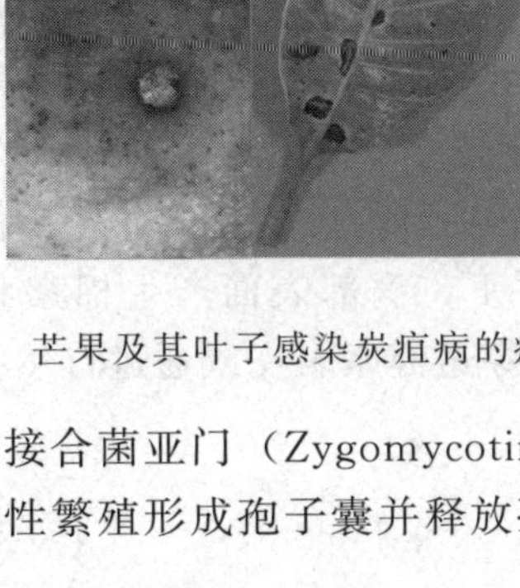

图 8-5　芒果及其叶子感染炭疽病的症状[13]

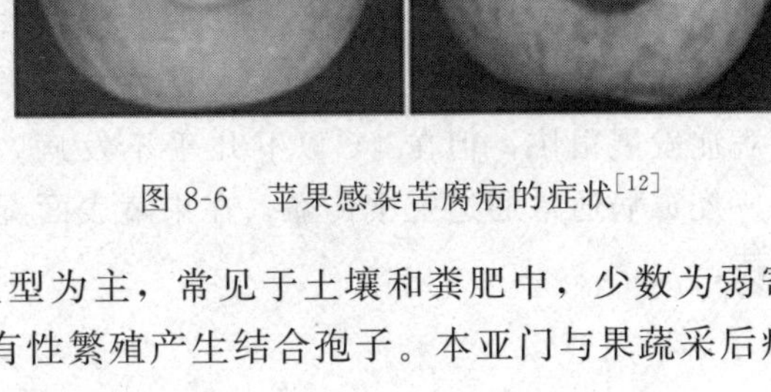

图 8-6　苹果感染苦腐病的症状[12]

（2）接合菌亚门（Zygomycotina）　以腐生型为主，常见于土壤和粪肥中，少数为弱寄生菌。无性繁殖形成孢子囊并释放孢囊孢子，有性繁殖产生结合孢子。本亚门与果蔬采后病害有关的病原菌有以下两个属。

① 根霉属（*Rhizopus*） 匍枝根霉和米根霉是引起果蔬软腐的最常见的两种根霉。可侵染苹果、梨、葡萄、桃、李、樱桃、香蕉、草莓、甜瓜、南瓜、番茄、甘蓝等果蔬，引起软腐病。香蕉果实采后感染米根霉引起软腐病（图 8-7），发病率为 1%～2%。最初的损害表现为水浸状斑点，随后迅速扩大并覆盖整个果实，果实柔软坏死。香蕉病斑出现白色菌丝，果实慢慢被块状毛状灰色菌丝、孢子和孢子囊覆盖。根霉广泛分布于土壤中，它们不具备直接穿透植物表皮细胞的能力，而是依赖伤口作为入侵门户。软腐病是典型的高温性病害，较高的贮藏温度有利于软腐病的发生发展，5℃以下的低温能有效抑制该病害的滋生。匍枝根霉最适生长温度为 25℃，米根霉最适生长温度为 35℃。

② 毛霉属（*Mucor*） 毛霉没有假根，属孢囊梗单生。主要侵染苹果、梨、葡萄、草莓和猕猴桃，引起毛霉病（mucor rot）。2020 年，在中国山西发现了一种新的由毛霉引起的藜麦穗腐病（quinoa panicle rot，QPR），该病最早见于藜麦灌浆期，穗表现出颗粒上有一层淡粉色、灰白色或深棕色霉菌的症状，还会导致藜麦籽粒变色、不饱满和畸形（图 8-8）。病菌分布于土壤中，通过果蔬表面的伤口入侵，在湿润环境下，产生大量的黑色孢子囊。

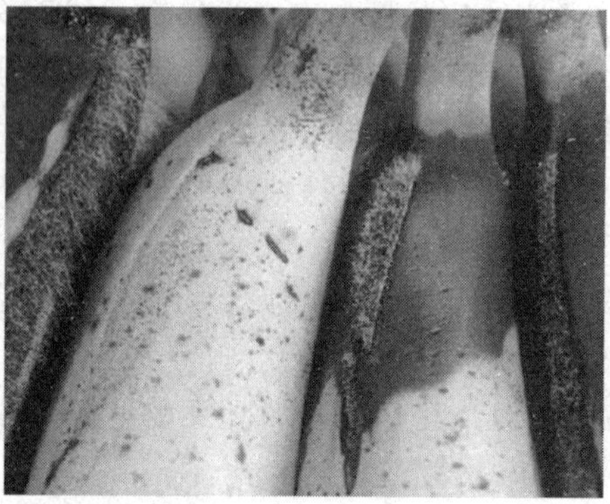

图 8-7 香蕉感染软腐病的症状[14]

图 8-8 藜麦感染穗腐病的症状[15]

（3）鞭毛菌亚门（Mastigomycotina） 该亚门的真菌既可通过腐生分解有机物质，也能寄生于其他生物体上。菌丝体为单细胞或无隔膜、多核结构，细胞壁主成分是纤维素。无性繁殖生成孢子囊，产生带有鞭毛的游动孢子，有性繁殖形成卵孢子。该亚门中与果蔬产品采后病害有密切关系的病原真菌有以下几种。

① 疫霉属（*Phytophthora*） 可侵染瓜类、茄果类、葱蒜类及马铃薯等。感病后，起初产品病部呈水渍状，局部变色，后扩大至整个瓜果腐烂，并长出白霉状物。核桃感染疫霉菌后引起核桃枯死病（油墨病），典型症状是在茎部出现一个或多个坏死性病变，偶尔也会出现气性病变，导致组织腐烂和深色渗出物（类似墨水）（图 8-9）。在高温下，疫霉传播侵染和病症发展很快，但在 4℃以下几乎不发病。在潮湿条件下，病部表面产生棉絮状白色菌丝。疫霉病通常通过土壤传播，在果蔬表面湿润时可直接穿透健康表皮或通过自然孔道侵入果蔬。

② 霜疫霉属（*Peronophythora*） 是对草莓最具破坏性的病原体之一，这种广寄主的病原体通过攻击草莓的根和根茎并造成广泛的坏死，从而对草莓植株造成损害。感染的典型症状是叶子枯萎，在根茎的横截面上经常可见红色到棕色的病变。地下植物器官的症状是逐渐变黑的根部出现坏死，同时失去为植物提供水分和营养的能力。在有利于病原菌发育的条件下，受感染的植物往往在几天内死亡。荔枝霜枯病是由荔枝疫霉（*Peronophythora litchii*）引起的主要病害之一，荔枝疫霉是一种卵霉菌病原体，只侵染荔枝，通过菌丝和卵孢子攻击果实，感染初期产生水样的褐色斑点，潮湿时长出白色霉层，严重后全果变褐，果肉发酸成浆，溢出褐色汁水（图 8-10）。

图 8-9 核桃树感染油墨病的症状[16]

图 8-10 荔枝感染荔枝霜枯病的症状[17]

8.2.2.2 细菌

细菌不能直接入侵完整的植物表皮，一般通过自然孔口、伤口或通过昆虫媒介侵入和定植于植物的不同部位，包括木质部和韧皮部、细胞间和细胞内空间。植物病原菌多数为需氧菌，部分为兼性厌氧菌。受感染的植物表现出不同类型的损害症状，如枯萎、溃烂、溃疡、过度生长、叶斑、结痂和软腐等。

植物致病菌形成各种毒力因子，使它们能够成功地感染和定植于宿主组织。一些细菌（如紫丁香假单胞菌、茄胶假单胞菌、淀粉假单胞菌）的毒力与其在寄主植物上和体内活跃生长时产生各种胞外多糖（EPS）聚合物的能力有关[18]。油菜黄单胞菌产生黄原胶、果胶酶和纤维素酶，以降解宿主植物的细胞壁，这些酶浸解寄主组织，导致植物腐烂和死亡[19]。

(1) 果胶杆菌属（*Pectobacterium*） 是一种植物致病性坏死性细菌，属于软腐杆菌科（SRP），可引起新鲜蔬菜的软腐现象，若温度、湿度适宜，病菌可迅速蔓延使产品组织软化腐烂，对卷心菜、胡萝卜、土豆等多种农作物造成严重的损失（图 8-11）。其中，胡萝卜乳杆菌（*Pectobacterium carotovorum*）和萎败乳杆菌（*Pectobacterium atrosepticum*）在植物分子病理学上位列植物致病菌前 10 名[20]。在甜椒果实上，可观察到水浸状病变，病变区域组织坏死，严重感染时会产生难闻的气味。卷心菜的症状包括直径 4～5mm 的水浸状病变，感染更严重时，病变组织有明显的奶油色到黑色的软化和变色，且植物的叶子和茎腐烂，散发出强烈而令人不快的气味。在田间，发病胡萝卜表现为主根变软、水样、黏稠腐烂，叶片发黄、枯萎，受感染的块茎表面有小（2～3mm）到大（2～3cm）的奶油色到褐色的水浸状斑点，严重感染时，块茎的内部组织被浸泡成奶油状，散发出难闻的气味。受感染马铃薯的症状包括萎蔫、组织褐变、茎秆干燥和植株死亡。生菜叶子的发病症状包括水浸状斑点和坏死区域。

图 8-11 果胶杆菌属引起果蔬软腐病的症状（从左到右、从上到下依次为：大蒜、马铃薯、黄瓜、茄子、西葫芦、胡萝卜、卷心菜、甜椒）[21]

（2）边缘假单胞杆菌属（*Pseudomonas*） 不产生芽孢，革兰氏染色呈阴性，是好氧性病菌。分泌两种分解组织的胞外酶，即果胶酯酶和果胶裂解酶。引起山药块茎腐病的主要病原体是丝状真菌，然而，Honda 等[22] 发现边缘假单胞杆菌也可引起山药块茎的腐烂，块茎表面出现黑色到深褐色的椭圆形病变，直径从几厘米到十几厘米不等，深棕色到浅棕色的变色从根部扩散到内部组织，且一些病变已经导致块茎的塌陷，甚至萎缩（图 8-12）。

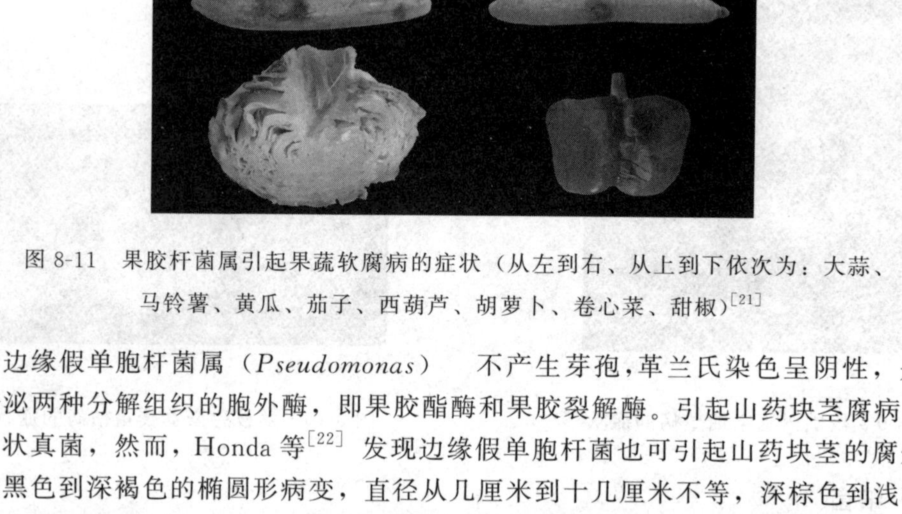

图 8-12 边缘假单胞杆菌引起山药腐烂的症状[22]

（3）嗜酸菌属（*Acidovorax*） 其中革兰氏阴性菌嗜酸菌属西瓜种（*Acidovorax citrulli*）可引起细菌性果斑病（bacterial fruit blotch，BFB），该病主要通过被污染的种子、被侵染的植株和寄主传播，可在葫芦科植物中引起毁灭性病害。该病的典型症状表现为果实表面出现深橄榄绿斑点。斑点最初是一个小的水浸区域，直径小于 1cm，但在 7～10d 内可迅速扩大到覆盖大部分果实表面。随着斑点增大，最初感染部位周围的区域开始坏死。在病变发展的晚期，果皮的表皮破裂，经常会渗出透明或琥珀色的物质。水果病变很少延伸到西瓜的果肉，但当这种情况发生时，细菌会污染种子。果实损伤的迅速扩大通常发生在收获前几周。细菌性果斑病也会影响甜瓜，常导致果实表面出现积水坑，但此病以西瓜为最典型（图 8-13）[23]。

图 8-13　西瓜细菌性果斑病的症状[24]

8.2.2.3　病毒

病毒可能是植物病原体中最被忽视的微生物，造成这种情况的原因有很多：由于病毒缺乏具有足够序列相似性的特征基因，无法通过 PCR 或 RT-PCR 检测到，因此更难筛选。病毒病害包括由病毒及类病毒等病原物侵染所致的病害。各种作物几乎都发生病毒病。番茄褐皱果病毒（tomato brown rugose fruit virus，ToBRFV）已迅速成为一种跨界病原体。该病毒是托巴莫病毒属的一个物种，通过机械与种子传播，对商品番茄和辣椒生产构成风险。感染该病毒的番茄会成熟不均匀，果实变成橙色、绿色或淡色，出现棕色或黄色斑点等（图 8-14）。在田间，马铃薯可能被许多不同的植物病毒感染，从而导致产量下降和块茎质量下降。马铃薯病毒病通常可以通过一些容易看到的症状来诊断，例如叶片上的马赛克图案，植物发育迟缓，叶片和块茎畸形。常见的马铃薯病毒包括马铃薯病毒 A（potato viruses A，PVA）、马铃薯病毒 X（potato viruses X，PVX）、马铃薯病毒 Y（potato viruses Y，PVY）、马铃薯病毒 V（potato viruses V，PVV）和马铃薯卷叶病毒（potato leafroll virus，PLRV）。马铃薯感染 PVY 后出现轻度斑驳、叶片扭曲和脆裂。PLRV 可通过块茎垂直传播，感染 PLRV 的植株表现出明显的症状，包括叶片直立和卷曲、脉间褪绿、叶片革质、韧皮部坏死、植株发育迟缓和块茎坏死。感染 PVX 的马铃薯植株通常在叶片上出现轻微症状，但病毒可引起黄化、花叶、叶片减小，偶尔还可出现顶部坏死和块茎坏死病变。

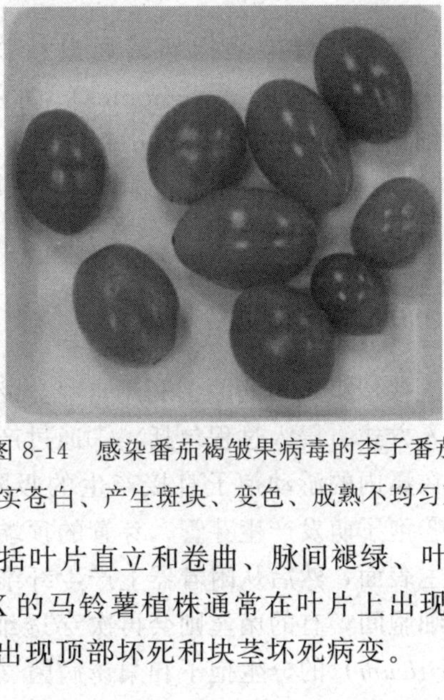

图 8-14　感染番茄褐皱果病毒的李子番茄（果实苍白、产生斑块、变色、成熟不均匀）[25]

8.2.3　病原菌侵染特点

病原菌的侵染过程可以根据发生时间划分为采前侵染和采后侵染，同时根据侵染路径的不同，可划分为伤口侵染、自然孔口侵染和直接侵染。可根据病原菌侵染的时间和路径，制定针对性的防病措施（表 8-1）。

8.2.3.1　采前侵染

部分病原菌在采摘前就已经侵入果蔬体内，并在一定范围内进行蔓延，然而，由于寄主本身具有一定的抗病性，或者环境条件并不利于病害的发展，因此暂时不会显现症状，只有当寄主采收后，随着成熟、衰老，抗病性降低或环境条件适宜时，才继续扩散出现症状，这种现象称为采前侵染或潜伏侵染。如洋葱的灰霉病菌在田间从洋葱叶片入侵，并随着采收自上而下蔓延至鳞茎，并于贮藏期间大量发病。

8.2.3.2 采后侵染

许多病菌采前仅以孢子的形式附着于果实表面，当采后的环境条件适宜时，孢子开始萌发，并通过伤口或皮孔直接侵入果实内部。随后，病菌会迅速繁殖并引发果实腐烂。如葡萄、草莓的灰霉病菌，柑橘、苹果的青霉病菌，以及桃的褐腐病菌等，采后均可通过伤口或皮孔直接侵入果实。

8.2.3.3 伤口侵染

病菌通过虫伤、机械伤、碰伤、擦伤、压伤和冻伤伤口进入植物体内，新鲜伤口所提供的营养和湿度条件，可为病菌孢子的萌发和入侵创造有利的环境。

8.2.3.4 自然孔口侵染

自然孔口侵染是指病菌通过植物体表面的气孔（stomates）、皮孔（lenticels）、叶缝（leaf traces）、毛孔（trichomes）、水孔（hydathodes）等自然孔口进入植物体内。如柑橘溃疡病细菌（*Xanthomonas citri*）可通过气孔、水孔或皮孔侵入；梨火疫病细菌（*Erwinia amylovora*）可以由蜜腺、柱头侵入；葡萄霜霉病菌（*Plasmopara viticola*）游动孢子，萌发后可以从气孔侵入。

8.2.3.5 直接侵染

直接侵染是指病原菌利用自身分泌的酶和机械力直接穿透果蔬器官的角质层或细胞壁的一种侵入方式。侵入过程包括：①通过产生特定的酶或毒素破坏寄主细胞壁并入侵寄主。②借助于包在囊内的游动孢子直接产生的吸附器（haustoria）或侵染栓（penetration peg）来完成侵染。③孢子萌发产生芽管，芽管的顶端膨大形成附着器。这个附着器先将芽管固定在可以侵染的寄主表面，然后从附着器上产生纤维状的侵入丝，穿透寄主的角质层。之后，变粗的菌丝蔓延在细胞间，有的菌丝则会再次穿透细胞壁，在细胞内蔓延，如苹果黑星病菌（*Fusicladium dendriticum*）的分生孢子和梨锈病菌（*Gymnosporangium haraeanum*）的担孢子。

表 8-1 某些典型采后病害的侵染部位和时间[26]

项目	病害	病原菌	侵染部位与途径
采前侵染	苹果皮孔病	盘长孢（*Gloeosporium*）	皮孔
	香蕉炭疽病	刺盘孢（*Colletotrichum*）	表皮
	桃褐腐病	链核盘孢（*Monilinia*）	表皮
	柑橘蒂腐病	色二孢（*Diplodia*）	花萼
	葡萄灰霉病	葡萄孢（*Botrytis*）	花萼、花瓣、幼果
	草莓灰霉病	葡萄孢（*Botrytis*）	花萼、花瓣
	甜瓜黑斑病	链格孢（*Alternaria*）	表皮裂纹
	甜瓜白霉病	镰刀菌（*Fusarium*）	表皮裂纹
	马铃薯干腐病	镰刀菌（*Fusarium*）	表皮或损伤处

续表

项目	病害	病原菌	侵染部位与途径
采后侵染	香蕉冠腐病	刺盘孢(*Colletotrichum*)	冠垫
	菠萝黑腐病	根串珠菌(*Thielaviopsis*)	果柄
	桃根腐病	根霉(*Rhizopus*)	表皮损伤处
	番茄酸腐病	地霉(*Geotrichum*)	表皮损伤处
	柑橘青(绿)霉病	青霉(*Penicillium*)	表皮损伤处
	马铃薯软腐病	欧氏杆菌(*Erwinia*)	表皮损伤处或皮孔
	马铃薯干腐病	镰刀菌(*Fusarium*)	表皮损伤处
	甜瓜软腐病	根霉(*Rhizopus*)	表皮损伤处
	甜瓜黑斑病	链格孢(*Alternaria*)	冷害斑
	香梨青霉病	青霉(*Penicillium*)	果柄损伤处

8.2.4　病原菌侵染过程

病原菌借助传播媒介接触到寄主的表面，然后侵入寄主体内获取养分，建立起寄生关系，并在寄主体内不断扩展，导致寄主组织受损或死亡，最终引发症状显现。从接触、侵入、扩展到病症显现的这一过程，称为侵染过程，简称病程。

8.2.4.1　侵入前期

病原菌通过各种媒介（例如工具、露珠等）进行传播，与寄主接触后，会进行一系列侵入前的准备活动，如真菌休眠结构的激活或孢子的萌发、芽管或菌丝体的生长、细菌的分裂繁殖等，直至抵达侵入部位，标志着侵入前期的结束。处于侵入前期的病原菌非常薄弱，病原菌不仅受到寄主的影响，果蔬表面存在的拮抗微生物也可显著抑制病原菌的活性，且湿度和温度对侵入前期病原菌的影响尤为显著。因此，侵入前期是采取防控措施、阻止病原菌侵染的关键阶段。

8.2.4.2　侵入期

病原菌与寄主的感病部位接触后，必须在适宜的条件下才能成功侵染。从病原菌开始侵入寄主，到与寄主建立起寄生关系的这一段时间，称为侵入期。在侵入期内，湿度和温度是影响病原菌活动的最关键因素。湿度能够影响真菌孢子的萌发和细菌的繁殖，同时还会对果蔬愈伤组织的形成、气孔的开张程度以及保护组织的功能产生作用；而温度则会影响孢子萌发的速度和侵入的进程。因此，为了有效抑制病原菌的侵入，需严格控制贮藏环境中的湿度和温度。

8.2.4.3　潜育期

从病原物侵入并与寄主建立起寄生关系开始，直至症状显现的这一段时期，称为病害的潜育期。在这一阶段，病原菌会在寄主体内吸取养分并扩展，分泌出酶、毒素、有机酸以及生长刺激素等物质，这些物质会干扰寄主正常的生理代谢过程，导致其细胞和组织受损，引发腐烂，最终使症状显现。而症状的出现，即标志着潜育期的结束。

8.2.4.4　发病期

当植物经历潜育期后症状显现，标志着发病期的开始。随着时间的推移，症状会逐渐加重。真菌病害会在果蔬产品的受害部位产生大量无性孢子，这些无性孢子会作为新的侵染源，对寄主再度侵染并迅速蔓延。细菌病害在显症后会在病部产生脓状物，这些脓状物会成为再度侵染的菌源。而病毒寄生于细胞内，在寄主体外并无任何表现。

8.2.5 植物与病原体的相互作用

一方面病原微生物通过抑制植物的基础抗性获得感染植物的能力，并从宿主细胞中掠夺营养物质进行生存和繁殖；另一方面植物通过感知广泛的病原体分子诱导基础抗性抑制病原体生长[27]。

8.2.5.1 植物-病原体相互作用模型

锯齿形模型表明，植物先天免疫主要由病原体相关分子模式（PAMP）引发的免疫反应（PTI）和效应物引发的免疫反应（ETI）两部分组成（图 8-15）。第一道防线是 PTI 反应，由细胞表面的模式识别受体（PRRs），主要是受体样激酶（RLKs）和受体样蛋白（RLPs）识别病原体相关分子模式（PAMP）引起。为了抵抗 PTI，病原菌会分泌效应物进入寄主植物细胞，避免寄主识别，同时抑制寄主防御反应，促进发病。这开启了植物免疫防御的第二道防线，即 ETI，植物中由 R 基因编码的 nlr 识别病原体分泌的效应物，从而导致 ETI。ETI 的特征之一是诱发过敏性超敏反应（HR），导致病原体攻击部位的细胞快速死亡，并限制病原体的传播。

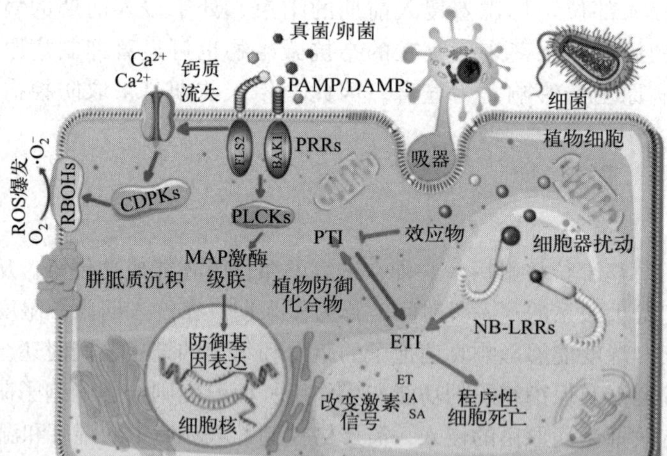

图 8-15 植物免疫系统[28]

PTI—模式触发免疫；NB-LRRs—核苷酸结合结构域和富含亮氨酸的重复蛋白；
ETI—效应触发免疫；ET—植物激素乙烯；SA—植物激素水杨酸；
JA—植物激素茉莉酸；DAMP—危险相关分子模式；RBOHs—呼吸爆发氧化酶同源物；
FLS2—鞭毛蛋白感应 2；BAK1—植物受体激酶；CDPKs—钙依赖蛋白激酶

8.2.5.2 病原菌对植物产生的不同侵染策略

（1）调控寄主植物的气孔防御 气孔是许多病原菌进入植物的主要入口。然而，保护细胞是一种主动的免疫感知细胞，一旦检测到微生物的特征，就能迅速关闭气孔，从而阻止病原体的进入。细菌病原体可主动诱导气孔开放来克服气孔防御[29]。

（2）降解植物细胞壁　许多植物病原体，特别是那些缺乏特定穿透结构的病原体，会分泌各种类型的细胞壁降解酶（CWDEs）来破坏宿主细胞并促进定植，包括苷水解酶、糖基转移酶和果胶裂解等可水解细胞壁成分[30]。

（3）破坏寄主植物的细胞骨架　当单个植物细胞与病原微生物接触时，正常的细胞骨架结构发生快速变化，用于防御病原体的进攻。一些效应物通过破坏宿主细胞骨架的形成来控制宿主的生理和代谢过程[31]。

（4）构建疏水空间　在侵染植物时，菌丝或孢子往往需要逃离水环境，在空气中生长，一些效应器通过在病原菌-寄主植物之间构建疏水空间来促进侵染。疏水蛋白（HP）是一种真菌分泌的小分子蛋白质，具有 8 个保守的半胱氨酸残基，在亲疏水界面可自组装成两亲性单分子膜。它们为菌丝或孢子提供疏水性蛋白涂层，这些涂层可能参与附着在疏水性表面、环境和宿主防御系统的相互作用，以及在逃离水环境时促进孢子扩散和菌丝在空中生长的其他过程[32]。

8.2.6　发病的因素

侵染性病害发生须具备三个基本要素：病原菌、易感病的寄主（即果蔬产品），以及适宜的环境条件，它们共同构成了植物病害的三角关系，缺一不可。

8.2.6.1　病原菌

病原菌不仅可以从寄主的活细胞和组织中摄取营养物质，还可破坏和毒害寄主的活细胞和组织，前者称为病原菌的寄生性，后者称为病原菌的致病力或病毒性。

8.2.6.2　果蔬的抗性

果蔬的抗性又称抗病性（resistance），是指果蔬抵御病原菌侵染的能力。植物进化出了称为抗性基因的细胞内受体，它直接或间接地识别病原体效应物的存在，并发起强烈的反击[33]。采前果蔬的抗病性与其品种、自身的组织结构及生理代谢状况密切相关。而采后果蔬的抗病性则主要受成熟度、伤口情况及生理病害等因素的影响。一般来说，成熟度小的果蔬有较强的抗病性，如未成熟的苹果不会感染焦腐病和疫病，但随着果蔬逐渐成熟，其对病原的抵抗力降低。有伤口的果实极易感病，因为伤口给病菌入侵提供了捷径。果蔬遭遇冷害、低氧或高二氧化碳伤害等生理病害后感病性增强，易发生腐烂。

8.2.6.3　环境条件

（1）温度　一方面，温度影响着病菌的生长、孢子的萌发力、寄生性和致病力。各种真菌孢子的萌发都具有最高、最适及最低的萌发温度。越接近最适温度，孢子的萌发就越快，高于最高温度和低于最低温度，孢子便不能萌发。另一方面，温度影响着寄主的生理状态、代谢状况和抗病性。一般而言，高温会加速果蔬的衰老，增加果蔬的感病力，更易于病菌孢子的萌发和侵染，而较低的温度能延缓果蔬的衰老，增加果蔬的抵抗力，抑制病菌孢子的萌发与侵染，制约病害的发生发展。因此，贮藏温度的选择一般以不引起果蔬产生冷害的最低温度为宜，这样能最大程度地抑制病害发生。

(2) 湿度　湿度也是影响发病的重要环境因子，如果温度适宜，较高的湿度将有利于病菌孢子的萌发和侵染。尽管在贮藏库里的相对湿度达不到饱和，但贮藏的果蔬表面上常有结露，这是因为当果蔬的表面温度降低到库内露点温度以下时，果蔬表面就形成了自由水。在这种高湿度的情况下，许多病菌的孢子就能快速萌发，直接侵入果蔬引起病害。要减少果蔬产品表面结露，应对产品进行充分预冷。

(3) 气体成分　低 O_2 和高 CO_2 对病菌的生长有明显的抑制作用。果蔬和病菌的正常呼吸都需要 O_2，当空气中的氧浓度降到5%或以下时，对抑制果蔬呼吸、保持果蔬品质和抗性非常有用。空气中 O_2 含量控制在2%时，对灰霉病、褐腐病和青霉病等的病菌生长有明显抑制作用。高 CO_2 浓度（10%～20%）对许多采后病菌的抑制作用也非常明显，当 CO_2 浓度大于25%时，病菌的生长几乎完全停止。由于果蔬产品在高 CO_2 浓度下存放时间过长会产生毒害，因此一般采用高 CO_2 浓度进行短期处理以减少病害发生。另外，果蔬呼吸代谢产生的挥发性物质（乙醛等）对病菌的生长也有一定的抑制作用。

8.2.7　侵染性病害的防治措施

8.2.7.1　物理方法

果蔬采后病害的物理防治方法主要包括改善贮藏环境的温度和气体成分，还包括贮藏前处理。

(1) 低温贮藏　低温贮藏，不仅能直接有效地抑制病菌的侵害，还能通过延缓衰老进程来维持果蔬的新鲜度且增强其抗病能力，显著减少贮藏期间的损耗。然而，在设定果蔬的最优贮藏温度时，应确保该温度为该果蔬种类所能承受而不引发冷害的最低值。

(2) 气调贮藏　低 O_2 和高 CO_2 的贮藏环境能显著抑制许多采后果蔬病害，尤其是高浓度的 CO_2 处理，在防止特定贮藏病害方面表现出极高的效率。

(3) 热处理　热处理是一种采用热蒸汽或热水对果蔬进行短时间处理的方法，其核心目的在于杀死果蔬表面及表皮下潜藏的病原菌或削弱其活性。热处理有利于保持果实硬度，加速伤口的愈合，减少病菌侵染，热水中加入杀菌剂或氯化钙还有增效作用。

(4) 辐射处理　电离辐射技术是指运用γ射线、β射线、X射线以及电子束等高能射线对农产品进行照射，以达到杀菌消毒的目的。利用 ^{60}Co 或 ^{137}Cs 放射源释放的γ射线可直接作用于生物体内的大分子结构上，通过产生电离作用、激发反应以及使化学键断裂，使酶活性降低或彻底失活，同时破坏完整细胞膜，从而对病原菌具有显著的抑制或杀灭作用。

(5) 紫外线处理　根据电磁波长的长短，紫外线分为长波紫外线A（UVA：315～400nm）、中波紫外线B（UVB：280～315nm）、短波紫外线C（UVC：200～280nm）和真空紫外线D（UVD：10～200nm）。UVC具有很强的杀菌作用，能有效地破坏细胞，对细菌、真菌、藻类、病毒等多种微生物具有致命性。其中，254nm的UVC杀菌效果最强。UVA和UVB在微生物吸收峰范围之外，因此相对杀菌速度较慢。

紫外线可以产生活性氧（ROS），如过氧化氢、单线态氧、羟基自由基等。活性氧可以起到杀菌作用，促进细胞氧化应激，加速细胞膜脂质氧化，氧化细胞内的蛋白质和核酸，从而影响DNA。氨基酸吸收紫外线后，转化为具有强氧化性的激发态，改变蛋白质的空间结构，使其失活，进而破坏微生物的正常功能，造成微生物的死亡。紫外线穿过细胞膜后被细胞核内的 DNA 和 RNA 吸收，使相邻的核苷酸双氧化物交联产生二聚体，环丁烷嘧啶二聚体和嘧啶-嘧啶酮是主要的光产物，可阻止 DNA 翻译和 RNA 转录，从而导致突变，危害细胞功能，最终导致微生物死亡[34]。

（6）脉冲光技术　脉冲光是利用惰性气体（氩、氪、氙）闪烁灯产生电击并将其转化为辐射脉冲的新型非热灭菌技术之一。其光谱与太阳相似（200 ～ 1100nm），包括紫外光、可见光和红外光，脉冲持续时间≤ 2ms。

虽然紫外波段包含在脉冲光中，具有较高的辐射强度，但脉冲光杀菌机理与紫外光不同。脉冲光灭菌的机理主要包括光化学效应、光热效应和光物理效应。光化学效应是指脉冲光中的紫外光被 DNA 吸收，破坏细菌，影响 DNA 复制和 RNA 转录，最终杀死微生物的过程。脉冲光谱中的可见光和红外光将热量传递到微生物表面，导致细胞内水分的蒸发和膨胀，最终破坏微生物细胞的是光热效应。光物理效应会破坏细胞壁和其他成分，使微生物失活。

8.2.7.2　化学方法

化学防治是利用化学药剂来直接杀灭果蔬产品上的病原菌。化学药剂一般具有保护作用和治疗作用。在病原物尚未入侵寄主之前，应用诸如代森锰等具有防护性质的杀菌剂，能够有效地杀灭病菌孢子或阻碍其入侵，还能抑制侵入体内病菌菌丝的生长，分解或钝化病原菌分泌的毒素，作用于病菌的酶系统，改变其新陈代谢的方向。化学药剂的使用方式有熏蒸（fumigation）、喷雾（spray）和浸泡（dip）。目前，生产上常用的主要杀菌药剂见表 8-2。

表 8-2　生产上常用的化学杀菌药剂[35]

名称	使用浓度/(mg/kg)	使用方法	应用范围
联苯	100	浸纸或纸垫、熏蒸	柑橘青霉病、绿霉病等
仲丁胺	200	洗、浸、喷及熏蒸	柑橘青霉病、绿霉病等
联苯酚钠	0.2%～2%	浸纸垫、浸果	柑橘青霉病、绿霉病，苹果青霉病，甘薯黑斑病、软腐病等
多菌灵	1000	浸果	柑橘青霉病、绿霉病
甲基硫菌灵	1000	浸果	柑橘青霉病、绿霉病
抑霉唑	500～1000	浸果	青霉病、绿霉病等
噻苯唑	1000～2000	浸渍、喷洒	灰霉病、褐霉病、青霉病、绿霉病、蒂腐病、焦腐病等
三乙膦酸铝(疫霉灵)	500～1000	浸渍、喷洒	霜霉病、疫霉病等
瑞毒霉(甲霜灵)	600～1000	浸渍、喷洒	对疫霉引起的柑橘褐腐病有特效
扑海因	500～1000	浸渍、喷洒	根霉病、链格孢病、灰霉病、葡萄孢病等
氯硝胺	1000	浸渍、喷洒	甜樱桃和桃黑根霉病等
SO_2	1%～2%	熏蒸、浸纸或纸垫	灰霉病、霜霉病等

（1）青鲜素（MH）　作为一种广泛使用的化学处理剂，应用于洋葱、大蒜等鳞茎类蔬菜时，能有效延缓芽的生长；应用于根菜类时，能防止其因贮存不当导致的糠心与变质问题。通常推荐在采收前两周进行叶面喷施，确保 MH 能充分接触并覆盖鳞茎蔬菜的叶片。药剂通过叶片吸收，渗透至鳞茎内部的分生组织，并传递至生长点，从而充分发挥抑芽作用。最佳浓度为 0.25%，既能达到抑芽效果，又能避免对蔬菜造成不必要的伤害。

（2）氯苯胺灵（CIPC）　在世界范围内，CIPC 是马铃薯在 8～12℃下贮存时最常用的发芽抑制剂。在细胞分裂过程中，CIPC 通过干扰纺锤体形成的过程而起到有丝分裂抑制剂的作用，还能抑制蛋白质合成、RNA 合成以及 β-淀粉酶的活性，抑制蒸腾作用和呼吸作用，干扰氧化磷酸化和光合作用。根据贮存期的长短，可使用 CIPC 进行一次或两次雾化处理。CIPC 的剂量约为 18 g/t 马铃薯，马铃薯的长期贮存通常需要两次应用，因此总 CIPC 用量约为 36g/t 马铃薯。

（3）代森锰锌（MZ） 是一种乙二硫代氨基甲酸乙酯（EBDC）非系统性农业杀菌剂。MZ 可以控制多种田间作物、水果、坚果、蔬菜和观赏植物的真菌病害，包括马铃薯和番茄的晚疫病。其作用方式涉及干扰含有巯基的酶，破坏真菌细胞质和线粒体内的生化过程[36]。

8.2.7.3 生物防治

随着粮食和环境问题变得更加严峻，以及通过绿色技术和有机产品节约能源的需要，采用生物防治的方法减少收获后粮食损失是一种新颖、有效且对环境友好的方法。生物防治主要是指借助微生物及其代谢物对病害进行防治，能一定程度上替代污染环境和农产品，且对人类健康造成影响的化学农药的防治。生物防治的研究主要包括以下三个方面。

（1）拮抗微生物（antibiont） 利用微生物抗菌剂防治果蔬采后病害的基本途径有两种：一是那些自然存在于水果和蔬菜表面的天然微生物，经过分离后，可用于控制采后病害；二是人工引入对抗采后病原体的微生物。理想的拮抗微生物应具备以下特性：基因稳定，低浓度有效，营养需求不挑剔，能够在不利的环境条件下生存，对多种病原体和不同的果蔬有效，抗杀虫剂，不产生对人类有害的代谢物，对宿主无致病性。

① 枯草芽孢杆菌 枯草芽孢杆菌是第一个获得专利的核果采后褐腐病生物防治剂。在采收后，枯草芽孢杆菌可抑制草莓、梨、苹果和番茄中的灰霉菌病原体。在甜瓜果实中，枯草芽孢杆菌 EXWB1 对链格孢属（*Alternaria* spp.）引起的采后病害的抑制率为 77.2%[37]。枯草芽孢杆菌产生抗生素和挥发性有机化合物（VOC）来抑制收获后的病原体，如匍枝根霉（*Rhizopus stolonifer*）、灰霉菌（*Botrytis cinerea*）和炭疽杆菌。有研究表明，接种病原菌后施用枯草芽孢杆菌 AG1 菌株可使苹果树采后葡萄孢杆菌侵染率降低 80%[38]。

② 酵母菌 季也蒙迈耶氏酵母（*Meyerozym guilliermondii*）和卡利比克迈耶氏酵母（*M. caribbica*）对许多菌种都表现出抗菌活性，如烟曲霉、灰霉、谷物镰刀菌、毛霉菌、黄化青霉、枯萎霉、黑霉和匍枝霉等。这两种酵母菌可抑制菌丝生长、分生孢子萌发和芽管伸长，从而阻止真菌生长和传播，且对植物组织不产生损伤，不表现出致病性，表明它们是合适的植物病害生物防治剂[39]。

（2）自然抗病物质的利用 过度使用传统化学杀菌剂会破坏生态平衡，对非目标生物造成重大伤害，增强病原体抗性，并影响害虫的天敌。因此，迫切需要开发以天然物质为原料的杀菌剂来防治果蔬采后病害。

① 原儿茶酸甲酯（PCAME） 原儿茶酸甲酯的化学名称为甲基-3，4-二羟基苯甲酸酯，是一种植物源性生物活性的酚类化合物。Yuan 等[40] 研究表明 PCAME 呈剂量依赖性地抑制灰葡萄球菌体外菌丝的生长和孢子的萌发，显著抑制草莓果实采后灰霉病引起的腐烂。体外实验表明 PCAME 主要通过增强细胞膜和氧化应激相关基因、刺激膜脂过氧化、破坏膜完整性和增加细胞质渗漏来发挥直接的抗真菌活性。PCAME 处理激活了草莓对病原菌——灰葡萄球菌的抗氧化代谢，诱导了防御相关蛋白和基因的表达。因此，PCAME 可作为一种新型的天然杀菌剂，通过直接抗真菌活性和增强寄主抗性反应来抑制草莓采后灰霉病。

② 内生细菌 内生细菌生活在植物内部组织中，并且可以被隔离在植物的任何部位。这些内生细菌与寄主之间存在着互惠互利的关系：其利用植物内部组织作为独特的生态位来

保护自己免受外界环境的侵害，同时，内生细菌能促进寄主植物生长，通过产生生物活性化学物质增加寄主植物对病原体的生物抗性，促进寄主植物对非生物胁迫的耐受性。

内生细菌产生的挥发性有机化合物是一类新型的生物活性化学物质，包括醇、酮、萜烯、含氮化合物、吡嗪、酸和酯，在果蔬病害防治中展现出应用潜力。由于 VOC 分子量低（<300D）、蒸气压高、沸点低，很容易通过空气和水分扩散。Gotor 实验室[41] 从油桃表面分离出的解淀粉芽孢杆菌 CPA-8 产生的 VOC 对樱桃采收后的 3 种病原菌均有抑制作用，当其浓度达到 1.35μL/mL 时，菌丝生长抑制率大于 82%。表 8-3 列举了内生细菌 VOC 在果蔬采后致病菌防治中的代表性研究[42]。

表 8-3 内生细菌及其 VOC 防治的相应目标病原菌

细菌菌株	来源	目标病原体	病原体宿主	主要挥发性有机化合物
Bacillus amyloliquefaciens	油桃	灰霉菌	樱桃	噻吩;2-丁酮;乙酸乙酯;1,3-戊二烯
Pseudomonas putida	黑胡椒	胶孢炭疽菌	芒果	2-乙基-5-甲基吡嗪
Streptomyces sp. B86, *Pantoea sp.* Dez632, *Pseudomonas sp.* Bt851, *Stenotrophomonas sp.* Sh622	甜菜、海甜菜	短小芽孢杆菌	甜菜	己酸;6-十四烷磺酸;1-癸醇;2-己基十一烷
B. velezensis	金银忍冬	链格孢属	西方雪果	2,3-丁二酮
B. siamensis	中国梓树叶	灰霉菌、葡枝根霉	树莓	2,6-二叔丁基-4-甲基苯酚(BHT)
B. amyloliquefaciens	桃子	褐腐病菌、灰霉菌、指状青霉、扩展青霉	橘子、葡萄、苹果	双乙酰;苯甲醛

③ 褪黑素 褪黑素（*N*-乙酰基-5-甲氧基色胺）首次在牛松果体中检测到，并被鉴定为甲基吲哚，而今在大多数植物的根、茎、叶、果实和种子中都发现了褪黑素。褪黑素因其具备促进果实的坐果和发育，调节果园树木的果实成熟，以及诱导对各种病原体的抗病等能力，已被广泛应用于采前各阶段，如种子浸泡、植物灌溉和树木喷洒等。褪黑素通过提高果实发育过程中的抗氧化能力水平，进而改善收获时的果实品质。采前补充褪黑素可提高植物对非生物胁迫（极端温度、干旱、紫外线辐射、盐度和化学污染物）和生物胁迫（真菌、细菌、病毒和昆虫）的耐受性。采前喷施褪黑素可以提高樱桃番茄果实采前对番茄灰霉病菌等病原菌的抗性，其机制是上调与活性氧（ROS）爆发相关的钙依赖性蛋白激酶（CDPK）和呼吸爆发氧化酶同源物（RBOH）的表达，提高水杨酸和木质素的含量以及大部分水杨酸信号通路和苯丙素代谢相关基因的表达[43]。

（3）综合防治 果蔬产品采后病害的有效防治是靠综合技术措施的应用，涵盖了从采前田间管理到采后一系列配套处理技术的全面应用。在采前阶段，田间管理至关重要，包括科学施肥、合理灌溉、精准喷药等关键措施，同时还包括果树的精细修剪、疏花疏果以优化果实品质，以及采用套袋栽培等技术手段来保护果实免受外界伤害。适时采收，对于减少病原菌的潜伏侵染、提高果蔬的耐贮性十分有效。采后处理则包括及时预冷，清除病、虫、伤果以防止污染其他健康果，愈伤、洗涤、干燥及防腐药剂的应用，选择合适的包装材料，低温运输，选定适合于不同果蔬产品生理特性的贮藏温度、湿度、气体成分，以及确定适宜的贮藏时期等，这些工作对延缓衰老、减少病害、保持果蔬风味品质都非常重要。

8.3 生理性病害

8.3.1 定义

园艺产品生理性病害是由于采前不适宜的生长条件或采后不适宜的贮运环境引起的病害。常见的症状有褐变、黑心、干疤、斑点、组织水浸状等。果蔬产品采后生理失调的种类分为：温度失调、营养失调、呼吸失调和其他失调。

8.3.2 致病因素

8.3.2.1 采前因素

（1）矿物质　是分子、细胞器和植物器官的基石，也是许多植物系统的主要组成部分，钙、镁、氮、磷、钾和硫这些所谓的宏量营养素通过改变代谢途径，对酶活性、细胞壁和细胞膜的合成和通透性以及多酚、糖和氨基酸的合成产生不同的影响，进而影响植物抵御非生物和生物胁迫的能力。

① 钙营养失调　钙在减少水果的软化和衰老方面起着至关重要的作用，钙还参与植物防御反应、调节防御相关基因的表达，以及过敏反应，并且钙可赋予植物体对病原菌的抗性。钙营养失调对果蔬品质的影响最大。钙存在于细胞壁中，与中胶层的果胶酸起作用形成难溶解的果胶酸钙，可增加果实的硬度；钙还可与草酸、琥珀酸等有害酸结合成盐，解除酸害。钙可与多种金属阳离子发生对抗，缓冲高浓度金属离子对细胞的伤害，增加果实的抗逆性，提高果实对高浓度 CO_2 的耐受性。

钙还是几种酶的活化剂和抑制剂。例如，钙是山梨糖醇脱氢酶的活化剂，是多酚氧化酶的抑制剂。果实缺钙时，山梨糖醇脱氢酶不能有效地将山梨糖醇转化为果糖，而导致苹果水心病；果实缺钙时多酚氧化酶的活性不能得到有效控制，往往导致褐变。如果钙含量低，氮钙比大，会使苹果发生苦痘病、鸭梨发生黑心病、芹菜发生褐心病、青椒发生蒂腐病、莴苣发生黑心病等。当果实中钙含量过低时，会造成果肉组织松软，果实表面出现凹陷的红色、褐色斑点等[44]。

② 氮营养失调　氮最重要的功能是提供氨基酸中的氨基。氮在核苷酸中也很丰富，它出现在嘌呤和嘧啶碱基的环结构中。核苷酸不仅是核酸的组成成分，而且还具有许多重要的功能，如能量稳态、信号转导和蛋白质调节。此外，氮在许多非蛋白质化合物（如辅酶、光合色素、次生代谢物和多胺）的生物化学合成中是必需的。氮超过一定限度时，会使果实成熟推迟，着色差，甜度下降，酸度升高，生理性病害加重，贮藏性状变差。如 7～8 月份重施氮肥，苹果苦痘病严重，梨黑斑病侵染率上升，柑橘则浮皮果增加[45]。

③ 硼营养失调　缺硼往往使糖的运转受阻，造成叶片中糖积累而茎中糖减少，分生组织变质退化，薄壁组织变色、变大，细胞壁崩溃，维管束发育不全，果实发育受阻[46]。表现为果小、畸形、木质化；果实、块茎或肉质根内部出现褐色坏死点、龟裂、维管束变色，茎端枯死，茎梗开裂；叶片增厚、变脆、皱缩，出现坏死点等。发生如花椰菜褐变病、芹菜裂茎病、苹果缩果病和栓斑病、柑橘硬化病等。缺硼还可促使钙营养失调症状的出现。但硼施入过量，也会造成硼伤害症。病状为：果实早熟，不耐贮藏，采前落果重，由绿转黄快，红玉等品种苹果水心病加重，坏死增多。

④ 钾营养失调　钾在酶促反应中发挥作用，影响光合作用和蛋白质合成过程，并参与调节细胞质和叶绿体的酸度。钾调节多种植物胁迫反应，包括活性氧，与茉莉酸、乙烯和生长素协同作用。钾对果实的直接作用是使果实肥大。施用合理，可促进花青素的形成，增强果实组织的致密性，增大细胞的持水力，部分抵消高氮产生的消极影响。但钾过多，可降低植物对钙的吸收率，结果使缺钙性生理病害发生的可能性增大，如使苹果苦痘病发生率增加；含量过低时，则抑制番茄红素的生物合成，从而延迟番茄的成熟[45]。

⑤ 镁营养失调　镁可以影响广泛的生理功能，如细胞能量转化，碳水化合物代谢，DNA、RNA 和蛋白质的合成，以及蛋白质磷酸化。镁可以拮抗其他矿物质，如高水平的镁干扰钙的吸收，从而对疾病反应产生不同的影响。

⑥ 磷营养失调　90%以上的土壤磷通常是固定的，不能被植物利用。少部分无机磷可被植物吸收。然而，这种吸收非常缓慢，因此缺磷现象普遍存在。种子中贮存的大量磷可促进胚胎发育、发芽和幼苗生长。磷通常以肌醇六磷酸的形式贮存在液泡中。缺磷导致植物光合速率迅速下降，这可能是由于碳固定过程中的许多中间步骤涉及磷酸糖。

（2）气候异常

① 温度　收获前数周酷热干旱，可促使苹果发生水心病和红玉斑点病，可使河北鸭梨、山东长把梨、山西大黄梨在成熟采摘期就有营养饥饿、果心褐变或糠心发生；而收获前长时间持续阴雨和低温寡照天气，则使贮藏中苹果虎皮病发生严重。果实田间生长期间遭受冷害，则与菠萝贮藏期间黑心病的发生有关。

② 光照　果实在田间接受高温、强光照射后，很快会出现“日灼症”。苹果日灼表现为灼烫状圆形斑，在绿色果面上呈黄白色，在红色果面上呈浅白色，斑块无明显边缘；葡萄果粒的日灼，表现为向阳面形成淡褐色干疤；石榴的日灼，则在果面形成浅褐色到深褐色斑，灼伤部分内部籽粒呈白色。而光照不足，果蔬中的可溶性固形物积累减少，着色不良，也会诱发一些生理性病害，如苹果内膛果实因光照不足在贮藏中易发生虎皮病，且果肉易粉质化。

③ 降水　土壤水分缺乏时，果蔬的正常生长发育受阻，表现为个体小，着色不良，品质不佳，成熟期提前。如干旱年份生长的苹果含钙量低，果实易患苦痘病等缺钙性生理病害。在干旱缺水年份或在轻质壤土中栽培的萝卜，贮藏中容易糠心。降水不均衡，久旱后遇骤雨或者连阴雨，也会诱发生理性病害。例如，甜橙旱后遇骤雨，果实短期内骤然猛长，果皮组织变得疏松，枯水病发生就严重。降水过多，贮藏中易诱发多种生理性病害和侵染性病害，如苹果果肉褐变病、虎皮病、低温伤害和多种腐烂病害等。

8.3.2.2　采后因素

（1）贮运温度不适

① 温度过高　贮运温度过高往往会导致果实呈现过早衰老现象，如糠心、内部褐变、粉绵化等，这些现象多发生在简易贮藏的果蔬中。温度过高也会影响某些果蔬的正常催熟。如香蕉催熟时，一般于 20～22℃ 下即可变黄；但当温度高于 28℃ 时，便可抑制有关酶的活性，使果皮颜色难以转黄（青皮熟）。长期贮藏的番茄一般于绿熟期采收，在正常温度下，半个月左右就可达到完熟，而放于 30℃ 以上催熟时，番茄红素的形成将受到抑制而影响其脱绿变红。

② 温度过低　冷害是指在冰点以上的不适低温对果蔬组织造成的伤害。寒冷地区成熟程度高、外伤少的果蔬冷害程度相对较低。不同的水果和蔬菜有不同的冷害温度。一般来说，亚

热带水果在5～8℃时发生冷害，热带水果在低于12℃时发生冷害。果蔬受冷害后，可以从宏观上观察到其颜色、质地和口感的变化，内部褐变是许多果蔬冷害的症状之一。果蔬冷害的宏观表现为褐变、软化、水渍状、变质甚至腐烂。各种水果和蔬菜有不同的冷害症状（表8-4），而颜色的变化是最容易观察到的冷害症状[47]。

表8-4 部分果蔬冷害症状及最低安全温度

果蔬种类	最低安全温度/℃	冷害症状
香蕉	11.5～13	成熟后皮色发暗，严重者全部变黑
红熟番茄	7～10	水渍状斑点变软、腐烂
绿熟番茄	13	水渍状斑点，不能正常成熟
甘薯	13	腐烂、凹陷，局部变色，蒸熟后硬心
西葫芦	10	凹陷、腐烂
石榴	4.5	外部、内部变褐
菠萝	7～10	成熟时呈暗绿色
番木瓜	7	凹陷，不能成熟，风味失调，腐烂
橘子	7	凹陷，褐斑
西瓜	4.5	凹陷，风味变劣
芒果	10～13	表皮呈灰色疤状变色，成熟不一致
新疆早熟甜瓜	4～5	水渍状凹陷斑，表面腐烂
新疆晚熟甜瓜	2～3	水渍状凹陷，后变褐色、腐烂
柠檬	11～13	凹陷
葡萄柚	10	疤痕，凹陷，水烂
番石榴	4.5	果肉受伤，腐烂
甜椒	7	表面凹陷，果皮和花萼处腐烂，种子变黑
茄子	7	表面有凹陷斑，腐烂，种子变黑
黄瓜	7	凹陷，水渍斑，腐烂
菜豆(食荚)	7	凹陷和锈斑
鳄梨	4.5～13	果肉灰褐色
石刁柏	0～2	色暗，灰绿，顶部变软

冻害是指果蔬在冰点以下低温时由于冻结对果蔬组织造成的伤害。当植物细胞暴露在低于冰点的温度下时，冰首先在具有最高渗透势和最高冰核水平的细胞外空间形成，并继续朝着水势降低的方向形成。随着温度的降低，细胞外冰晶随着未冻原生质中液态水的流失而生长，最终形成细胞内冰晶，这对细胞是致命的，冰晶形成会造成细胞脱水和膜解体。

(2) 湿度失调　湿度（大气湿度）是植物生长发育的重要环境因子。为了保持果蔬的新鲜度，通常要求85%～95%的高湿条件。湿度过低，将引起生理性病害。如苹果、梨失水过多，可使果皮皱缩；鳄梨在高温干燥条件下，外观差，软化不齐，并产生异味，使果实不适口，果皮和果肉都产生黑棕色斑点，甚至使果肉呈橡皮状，果皮出现凹陷的症状。但是，对于某些果蔬，湿度过高也会诱发生理性病害，如宽皮柑橘类的枯水病，在相对湿度90%以上时发病严重。相对湿度90%以上也会加重苹果褐斑病的发生。

(3) 气体伤害

① CO_2 中毒　气调贮藏中 CO_2 浓度过高，可强烈抑制线粒体和琥珀酸脱氢酶的活性，干扰有机酸代谢。多数果蔬适宜的二氧化碳浓度为3%～5%。发生二氧化碳伤害的果蔬组织易出现褐斑、褐变、坏死等症状，受害组织的水分很容易被附近组织消耗而产生空腔，严重时大面积凹陷，果实变软、坏死，并有很重的酒精味。

② 低 O_2 伤害　低 O_2 伤害和高 CO_2 伤害症状相似，主要表现为局部凹陷、褐变、软

化、不能正常成熟、产生酒精味或其他异味。浓度为 1%～2%的 O_2 能使多种果蔬呼吸异常，导致组织中乙醇、乙醛积累而发生病害。苹果发生低 O_2 伤害时，果皮易呈现界限明显的褐色斑，并由条状向整个果面发展，内部伤害呈褐色软木斑和形成空洞，或发生腐烂，但总保持一定的轮廓。

③ 乙烯伤害　由乙烯导致的果蔬衰败和病害称为乙烯伤害。多由催熟时使用乙烯浓度不当引起。若贮藏库温度偏高又通风不良，导致乙烯积累，也会出现这种现象。病状通常是果皮变暗变褐，失去光泽，外部出现斑块，甚至软化腐败。

④ SO_2 伤害　SO_2 常用于贮藏库消毒或将其作为保鲜剂用于葡萄等的贮藏。暴露在 SO_2 下的植物受到的伤害是一个复杂过程。这个过程包括 SO_2 进入气孔以及在叶片内与湿性细胞膜接触后导致亚硫酸盐和硫酸盐形成的液相反应，这些化合物的形成扰乱了植物体内的生理平衡，严重时就可能引起某些植物出现可见伤害症状。油松和梨的受害叶片上有失绿斑，梨的果实小，落果严重；核桃、苹果的叶片有褐色小斑，苹果果实较小，核桃果实大小正常，但核仁不饱满[48]。

8.3.3　生理性病害的防治措施

果蔬生理性病害都是环境中的非生物因素引起的，与果蔬的采前状态如果蔬的成熟度、含水量、是否有病原物侵染、采收及采后的各种商品化处理以及贮藏过程中的运输、包装等因素均有密切关系，因此，必须考虑各种有关因素，对病害进行综合预防。

8.3.3.1　防治营养元素失调

(1) 氮钙含量比大于 10%时，会造成苹果苦痘病和痘斑病的发生；当果实中氮钙含量比达到 30%时，则会严重发生。防治方法：及时给果树增施有机肥，适时施用速效氮肥，按照正常采收期适时采收；幼果期每 2 周叶面补钙 1 次，整个生长季共补钙 4～6 次，采收后尽早用 3%～5%的氯化钙液在真空条件下浸渍果实。也可在果实入库前用 1%的硝酸钙浸果，控制库内温度不低于 2℃，并保持良好的通透性[44]。

(2) 苹果果实中的山梨糖醇、钙和氮的比例是相对平衡的，这种平衡关系一旦遭到破坏，果实中的山梨糖醇便在山梨糖醇脱氢酶的作用下转化为果糖，并充满于果心附近的果肉细胞间隙，从而形成糖蜜病，即水心病。防治方法：首先进行土壤改良，增施磷肥和农家肥等有机肥料，避免单施氮肥，适时叶面喷肥，做到科学、均衡施肥，增强树势，提高抗病能力，有效预防和减轻水心病的发生。另外也要在苹果套袋前、摘袋后及时喷施钙肥，如氨基酸钙、黄金钙、蚁酸钙等，可有效地防止水心病的发生[44]。

8.3.3.2　防治气体伤害

在气调贮藏库中，要定期定时打开通风换气设备，保持库内正常通风换气。应严格控制气体成分，经常取样分析，使库内氧气含量与 CO_2 含量控制在合理范围。

8.3.3.3　控制冷害的物理方法

表 8-5 总结了控制冷害的一些常用的物理方法，包括冷冲击处理（CST）、热冲击处理、近冷

冻温度（NFT）贮存、热电解功能水处理、高相对湿度贮存和近饱和相对湿度贮藏[49]。近冷冻温度贮存通过抑制细胞壁修饰酶的活性来延缓果胶和纤维素的降解。其温度非常接近果蔬的生物冰点，但不会造成果蔬细胞冻结，且可以有效降低果蔬的呼吸速率和生化反应速率，从而延长保质期。冷藏前，40℃左右的热水处理可有效缓解果蔬的冷害症状，显著降低西葫芦果实冷害指数、电解质渗漏（EL）、丙二醛（MDA）含量和失重，显著升高硬度和可溶性固形物含量，同时热水处理还可保持膜的完整性。高相对湿度贮藏会降低水果和蔬菜的冷害。在15d的贮藏期内，高相对湿度（98%±2%）贮藏的西葫芦果实冷害指数和失重率明显低于对照。

表 8-5　冷害控制的物理方法

果蔬种类	冷害的控制方法	处理后的质量变化
杏	近冷冻温度贮存	丙二醛含量和细胞膜通透性下降30%，冷害指数下降50%，硬度提高8N
番石榴	近冷冻温度贮存	丙二醛含量和电解质渗漏分别降低1μmol/kg和30%
木瓜	冷冲击处理	冷害指数和细胞膜通透性分别下降20%和10%
茄子	热水处理	冷害指数和失重率分别下降2.5%和1%，总酚含量增加0.3g/kg
蜜橘	热电解功能水处理	冷害指数、失重和细胞膜通透性分别下降15%、45%和10%，抗氧化活性酶（SOD、CAT和POD）酶活性显著升高
西葫芦	高相对湿度贮存	冷害指数、失重率和细胞膜通透性分别降低了50%、12%和10%，硬度提高了15N
西葫芦	近饱和相对湿度贮藏	冷害指数和失重率分别降低了1%和8%，抗氧化活性酶（SOD、CAT、APX和POD）的酶活性提高

8.3.3.4　控制冷害的化学方法

表8-6总结了几种减轻果蔬冷害症状的化学方法，包括用海藻糖、黄芪多糖（APS）、1-甲基环丙烯（1-MCP）、γ-氨基丁酸（GABA）、24-表油菜素内酯（24-EBL）、褪黑素、甜菜碱（GB）等处理[49]。海藻糖可增强植物在恶劣环境下的耐受性，并且可增加蔗糖合成相关酶的活性，降低蔗糖降解相关酶的活性。1-甲基环丙烯可以抑制乙烯的产生，广泛应用于植物保护。24-表油菜素内酯是一种类固醇植物激素，可以增强植物对非生物胁迫的反应能力，可通过增加桃子体内能量代谢相关基因的表达，从而促进糖的积累，减轻果实冷害症状。许多报道证实褪黑素在抵抗非生物胁迫、控制果蔬生长、降低冷害等方面具有重要作用。褪黑素通过上调冷反应基因、转录因子和抗氧化基因来增强水果和蔬菜的耐寒性。甜菜碱（*N*,*N*,*N*-三甲基甘氨酸）可以维持植物细胞膜的完整性，从而增强对其环境胁迫的耐受性。

表 8-6　冷害控制的化学方法

果蔬种类	处理方法	处理后的质量变化
香蕉	黄芪多糖	粗纤维含量增加6g/kg
桃	海藻糖	褐变指数降低30%
猕猴桃	1-甲基环丙烯和乙烯	冷害指数降低15%
柿子	硫化氢和γ-氨基丁酸	果皮褐变、电解质渗漏和丙二醛含量分别降低6%、20%和0.8μmol/kg
石榴	24-表油菜素内酯	冷害指数和减重分别下降3%和10%
石榴	褪黑素	冷害指数和衰减指数分别下降了25%和10%
香蕉	甜菜碱	冷害指数、电解质渗漏和丙二醛含量分别降低了10%、25%和1.4nmol/g，叶绿素、可溶性糖和总酚含量分别增加了0.5mg/g、1mg/g和0.4mg/g

8.3.4　综合防治生理性病害的措施[50]

以梨果实软木斑病为例。

8.3.4.1 症状

外部症状是果皮上出现圆形凹陷点，凹陷处的果肉呈褐变和木质化，维管束附近组织干燥，严重者果肉中产生苦味物质。内部症状表现为三种类型：一是，果皮出现圆形凹陷区，逐渐向果肉下方延伸，果肉内形成圆柱形斑点，与苹果的苦核病症状相似。二是，褐色和木质化的圆形斑点在肉的外层发育。三是，症状发生在果皮，呈放射状、丝状分布。果肉中散在褐变和坏死斑，但果实表面无明显症状。第一种症状类型是最常观察到的。

8.3.4.2 发病的因素

（1）生长发育　软木斑病在大水果中比在小水果中更常见。因此，软木斑病的发生与果实生长发育，特别是果实膨大密切相关。

（2）果肉组织结构　软木斑果实的组织学观察表明，软木斑主要出现在果皮中，很少在靠近果心的组织中发育。软木斑最初出现在果实的维管束附近，并逐渐扩大范围。软木斑果的果肉组织结构发生了明显的变化，果肉组织的细胞间距和孔隙度增加，整体果肉质地疏松，最终呈现出更高的多孔结构。这些结果表明，软木斑病的发生与果肉中主要负责水分和营养物质运输的维管束的功能密切相关。

（3）营养元素　梨果实软木斑病的症状与苹果苦核病相似，已被证实与钙缺乏有关。因此，认为软木斑病的发生主要是由钙缺乏引起的。喷施钙可减轻梨软木斑病的发生。此外，某些矿物质营养素会影响水果中钙的有效性，例如，钾（K）和镁（Mg）可以拮抗钙在细胞膜上的吸收或功能，或竞争钙在细胞膜上的结合位点，果实中氮（N）含量高会加重苹果缺钙症状。

（4）植物生长调节剂　在果实扩大阶段，与未处理的果实相比，赤霉素处理的果实扩大得更快，这导致果实的营养状况不足。因此，用赤霉素处理亚洲梨可显著增加果实大小，降低果实含糖量，提高果实 pH 值，并显著增加软木斑病的发病率。

（5）环境因素　梨树的生长受气候因素的影响，如光照、温度和相对湿度，以及恶劣的天气事件，如低温、霜冻和冰雹。梨软木斑病是一种与营养胁迫有关的果实生理疾病。对这种疾病的研究离不开环境因素，环境因素在树木的整体营养平衡中起着重要作用。实地调查表明，同一果园同一管理方式下，不同年份梨果实软木斑病发病率低至 5%，高至 70%。这一发现表明，环境因素对梨软木斑病的发生有重要影响。光直接影响叶片蒸腾和光合作用，对梨树的营养状况和代谢起着重要作用。在强光下，叶片蒸腾作用增强，促进水分和营养物质从根部向叶片和果实的输送。但强光也会引起气孔关闭和叶片枯萎，对某些营养物质的吸收可能受到抑制，导致果实发生生理失调。软木斑病的发病率在袋装和未袋装水果之间有所不同，树木遮阴增加了软木斑病的发病率。温度是影响梨软木斑病发生的重要因素。夏季的高温促进了叶片和果实之间对水分的竞争，这加剧了果实的水分胁迫，增加了软木斑病的发病率。土壤的理化性质影响树木对养分的吸收，增加土壤有机质含量可以缓解梨的软木斑病。然而，在相同的管理措施下，生长在 pH 值高的碱性土壤中的树木软木斑病的发病率明显高于生长在 pH 值低的酸性土壤中的树木。

8.3.4.3 防治措施

果实发育早期的细胞分裂决定了果实中细胞总数和增大期果实的生长速度。为了改善未成熟果实的细胞分裂，应控制茎部生长和果实生长之间的平衡，以尽量减少枝条和叶片对营养物质的竞争对果实生长的影响。尽早疏果可以促进果实的细胞分裂，增加剩余果实中的细胞数量，有效防止果实膨大过程中细胞发育过大，进而减少软木斑病的发生。通过调整枝条角度和施肥控制树木的生长活力，可有效地减少枝条与果实之间的资源竞争。此外，大果实一般生长在树体的有利位置，对养分的需求旺盛，对养分供应敏感。因此，稳定的养分供应对于维持大果实的稳定生长和减少大果实软木斑病的发生具有重要意义。要避免不规律的施肥和供水，否则会导致果实发育节奏不稳定，特别是在新芽快速生长和果实扩大的时期。因此，根据树木的需要，保持稳定的肥水供应，协调幼芽与果实之间的水分和养分竞争，是控制软木斑病发生的关键。

施用有机肥可以改善果园土壤的理化性质，增强土壤对水和矿物质元素的保持能力。此外，施用有机肥对防止夏季土壤过度干燥和保持土壤 pH 值在 5～7 之间很重要，有利于防止软木斑病的发生。

在梨园安装悬挂式洒水系统，可以调节夏季的温度和相对湿度，有利于保持梨园树木的稳定生长和养分供应，减少软木斑病的发生。

本章思考题

1. 简述采后果蔬的主要病害种类及引起病害的病原菌。
2. 简述影响果蔬采后病害发生的主要因素和防治措施。
3. 什么是果蔬的侵染性病害？果蔬采后侵染性病害的病原物主要是什么？
4. 造成采后腐烂的病原物是通过哪些途径进入果蔬体内的？
5. 何谓果蔬的冷害？利用冰箱或冷库，选择几种果蔬观察其冷害的症状。
6. 果蔬贮运中一旦受冻，应采取哪些措施减少损失？

参考文献

[1] Parfitt J, Barthel M, Macnaughton S. Food waste within food supply chains: quantification and potential for change to 2050 [J]. Philos Trans R Soc Lond B Biol Sci, 2010, 365 (1554): 3065-3081.

[2] Harteveld D O C, Akinsanmi O A, Drenth A. Multiple *Alternaria* species groups are associated with leaf blotch and fruit spot diseases of apple in Australia [J]. Plant Pathology, 2013, 62 (2): 289-297.

[3] Ahmad T, Yang L, Huang S J, et al. First record of *Alternaria alternata* causing postharvest fruit rot of sweet cherry (*Prunus avium*) in China [J]. Plant Disease, 2020, 104 (7): 2030.

[4] Waqas M, Prencipe S, Guarnaccia V, et al. Molecular Characterization and Pathogenicity of Alternaria spp. Associated with black rot of sweet cherries in Italy [J]. J Fungi (Basel), 2023, 9 (10): 992.

[5] Williamson B, Tudzynski B, Tudzynski P, et al. *Botrytis cinerea*: the cause of grey mould disease [J]. Mol Plant Pathol, 2007, 8 (5): 561-580.

[6] Foster B J, Wilson I, Jacobs K. First report of *Botrytis cinerea* in South African blueberry orchards [J]. Journal of Plant Diseases and Protection, 2024, 131: 1731-1738.

[7] Zheng Z, Ma M, Zhu X, et al. First Report of *Penicillium oxalicum* causing postharvest fruit rot on citrus in China [J]. Plant Dis, 2023, 107 (4): 1230.

[8] Louw J P, Korsten L. Pathogenicity and host susceptibility of *Penicillium* spp. on citrus [J] . Plant Dis, 2015, 99 (1): 21-30.

[9] Kurtzman C P, Robnett C J. Relationships among genera of the *Saccharomycotina* (Ascomycota) from multigene phylogenetic analysis of type species [J] . FEMS Yeast Res, 2013, 13 (1): 23-33.

[10] Paes S A, Rosado A W C, Reis A, et al. Molecular phylogeny and morphological characterization of the aetiological agent of sour rot on fruits and vegetables in Brazil [J] . Plant Pathology, 2022, 71 (2): 386-399.

[11] Rotondo F, Klass T L, Scott K, et al. First report of neopestalotiopsis disease in ohio caused by an emerging and novel species of Neopestalotiopsis on Strawberry [J] . Plant Dis, 2023, 107 (3): 940.

[12] Oo M M, Yoon H Y, Jang H A, et al. Identification and characterization of *Colletotrichum* species associated with bitter rot disease of apple in South Korea [J] . Plant Pathol J, 2018, 34 (6): 480-489.

[13] Taba S, Harashima K, Nishihira M, et al. Anthracnose and similar symptoms on mango leaves are caused by several other pathogenic fungi, including *Colletotrichum* spp. [J] . European Journal of Plant Pathology, 2024, 169 (3): 515-528.

[14] Kwon J H, Ryu J S, Chi T T, et al. Soft rot of *Rhizopus oryzae* as a postharvest pathogen of banana fruit in Korea [J] . Mycobiology, 2012, 40 (3): 214-216.

[15] Gotz M, Karbowy-Thongbai B. First detection of *Trichothecium roseum* causing leaf spots on tomato in Germany [J] . Plant Dis, 2023, 107 (4): 1233.

[16] Landi L, De Miccolis A R, Pollastro S, et al. Genome sequence of the brown rot fungal pathogen *Monilinia fructigena* [J] . BMC Res Notes, 2018, 11 (1): 758.

[17] Sun J, Cao L, Li H, et al. Early responses given distinct tactics to infection of *Peronophythora litchii* in susceptible and resistant litchi cultivar [J] . Sci Rep, 2019, 9 (1): 2810.

[18] Denny T P. Involvement of bacterial polysaccharides in plant pathogenesis [J] . Annu Rev Phytopathol, 1995, 33: 173-197.

[19] Ryan R P, Vorholter F J, Potnis N, et al. Pathogenomics of *Xanthomonas*: understanding bacterium-plant interactions [J] . Nat Rev Microbiol, 2011, 9 (5): 344-355.

[20] Mansfield J, Genin S, Magori S, et al. Top 10 plant pathogenic bacteria in molecular plant pathology [J] . Mol Plant Pathol, 2012, 13 (6): 614-629.

[21] Parvin S M R, Taghavi S M, Osdaghi E. Field surveys indicate taxonomically diverse *Pectobacterium* species inducing soft rot of vegetables and annual crops in Iran [J] . Plant Pathology, 2023, 72 (7): 1260-1271.

[22] Honda M, Kondo T, Tanaka K, et al. Bacterial rot of Chinese yam caused by *Pseudomonas allii* [J] . Journal of General Plant Pathology, 2022, 88 (5): 325-330.

[23] Horuz S, Cetinkaya-Yildiz R, Mirik M, et al. Occurrence , isolation , and identification of *Acidovorax citrulli* from melon in Turkey [J] . Plant Protection Science, 2014, 50 (4): 179-183.

[24] Zhang X, Zhao M, Yan J, et al. Involvement of *hrpX* and *hrpG* in the virulence of *Acidovorax citrulli* Strain Aac5, Causal agent of bacterial fruit blotch in cucurbits [J] . Front Microbiol, 2018, 9: 507.

[25] Skelton A, Fowkes A, Frew L, et al. Tomato brown rugose fruit virus in imported tomatoes in the retail trade in the United Kingdom [J] . Journal of Plant Pathology, 2023, 105 (4): 1327-1333.

[26] 张维一，等．果蔬采后病害与控制 [M]．北京：中国农业出版社，1996.

[27] Asai S, Shirasu K. Plant cells under siege: plant immune system versus pathogen effectors [J] . Curr Opin Plant Biol, 2015, 28: 1-8.

[28] Zhang S, Li C, Si J, et al. Action mechanisms of effectors in plant-pathogen interaction [J] . Int J Mol Sci, 2022, 23 (12): 6758.

[29] Melotto M, Underwood W, Koczan J, et al. Plant stomata function in innate immunity against bacterial invasion [J] . Cell, 2006, 126 (5): 969-980.

[30] Gibson D M, King B C, Hayes M L, et al. Plant pathogens as a source of diverse enzymes for lignocellulose digestion [J] . Curr Opin Microbiol, 2011, 14 (3): 264-270.

[31] Kang Y, Jelenska J, Cecchini N M, et al. HopW1 from *Pseudomonas syringae* disrupts the actin cytoskeleton to pro-

mote virulence in Arabidopsis [J]. PLoS Pathog, 2014, 10 (6): e1004232.

[32] Wosten H A. Hydrophobins: multipurpose proteins [J]. Annu Rev Microbiol, 2001, 55: 625-646.

[33] Jones J D, Dangl J L. The plant immune system [J]. Nature, 2006, 444 (7117): 323-329.

[34] Yemmireddy V, Adhikari A, Moreira J. Effect of ultraviolet light treatment on microbiological safety and quality of fresh produce: An overview [J]. Front Nutr, 2022, 9: 871243.

[35] 罗云波，蔡同一．园艺产品贮藏加工学：贮藏篇 [M]．北京：中国农业大学出版社，2001.

[36] Naim Y B, Cohen Y. Replacing mancozeb with alternative fungicides for the Control of Late Blight in Potato [J]. Journal of Fungi, 2023, 9 (11): 1046.

[37] Wang Y, Xu Z, Zhu P, et al. Postharvest biological control of melon pathogens using *Bacillus lubtilis* Exwbl [J]. Journal of Plant Pathology, 2010, 92 (3): 645-652.

[38] Alfonzo A, Conigliaro G, Torta L, et al. Antagonism of *Bacillus subtilis* strain AG1 against vine wood fungal pathogens [J]. Phytopathologia Mediterranea, 2009, 48 (1): 155-158.

[39] Cline A R, Skelley P E, Kinnee S A, et al. Interactions between a sap beetle , sabal palm , scale insect , filamentous fungi and yeast , with discovery of potential antifungal compounds [J]. PLoS ONE, 2014, 9 (2): e 89295.

[40] Yuan S, Wang B, Wang M, et al. Antifungal mechanism of protocatechuic acid methyl ester against *Botrytis cinerea* in postharvest strawberry fruit [J]. Postharvest Biology and Technology, 2024, 211: 112787.

[41] Gotor-Vila A, Teixido N, Di Francesco A, et al. Antifungal effect of volatile organic compounds produced by *Bacillus amyloliquefaciens* CPA-8 against fruit pathogen decays of cherry [J]. Food Microbiol, 2017, 64: 219-225.

[42] Ling L, Wang Y, Cheng W, et al. Research progress of volatile organic compounds produced by plant endophytic bacteria in control of postharvest diseases of fruits and vegetables [J]. World J Microbiol Biotechnol, 2023, 39 (6): 149.

[43] Li S, Cheng Y, Yan R, et al. Preharvest spray with melatonin improves postharvest disease resistance in cherry tomato fruit [J]. Postharvest Biology and Technology, 2022, 193: 112055.

[44] 王列珍，王伟，樊林志．苹果贮藏期病害的成因及防控措施 [J]．河北果树，2020 (4): 27-28.

[45] 林小菊．果蔬贮藏期病害的发生原因及防治措施 [J]．现代农业科技，2009 (24): 190-193.

[46] 鲁周民．红枣优质栽培与贮藏加工技术问答 [M]．杨凌：西北农林科技大学出版社，2010.

[47] Khademi O, Ashtari M, Razavi F. Effects of salicylic acid and ultrasound treatments on chilling injury control and quality preservation in banana fruit during cold storage [J]. Scientia Horticulturae, 2019, 249: 334-339.

[48] 刘广全，陈海兵，杨茂生．厂矿附近植物被二氧化硫污染的情况纪实 [J]．植物保护，1992 (5): 37-38.

[49] Wu J, Tang R, Fan K. Recent advances in postharvest technologies for reducing chilling injury symptoms of fruits and vegetables: A review [J]. Food Chem X, 2024, 21: 101080.

[50] Zhang X, Cui Z. Review of fruit cork spot disorder of Asian pear (*Pyrus* spp.) [J]. Front Plant Sci, 2023, 14: 1211451.

第 9 章

鲜切果品蔬菜贮藏及保鲜

9.1 概述

9.1.1 鲜切果品蔬菜的概念

鲜切果蔬，也称为最小加工、轻微加工、半加工、即食或即用果蔬，是指以新鲜果蔬为原料，经分级、清洗、整修、去皮、切分、保鲜、包装等一系列处理后，再经过低温运输进入冷柜销售的即食或即用果蔬制品[1, 2]。国际鲜切农产品协会将鲜切果蔬定义为：任何在物理上改变了其原始形态，但仍处于新鲜状态的水果或蔬菜。

鲜切果蔬的发展原因与消费者对健康、方便食品的需求增加有关。随着社会的快速发展，人们的生活节奏不断加快。在忙碌的工作和生活中，人们更加倾向于选择方便、快捷的食品。鲜切果蔬无需进行烦琐的清洗、去皮、切割等处理过程，节省了消费者的时间和精力。此外，现代社会中，人们的饮食习惯和生活方式发生了很大变化。越来越多的人开始追求健康、均衡的饮食，果蔬在日常饮食中的重要性日益凸显。鲜切果蔬既保留了果蔬的新鲜度和营养价值，又方便食用，符合现代人的健康理念。

鲜切果蔬虽然因其便捷性和新鲜度受到消费者的喜爱，但也存在一些缺点。首先，鲜切果蔬的保质期相对较短，由于切割处理破坏了果蔬的自然保护层，使得它们更容易受到微生物的污染和侵袭，导致品质下降和腐败变质的风险增加。其次，切割过程中可能会引起果蔬的生理生化变化，如褐变、呼吸强度增加等，这些变化不仅影响产品的外观和口感，还可能导致营养价值的降低。此外，鲜切果蔬在加工、包装和运输过程中对环境条件的要求较高，不当的处理可能会导致品质的进一步下降。为了规范鲜切果蔬的加工和销售，确保消费者的饮食安全，国家卫生健康委员会和国家市场监督管理总局发布了《食品安全国家标准　即食鲜切果蔬加工卫生规范》（GB 31652—2021）。该标准规定了即食鲜切果蔬生产过程中原料采购、验收、加工、包装、贮藏和运输等环节的场所、设施与设备、人员的基本要求和管理准则。国际鲜切农产品协会（IFPA）也发布了《食品安全指南》，为鲜切果蔬行业提供了食品安全的指导和建议。这些指南包括对加工环境、设备卫生、员工培训和个人卫生等方面的要求，以确保鲜切果蔬产品的安全性和品质。

9.1.2 鲜切果品蔬菜产业发展现状

国外鲜切果蔬行业的发展起源于消费者对便捷食品需求的增长以及食品加工技术的进

步。20世纪中期，随着西方发达国家经济的快速发展，人们的生活节奏加快，对方便、健康食品的需求日益增加。传统的果蔬消费方式需要消费者花费大量时间进行清洗、去皮、切割等处理，无法满足快节奏生活的需求。同时，冷链物流技术、加工技术和包装技术等相关技术领域取得了显著的进展。例如，制冷技术的发展使得冷链物流成为可能，能够确保鲜切果蔬在贮存和运输过程中的新鲜度；加工设备的改进可以更精确地对果蔬进行切割、清洗等操作，减少对果蔬组织的损伤；包装材料的创新则为鲜切果蔬提供了更好的保护，延长了其货架期。这些技术的发展为鲜切果蔬行业的兴起奠定了基础。

国外鲜切果蔬行业在生产、加工、包装、运输等各个环节都遵循严格的标准和规范。例如，美国食品药品监督管理局（FDA）和欧盟都制定了详细的食品安全标准和卫生规范，涵盖了从原料采购到成品销售的全过程。日本、美国和欧洲的许多工业化国家普遍构建了以危害分析和关键控制点（HACCP）为核心的现代鲜切果蔬商品化处理体系——产品质量管理和保障体系。

国内鲜切果蔬行业的发展起步相对较晚。最初是受到国外饮食文化和消费模式的影响，随着我国经济的快速发展和城市化进程的加快，人们的生活方式和消费观念逐渐发生变化，对便捷食品的需求开始增加。20世纪末到21世纪初，一些大型超市开始引入鲜切果蔬产品，但当时市场规模较小，消费者对鲜切果蔬的认知度也较低。随着国内冷链物流的逐步发展，为鲜切果蔬的贮藏和运输提供了一定的保障，鲜切果蔬行业开始逐渐发展起来。同时，国内农业产业化进程的加快，使得果蔬供应更加稳定和充足，为鲜切果蔬行业提供了丰富的原料来源。此外，一些企业开始引进国外先进的加工技术和设备，以不断提高鲜切果蔬的加工水平和产品质量。

鲜切果蔬产业发展现状呈现出机遇与挑战并存的局面。从积极方面来看，随着现代生活节奏的加快，消费者对便捷、即食食品的需求不断增长，鲜切果蔬正好契合这一需求。在生产技术上，如保鲜技术、包装技术不断进步，气调包装、冷链物流等的发展使得鲜切果蔬的保鲜期得以延长，能够到达更远的市场。而且，健康饮食观念的深入人心也促使更多人选择富含营养的鲜切果蔬。然而，该产业也面临诸多挑战。在质量控制方面，鲜切果蔬容易受到微生物污染，需要严格的生产卫生标准。其加工成本相对较高，包括设备投入、保鲜处理等，这在一定程度上限制了价格竞争力。在市场推广上，消费者对鲜切果蔬的新鲜度和安全性仍存在疑虑。

9.1.3 鲜切果品蔬菜加工保鲜的意义

我国作为农业大国，果蔬产量规模十分庞大，2023年我国水果产量高达3亿吨。然而，高产量的背后却是果蔬浪费现象严重。一方面，在采收、运输和贮藏环节，由于缺乏合适的技术和设备，许多果蔬因磕碰、腐烂而无法进入市场销售；另一方面，在消费端，由于消费者购买习惯以及对果蔬新鲜度的高要求，一些外观稍有瑕疵或者临近保质期的果蔬往往被弃之不用。目前果蔬的损耗率在25%～35%之间，即大约有三分之一的水果在采后流通环节损失掉，这不仅是对资源的巨大浪费，也给环境带来了不必要的压力。因此，鲜切果蔬行业的发展显得尤为重要。这一行业的发展为解决我国果蔬产量规模与浪费量之间的矛盾提供了一个可行的方案。鲜切果蔬的加工可以对在传统销售模式下可能被浪费的果蔬进行再利用，通过采用先进的保鲜技术和加工工艺，延长其保质期，从而减少果蔬在流通和消费环节的浪费。此外，随着人们生活节奏的加快和消费观念的转变，鲜切果蔬以其便捷性越来越受到消费者的欢迎，这也为我国庞大的果蔬产量开辟了新的市场空间，有助于提升我国果蔬产业的整体经济效益，推动我国果蔬产业向着更加可持续的方向发展。因此，在我国积极倡导和推广鲜切果蔬上市流通具有极其重要的意义。

第一，减少农产品损耗。水果和蔬菜采摘后，自然状态下容易腐烂变质。通过加工保鲜技术，如气调包装、冷藏等，可以有效抑制微生物生长、酶的活性和果蔬的呼吸作用，从而延长鲜切果品蔬菜的货架期。加工保鲜可以在农产品达到最佳食用品质时进行处理，减少因贮存不当或自然衰老导致的变质浪费，提高农产品的整体利用率，从农业生产的宏观角度看，鲜切果蔬有助于提升农业资源的有效利用。

第二，推动农业产业发展。鲜切果品蔬菜加工产业的发展可以带动农业产业的升级和转型。一方面，加工企业对水果和蔬菜的需求增加，可以促进农民扩大种植面积，提高农产品的产量和质量；另一方面，鲜切果品蔬菜加工保鲜涉及包装、冷链物流、保鲜技术研发等多个相关产业。其发展能够带动这些产业的协同进步，如促进新型包装材料的研发、冷链运输设备的升级等，以形成一个完整的产业链，这对整个农业和相关产业的发展具有积极的推动作用。

第三，提高经济效益。鲜切果品蔬菜加工属于农产品的深加工领域，相比于原始的农产品，经过加工保鲜的鲜切产品具有更高的附加值，可以为农业企业和农民带来更多的经济收益。此外，鲜切果品蔬菜加工产业还可以带动相关产业的发展，如包装材料、物流运输等，可进一步提高经济效益。

第四，促进就业与带动相关产业发展。鲜切果蔬行业涵盖了种植、加工、包装、运输、销售等多个环节，在每个环节都需要大量的劳动力。从农村的果蔬种植、初加工，到城市的包装、配送、零售等，能够为不同层次的劳动者提供就业机会，特别是可为农村剩余劳动力提供就近就业的选择。同时其发展还能带动包装材料行业（如新型保鲜包装材料的研发与生产）、冷链物流行业（确保鲜切果蔬的低温运输和贮存）、食品加工设备制造业（专业的鲜切加工设备）等相关产业的协同发展，形成产业集群效应，促进整个国民经济的发展。

9.2　鲜切果品蔬菜的品质变化及影响因素

9.2.1　鲜切果品蔬菜的基本生产工艺

鲜切果蔬的基本生产工艺从材料选择到包装，每一步都对果蔬的品质产生重要影响。切割过程中细胞结构的破坏、酶促反应的激活以及水分流失是影响品质的主要因素[3]。通过研究鲜切果蔬的品质变化和影响因素，优化每个步骤的处理方式，如选择合适的杀菌方法、使用气调包装等，可以有效延长鲜切果蔬的货架期，同时保持其良好的感官和营养品质[4]。随着鲜切果品蔬菜市场的发展，为了规范鲜切果蔬的生产，目前已发布了多项关于鲜切果品蔬菜的国家标准、地方标准等。表 9-1 为鲜切果蔬基本生产工艺和设备以及关键控制环节[5]。

表 9-1　鲜切果蔬基本生产工艺和设备以及关键控制环节

序号	基本生产工艺	生产设备	关键控制环节
1	原料挑选	分选机	废弃物管理
2	清洗消毒	不锈钢水槽、清洗机等	消毒液种类及浓度、水温及消毒控制时间
3	去皮/去蒂/切制等	削皮机、切块机等截切设备	形状、大小、削切深度
4	漂洗	不锈钢水槽、清洗机	水的净化、软化、纯化
5	护色	喷淋或浸泡设备	食品添加剂使用应符合 GB 2760 的规定
6	去除表面水分	甩干机、离心机等	时间、方式、温度指标

续表

序号	基本生产工艺	生产设备	关键控制环节
7	包装	半自动或自动定量包装机、生产日期打印装置、计量称重设备等	卫生指标、净含量
8	在线或成品金属检测	X线异物监控设备或金属检测设备	自动控制，按设备要求使用
9	成品贮藏	冷库	库体消毒、成品分类摆放、库温

9.2.2 鲜切果品蔬菜的生理特点

鲜切果品蔬菜因其需保持鲜活状态，既不同于新鲜果蔬原料，又不同于传统意义上的加工产品，具有特殊的市场流通特点。鲜切果品蔬菜由于去除了果蔬不能食用的部分，并经过切分等处理，这类产品的品质相对于原料更容易发生变化，因此它们通常只能在货架上保存1周左右。即使在如此短的时间内，为了防止鲜切产品出现生理衰老、组织变色（尤其是褐变）、质地软化、风味下降以及微生物滋生等问题，并确保产品的安全性，鲜切果品蔬菜在生产和流通过程中也需要专门的设备和技术[9]。

鲜切果品蔬菜的生理特点主要表现为在植物组织损伤或胁迫环境下，果蔬仍然以生命活动为中心，进行一系列代谢活动。这些活动包括呼吸、乙烯生成、愈伤组织的形成以及次生代谢的变化。由于鲜切果蔬在加工过程中经历了清洗、削皮、切割等操作，导致植物组织受到机械损伤，并且在贮存过程中还会面临环境胁迫如低温、缺氧和干燥等，因此，其生理活动显著不同于收获前或未处理的果蔬[10]。

9.2.2.1 乙烯与呼吸

乙烯是果蔬在损伤或成熟过程中产生的一种气态激素，起到促进果蔬成熟、加速衰老的作用。在鲜切果蔬中，机械损伤常常会导致乙烯的大量生成，从而加速其呼吸作用。果蔬切分后，乙烯释放速度会快速增加，从而促进组织的成熟、软化和衰老。在大多数果蔬品种中，切分造成的伤害会导致乙烯在组织材料中迅速释放，在6～12h内即达到高峰。除了在水果成熟过程中促进组织软化的有益作用外，乙烯还会对水果的质地产生不利影响，它会使黄瓜和辣椒变软，或使芦笋和红薯变韧。许多成熟水果和蔬菜的硬度随着乙烯的处理而下降。当与成熟相关时，这通常是有益的（例如杏、鳄梨、西瓜、梨和番茄），但如果使用时间过长，可能会导致果蔬衰老，果肉变得太软。如西瓜在乙烯下暴露3d，果肉即出现过度软化和浸渍现象[11]。

呼吸作用是果蔬生命活动的基本代谢过程，通过消耗贮存的糖分和有机酸生成能量，但同时也会导致果蔬组织的营养物质耗尽、质地软化和风味的改变。有研究证实，花椰菜在切分30min后，呼吸强度增加了37mg/(kg·h)，随着时间延长，呼吸强度不断增强；胡萝卜切分后呼吸强度增加6～7倍。伤呼吸的增强加速复杂物质的降解，活化三羧酸循环和电子传递链，加速O_2的消耗，增加CO_2的释放和热量产生。值得一提的是，鲜切果品蔬菜消耗的O_2远远超过呼吸所需要的O_2，其中很大一部分被各种还原性物质（如酚类）氧化所消耗。

呼吸作用的强度与乙烯生成之间存在密切的关系。高呼吸率的果蔬（如香蕉、番茄）在损伤后乙烯生成迅速，导致果蔬快速成熟和衰老。相反，低呼吸率的果蔬（如苹果、胡萝卜）对乙烯较不敏感，但在加工后仍然会经历呼吸作用的增强。因此，在鲜切果蔬的贮存中，控制呼吸作用和乙烯生成是延长保质期和保持质量的重要措施[12]。

9.2.2.2 愈伤与次生代谢

果蔬愈伤是指部分果蔬采后通过一段时间的高温高湿处理，使其在收获或运输过程中造成的伤口迅速形成木栓层，以防止病菌侵入和腐败的过程。果蔬在切分后，受伤部位的细胞壁会产生和沉积木栓质及木质素[13]。植物组织受损后，果蔬会启动愈伤组织的形成，以封闭伤口并恢复组织的完整性。愈伤组织的形成伴随着次生代谢的激活，次生代谢产物包括多酚类物质、黄酮类化合物和木质素等，这些物质不仅在植物防御中发挥作用，还影响果蔬的色泽、风味和营养价值。

多酚类物质在损伤后往往会积累并通过酶促反应产生褐变现象，这一过程会影响果蔬的感官质量[14]。此外，木质素的生成会导致果蔬组织的硬化，影响其质地。次生代谢的激活还可能导致抗氧化物质的增加，这些物质有助于延缓果蔬的氧化变质过程。对于以整个器官为销售目的的果蔬，愈伤有利于产品的贮运和品质保存；对于鲜切果品蔬菜产品，组织的愈伤可能会改变产品的外观，影响商品感官性状和降低食用价值。

9.2.3 鲜切果品蔬菜的品质变化

9.2.3.1 外观品质的变化

鲜切果蔬的外观品质在加工和贮存过程中会经历显著变化，主要表现为色泽变化、表面萎蔫和果蔬表面腐败与霉变。

由于机械损伤或暴露于氧气中，鲜切果蔬容易发生酶促褐变反应，特别是在富含多酚类物质的果蔬中（如苹果、土豆）。这种褐变会导致果蔬颜色变暗或变黄，显著影响其感官品质。某些果蔬在贮存过程中，因氧化作用或维生素 C 的降解，原有的鲜艳色泽会逐渐褪去，变得暗淡或失去光泽。这在色彩鲜艳的蔬菜（如胡萝卜、红椒）中尤为明显[6]。鲜切果蔬在贮存期间容易失水，导致表面萎蔫或皱缩。特别是在贮存条件不佳、湿度较低的情况下，果蔬的水分散失会加速，使其外观变得干瘪。在贮存过程中，鲜切果蔬可能因微生物的繁殖而出现腐烂现象，表现为表面变色、组织变软甚至出现异味，这种情况通常发生在贮存温度不当或损伤严重的果蔬上。贮存环境湿度过高或通风不良时，果蔬表面容易滋生霉菌，形成霉斑，这不仅严重影响外观，还可能产生有害的真菌毒素[7]。

9.2.3.2 食用品质的变化

鲜切果蔬在加工和贮存过程中，其食用品质会受到多方面的影响而发生变化，包括风味、口感、营养成分等方面的变化。这些变化会直接影响消费者的食用体验和对产品的接受度。

鲜切果蔬在加工过程中，尤其是切割、削皮等机械处理，会导致挥发性香气成分的散失。此外，贮存期间呼吸作用和氧化反应会进一步减少香气物质的含量，使果蔬的自然风味减弱。贮存过程中，特别是在低温或缺氧环境下，果蔬可能发生厌氧呼吸，产生乳酸、乙醇等异味物质。同时，微生物的活动也可能导致腐败气味的产生。

随着贮存时间的延长，果蔬中细胞壁降解酶的活性增加，导致果蔬组织软化，口感变差。例如，切片的黄瓜或番茄在贮存几天后常常会失去原有的脆感。某些果蔬在受损后，由于愈伤组织的形成或木质素的积累，质地可能变得较为坚硬，口感变差。这种现象在如胡萝卜、土豆等根茎类蔬菜中较为常见。

鲜切果蔬中的维生素，尤其是维生素 C，对光、热和氧非常敏感。在加工和贮存过程中，这些维生素容易发生氧化，导致含量显著下降。例如，切割后的西蓝花或柑橘类水果，其维生素 C 含量可能在短时间内迅速降低[8]。除了维生素外，鲜切果蔬中的多酚类抗氧化物质也容易因加工处理和贮存条件的不当而减少，这不仅影响果蔬的营养价值，还可能影响其风味和色泽。另外，呼吸作用会消耗果蔬中的糖分和有机酸，使其甜度和酸度发生变化。随着贮存时间的延长，果蔬的甜味和酸味可能减弱，进而影响其整体风味。

9.2.4 影响鲜切果品蔬菜品质的因素

9.2.4.1 生理衰老

生理衰老是指果品蔬菜在收获后仍然进行的自然老化过程，它显著影响鲜切果蔬的品质。生理衰老过程中，果蔬的细胞壁成分，如果胶和纤维素，会被水解酶分解，导致果蔬组织软化，而木质素的积累会增加，使其质地变硬，软化或硬化的果蔬不仅口感变差，还容易损坏和腐烂。例如，鲜切的番茄或草莓在衰老过程中容易变得软烂，不再具有脆爽的口感。胡萝卜和芹菜老化时，影响口感和食用性[14]。随着衰老的进行，果蔬的呼吸作用增强，消耗了内部的糖分和有机酸。糖分的减少会降低果蔬的甜度，而有机酸的减少会使果蔬的酸味减弱，导致整体风味变淡或口感变得不佳。另外，衰老过程中，代谢失衡可能导致一些不良风味物质的积累，如醛类和酮类化合物，这些物质会使果蔬产生异味，影响食用品质。随着果蔬生理衰老，组织的结构完整性下降，抵抗微生物侵染的能力减弱，腐败和霉变的风险增加。微生物的繁殖不仅会导致果蔬变质，还可能产生有害物质，影响食品安全[15]。

生理衰老通过影响质地、风味、营养成分、水分含量以及抗病能力等，直接决定了果蔬的食用品质和保质期。因此，延缓生理衰老的技术，如适当的温度控制、气调包装、抗氧化处理等，在鲜切果蔬的保鲜和贮存中至关重要[16]。

9.2.4.2 损伤

机械损伤对鲜切果品蔬菜的品质有着深远的影响。由于鲜切果蔬通常经过清洗、削皮、切割等机械操作，导致组织受损，而这些损伤会直接或间接引起一系列生理、化学和微生物变化，影响其外观、质地、风味和营养价值。

机械损伤会破坏果蔬的细胞结构，使内部的酚类化合物与多酚氧化酶接触，导致酶促褐变反应。这种反应会使果蔬表面出现褐色或黑色斑点，影响其外观。这在切片的苹果、土豆等果蔬中尤为常见。受损部位由于暴露在空气中，容易发生氧化反应，导致天然色素如类胡萝卜素和叶绿素的降解，使果蔬颜色因此变得黯淡无光。机械损伤会释放出细胞中的挥发性香气成分，同时加速这些香气成分的挥发和氧化，从而导致果蔬风味减弱。随着时间的推移，贮存中的果蔬可能失去原有的鲜美风味。机械损伤会显著增加果蔬的呼吸速率，导致能量和贮存物质的快速消耗，加速其成熟和衰老进程。另外，机械损伤会触发乙烯的大量生成，进一步加速果蔬的成熟、衰老和质地劣化。

9.2.4.3 微生物

微生物对鲜切果品蔬菜的品质有显著影响，尤其是在加工、贮存和运输过程中。微生物的生长和代谢活动可以导致果蔬的腐败、风味改变、质地劣化以及食品安全风险的增加。细菌、酵母和霉菌等微生物在果蔬表面和内部生长繁殖，分解果蔬中的碳水化合物、蛋白质和脂肪，导致腐败。腐败通常表现为果蔬的软化、变色、产生异味和渗液。例如，鲜切的生菜或菠菜在贮存期间容易受到细菌污染，导致叶片变黑、发黏。霉菌在潮湿环境下生长迅速，容易在果蔬表面形成霉斑，影响外观并可能产生有害的霉菌毒素，如黄曲霉毒素，这不仅影响食品品质，还带来健康风险。微生物分泌的酶，如果胶酶、纤维素酶等，会分解果蔬细胞壁的多糖成分，导致果蔬组织软化、质地变差。严重时，果蔬会变得极其松软甚至腐烂，失去食用品质。例如，霉菌感染的草莓在贮存过程中会变得软烂且渗出汁液。

9.3 鲜切果品蔬菜贮藏保鲜技术

水果与蔬菜作为饮食结构的关键要素，对于补给人体不可或缺的维生素、矿物质、生物酶及植物纤维至关重要，在促进饮食平衡、维护健康及增强体质方面发挥着核心作用，并能有效防御由营养失衡所引发的一系列生理疾患。随着社会进步和经济水平的提升，民众在满足基本温饱需求之余，愈发重视饮食的营养均衡与多样性，从而加剧了市场对新鲜果蔬资源的迫切需求。果蔬的特性使其在采收后具有稳定的蒸腾和呼吸状态，极容易导致品质下降。在果蔬成熟期间线粒体内电子传递链生成的活性氧可导致细胞结构的破坏，进而降低果蔬的商品价值与接受力度。因此，为遏制果蔬的高腐损率并延长其货架期，探究高效的保鲜存储技术势在必行[17]。

9.3.1 褐变及其控制技术

食品的褐变分为酶促褐变和非酶促褐变，后者主要涉及食品受热时发生的褐变反应，如美拉德反应和焦糖化。新鲜水果在贮藏过程中主要涉及酶促褐变。以鲜切水果为例，它们经过加工（去皮、切丁、切片等），遭受大规模的机械损伤、细胞内容物泄漏和暴露于氧气中，导致多酚氧化酶（PPO）催化酚类氧化并形成棕色色素样物质和黑色素，除引起果蔬产品色泽、风味等感官性状下降外，还会造成营养价值损失，甚至影响该产品的食用安全性。据估计，每年约有50%的水果和蔬菜因酶促褐变而被浪费。因此，研究PPO相关生物学和抑制技术具有实用价值[18]。在鲜切果蔬加工领域，褐变控制是一个关键因素。消费者的购买决策很大程度上基于产品外观，尤其是色泽的吸引力，为评价产品质量的直观标准。因此，不佳的色泽不仅会削弱产品的市场竞争力，还可能减少消费者在食用时的满意度和享受度。如何有效抑制PPO活性一直是解决鲜切产品褐变问题的重点。

果蔬加工过程中褐变主要分为两大类别。一类是由抗坏血酸氧化分解，或多元酚氧化缩合反应，或蛋白质、氨基酸的氨基与还原糖等的羰基相互作用并发生缩合、聚合反应（美拉德反应）等，最终形成暗褐色物质，引起非酶促褐变。另一类是由氧化酶类引起果蔬中的酚类等成分氧化而产生的褐色变化，称为酶促褐变。酶促褐变是果蔬褐变现象中的主导类型，尤其对鲜切果蔬制品影响显著。该过程普遍被认为涉及果蔬内酚类化合物在酶催化下的氧化作用，酚类化合物转化为醌类化合物，随后这些醌类化合物进一步经历聚合反应生成褐色物质。酶促褐变发生的三种关键要素为酚类底物、酶及氧气。在正常状态下，酶促褐变的进程通常是缓慢乃至静止的，主要归因于细胞内酶与底物的空间隔离。然而，一旦果蔬组织遭受来自内外环境的损伤，这种天然的屏障即被突破，便会触发并加速酶促褐变的进程。鲜切果蔬在经历切割后，会由于多重胁迫因素的共同作用，进而诱发特有的酶促褐变现象，这一过程显著区别于未切割组织，主要表现在加速的褐变速率、褐变程度高低以及更为复杂的褐变机制。

针对酶促褐变的管控策略，主要聚焦在底物的去除、氧气供应的限制及酶活性的抑制等。尽管实践中直接移除果蔬中的褐变底物极为困难，但通过科学选择原料品种，能在一定程度上实现底物含量的初步控制，从而减轻褐变倾向。通过对苹果、梨及甜瓜等进行多样化的鲜切实验，研究者发现不同果蔬种类间的本质差异是决定其褐变速率的关键因素，同时采收成熟度对其鲜切果蔬产品褐变发生速率也有重要影响。因此，为有效抑制褐变现象，选取果蔬种类与品种时必须考虑其较低的褐变潜力，并优化采收成熟度，以此来减弱褐变的发展速度及程度。在实际生产中，抑制酶促褐变的关键策略集中于调节酶活性及氧气供应，具体有以下 3 个途径：①改变影响酶活性的外部条件（例如，热处理、低温保存、添加酶抑制物质、调整 pH 值或减少水分活度等），以降低酶活性乃至使其完全失活；②隔绝氧气或限制氧气的供应（如真空包装、气调包装、表面涂覆保护层等）；③使用抗氧化剂（如异抗坏血酸、抗坏血酸、半胱氨酸、亚硫酸盐等）处理。生产中酶促褐变的控制主要采用低温、气体调节等物理方法，辅以酸、盐等化学物质的单一或复合施用等化学方法。

(1) 低温调节（LTC）　这是一种采后策略，它将对冷却敏感的植物组织暴露在略高于其冷却损伤（CI）阈值的温度下，它通过增强水果对低温胁迫的抵抗力来缓解收获后水果的冷害症状。它将通过调节乙烯信号转导的基因表达来保持水果的风味品质。此外，LTC 通过增强抗氧化系统、抑制膜脂质分解代谢和维持活性氧（ROS）稳态等机制缓解水果中的 CI 症状。低温可直接抑制酶的活力，减慢褐变反应的速率和强度。适宜的低温还可间接抑制与褐变有关的酚类物质的合成和释放，保持细胞膜的稳定性和酚与底物的区域化分隔，从而减慢褐变的速率。鲜切果蔬适合在<8℃下生产，在 0～4℃下贮运和销售，因而冷链是保证鲜切果蔬品质的关键。适当高温处理也有利于减少酚类物质的积累和随后发生的组织褐变。

(2) 气调包装（modified atmosphere packaging，MAP）　是指在湿度、温度等一定的贮存条件下，通过改变包装内的气体环境，以降低果蔬的代谢率，延长其贮存期的包装技术。目前用 MAP 结合复合薄膜包装水果和蔬菜应用广泛，其通过维持一定的 CO_2 和 O_2 浓度在特定水果和蔬菜的包装内，来抑制水果和蔬菜的呼吸速率，从而保持其新鲜度。MAP 作为一种安全、无污染、低成本的保鲜技术，可以使果蔬保持 5～14d 的新鲜度，目前在国内具有广阔的发展前景。

(3) 化学抑制剂　其应用的主要制约因素是安全问题。低成本的二氧化硫和亚硫酸盐是非食用产品有效且实用的 PPO 抑制剂，但由于对过敏的担忧，它们在许多国家的食品领域被禁止。目前，工业上常用的褐变抑制剂有抗坏血酸及其衍生物、有机酸、含硫氨基酸及其组合。化学抑制剂通常分为还原剂、酸化剂、螯合剂、竞争性或非竞争性抑制剂、氧化剂。常见的还原剂和酸化剂降低 PPO 活性的机理包括抑制剂的氢键供体（羟基、氨基和硫原子）与特定的 PPO 氨基酸残基之间形成氢键，以及羟基、氨基和羧基与铜离子的接触。还有人认为，具有强电负性的小分子可能具有更好的褐变抑制能力，因为它们可以完全进入活性位点并与带正电荷的组氨酸与铜离子结合。已经发现了一种新的化学基团，具有降低 PPO 活性的作用。据报道，吲唑官能团可能与 PPO 活性中心的氨基酸残基相互作用。氮杂环化合物在 PPO 抑制中表现出双重作用：氮杂环与 Cu^{2+} 的相互作用以及配体与氨基酸残基的相互作用。以萘和羟基吡啶酮作为氮杂环的配体，表现出良好的可逆抑制效果。化合物毒理学性质的预测可用于开发安全的抗褐变化学试剂。基于已知会抑制 PPO 活性的化学基团和结构，可能会发现新的化学 PPO 抑制剂。还可以对一些天然 PPO 抑制剂进行化学改性，以提高其抑制效果或尽量减少其缺点。最常见的天然褐变抑制剂是植物来源的酚类化合物，它们主要通过静电相互作用和氢键与活性中心结合，作为底物类似物占据 PPO 活性中心。含巯基氨基酸 L-半胱氨酸是一种传统的褐变抑制剂。近年来，其他氨基酸也被发现具有褐变抑制能力。如天冬氨酸和谷氨酸含有两个羧基，具有酸化作用，可抑制 PPO 活性[19]。

9.3.2 质地控制技术

除了上述褐变现象外，鲜切果蔬的质地也是一项关键的质量评估标准。当前应用于减缓鲜切果蔬加工过程中质地变化的策略主要包括钙离子处理、可食用涂层处理以及热处理。钙是园艺作物中的主要调节离子，通过物理和生化机制在果实成熟中起重要作用。钙处理是一种安全无毒的处理方法，能有效延缓果实成熟，保持果实品质。例如，水果中的高钙浓度会降低水果的呼吸速率，抑制乙烯的产生，并延迟水果的成熟。Ca^{2+} 作为二价阳离子营养元素，在延缓衰老以及提高细胞壁和膜结构的抗氧化能力方面起着重要作用。在 Ca^{2+} 和果胶中的羧基交联过程中可形成一种称为“蛋盒”的结构，这有助于增加细胞壁的强度和组织结构的坚固度。氯化钙（$CaCl_2$）作为防腐剂和固化剂，已被广泛用于鲜切果蔬的保鲜，因为它能有效抑制病害的发生，抑制乙烯的产生，延缓果蔬的衰老[20]。一些研究表明，$CaCl_2$ 处理与其他方法相结合是果蔬保鲜的好方法。阿拉伯树胶涂层联合氯化钙的处理可有效缓解果实腐烂和延迟果实成熟。壳聚糖与 $CaCl_2$ 的协同处理，依托 SSP 进程（即特定的物理吸附耦合过程，Ca^{2+} 凭借静电引力及配位键合等作用，与质子化壳聚糖基团发生多维度相互作用），促使 Ca^{2+} 与质子化壳聚糖基团间构建起稳固的化学关联。采后钙处理可有效减轻苹果果实的生理病害，延缓苹果果实的衰老。钙和热水处理相结合，可保留柿子的抗氧化特性。延长柿子采后寿命。在木瓜中，采前或采后钙处理可以延缓果实的成熟和衰老，并抑制采后病害。$CaCl_2$ 和 0℃ 冷水相结合处理可以抑制甜樱桃的呼吸速率，帮助它们保持更明亮的光泽，增强它们的抗氧化系统，减少膜脂的过氧化。此外，采用浸泡或真空渗入 $CaCl_2$ 的办法，可以提高猕猴桃、芒果、苹果等的组织硬度。

9.3.3 风味劣变控制技术

水果风味劣变是一个复杂的、多因素的过程，可归因于氧胁迫、温度胁迫、微生物感染和乙烯等诱发因素。水果在采后贮藏过程中极易发生风味劣变，不仅会损害品质，还会严重影响其市场价值。风味劣变的发生可能导致具有异味的物质产生，包括乙醇、乙醛、乙酸乙酯等代谢化合物。此外，风味劣变会引发挥发性化合物的组成和含量发生变化。异味物质主要是指不属于水果本身的物质，或经过一系列生化反应，成为具有异味的化合物。挥发性化合物在一定的气味阈值下可以散发出令人愉悦的香气，可丰富产品的风味特性。但是，一旦超过一定的气味阈值，就可能产生“草味”“刺激性气味”甚至“脂肪味”和“苦味”等，从而破坏产品的整体感官风味。风味物质组成和含量的变化可能表现为水果原有特征香气成分的降解，导致水果特征香气的丧失。或者，水果香气物质的变化可能导致某些非关键香气物质含量的增加，使其转化为关键香气物质，引起水果香气的变化，这是水果风味变差的结果。

9.3.3.1 采收期

采收期对水果的贮藏耐受性具有显著影响。采摘时机偏早，水果往往未能充分展现出其品种特有的风味与质量，在后续的贮存过程中易于失水，并可能促进某些生理病害的发生。相反，若采摘时间过迟，水果在贮存期间会加速衰老，从而缩减其可贮存期限。鉴于此，选择一个适宜的采摘时间对于水果的贮藏效果至关重要。以柑橘类为例，最理想的采摘时机是果实大部分色泽转为成熟黄色，但仍保留少量绿色。

9.3.3.2 贮藏期

柑橘类果实中，柠檬展现出最佳的贮藏耐性，其次是甜橙类，再次是柑类；而橘类则被认定为贮藏耐性最低的一类，它们在贮藏过程中极易出现枯水现象，即水分大量丧失导致的果肉干瘪。贮藏后期会不可避免地出现风味淡化、不良气味的产生及芳香化合物的减少等现象，这将导致果实品质的显著下降。因此，应依据不同柑橘品种的贮藏耐受性，确定最适贮藏周期。

9.3.3.3 保鲜处理

(1) 预冷　果实的预冷在通风、干燥、凉爽，以及不受阳光直射的条件下即可进行。预冷处理的时间因柑橘种类的不同而有所差异，一般来说，甜橙类预贮 2～3d，柚类和宽皮柑橘类预贮 3～5d 为宜，且以预贮温度 7℃、相对湿度 75%为宜。当用手轻捏果实，感觉有弹性或者果实失重率为 1%～2%时，即可结束预贮。现有研究已明确指出，经过恰当预处理的柑橘果实，其表面褐变斑点的发生率及贮藏后期的枯水现象明显减少，证明预贮对于那些在贮藏期间易于发生病害的柑橘种类具有极其重要的预防作用。

(2) 植物生长调节剂保鲜　将植物生长调节剂（PGR）用于果品贮藏中，可以起到护色、降耗及增强耐贮性等作用，还可调节果蔬采后的生命活动，保鲜效果明显。植物生长调节剂天然存在于植物中。主要的 PGR 包括脱落酸、生长素、油菜素内酯、赤霉素、茉莉酸、细胞分裂素、乙烯、水杨酸、独脚金内酯、一氧化氮和多胺[21]，如表 9-2 所示。

表 9-2　植物生长调节剂及其功能

植物生长调节剂	果蔬种类	功能
生长素	芒果、香蕉、番石榴、葡萄、苹果、梨、石榴、枣椰、无花果、肉质水果、番茄、桃子	生长素，特别是吲哚-3-乙酸(IAA)，是整个植物生命周期中多种代谢和发育过程的主要调节因子，包括细胞分裂、顶端优势以及细胞扩增和分化。生长素还调节果实的形成，参与果实成熟过程，控制果实大小、果实生长、孤雌果的发展，加速成熟，抑制软化，调节果实产量和质量，诱导果实脱落
赤霉素	梨、芒果、奶油苹果、番石榴、枣椰、木瓜	赤霉素在茎伸长、种子萌发、开花、叶片扩张和果实发育等多种生理过程中发挥作用。赤霉素还通过激活光合酶和提高养分利用效率来提高植物的光合作用能力。赤霉素还可增加坐果率，促进果实生长，增加果实保留率，改善果实化学性质，增加果实硬度，并最大限度地提高果实长度、直径和重量
细胞分裂素	草莓、猕猴桃、覆盆子、葡萄、甜樱桃、荔枝	细胞分裂素在果实扩张，花果发育，果实膨大，提高果实重量，控制果皮褐变，保持和增强果实质地、风味和香气方面具有重要作用
脱落酸	苹果、香蕉、柑橘、葡萄、芒果、桃子、草莓、甜樱桃、番茄	脱落酸在调节果实成熟率、控制色素和颜色变化、增加花青素和酚类物质浓度、抗氧化性能、提高营养成分、促进果实软化、调节糖代谢和乙烯生物合成方面起着至关重要的作用
乙烯	梨、番茄、香蕉、葡萄、柑橘、草莓、甜樱桃	乙烯参与调节颜色变化，可作为果实成熟、花青素生物合成、果实软化、果实硬度、香气形成、刺激呼吸的指标
油菜素内酯	草莓、葡萄浆果、番茄、木瓜、芒果、百香果、橙子、西瓜	油菜素内酯参与调节植物的几种生理过程，从种子萌发到开花和衰老油菜素内酯都有参与
水杨酸	番茄、石榴、草莓、甜樱桃	水杨酸参与调节多种植物发育过程，如种子发芽和对各种环境刺激的免疫反应
茉莉酸(JA)和茉莉酸酯	葡萄柚、草莓、甜樱桃、番茄、苹果、葡萄	茉莉酸盐调节果实成熟，可能在植物胁迫反应中发挥作用。JA可加速果实成熟、着色、软化、香气形成，诱导防御相关基因表达，触发乙烯生产，还可防御臭名昭著的害虫和病原体
一氧化氮	苹果、香蕉、蓝莓、猕猴桃、橙子、草莓	一氧化氮参与各种发育活动，如种子萌发和花粉形成、根器官发生、根瘤代谢、衰老和细胞壁木质化，以及植物对生物和非生物胁迫的反应

(3) 单果包装　单果包装技术已被证实能显著减少柑橘类水果在贮藏期间的质量损失，有效抑制腐烂现象，并可有效延缓果实的劣变进程，实现保鲜效果。此技术已在甜橙、椪柑及温州蜜柑等多种品种上的应用验证了其保鲜效果，然而值得注意的是，单果包装的保鲜作用具有时限性，不同柑橘品种的最佳贮藏期限需分别考量。

9.3.3.4　贮藏条件

(1) 温度调控　采后水果温度调控是指将一些对低温敏感的水果在低温贮藏中通过一段时间的预冷，然后进行长时间的冷藏，或者在长时间的冷藏或冷藏后逐渐将温度升高到正常的保质期温度，从而使采后水果适应低温和高温环境变化的刺激，减少由果皮褐变引起的生理紊乱。“皇冠”梨在冷藏过程中易发生果皮褐变斑点（PBS），而低温调理（0℃贮藏 60d）可显著抑制果皮褐变的发生。在 10℃下贮存 3d，然后在 0℃下贮存 60d 的水果在冷藏过程中几乎没有发生果皮褐变，而直接在 0℃下贮存 60d 的水果则发生果皮褐变。低温调控处理降低了果皮组织中脂氧合酶（LOX）和 PPO 的活性，降低了果皮组织中丙二醛（MDA）的含量[22]。

（2）气体成分调控　气调处理是指在采收后控制水果周围的气体成分，通常是通过改变二氧化碳（CO_2）和氧气（O_2）的比例，从而影响水果的呼吸代谢，延长其货架期。大多数研究表明，通过调节 CO_2 和 O_2 的比例，可以抑制采后水果贮藏期间果皮的褐变。最近的一项研究调查了在 5％CO_2＋1％O_2 的可控气氛中贮藏荔枝果实对果皮褐变和其他品质的影响。可控气氛的组成是通过设定 CO_2 和 O_2 初始浓度的压力调节器，将 N_2、空气和 CO_2 混合后确定的。结果表明，在空气处理下贮藏的荔枝果实在第 16 天时果皮褐变指数较高，完全失去了商业价值，而在可控气氛下贮藏的果实则明显推迟了果皮褐变的发生，在第 21 天时仍呈现出可销售的状态。此外，在采后荔枝果实贮藏期间，可控气氛处理降低了重量损失、腐烂率和可溶性醌含量，并保持了较高的花青素含量[23]。

（3）湿度调控　水分管理是影响柑橘类果实保鲜效果的关键因素之一。若贮藏环境的相对湿度不足，会导致果皮失水皱缩，进而阻碍氧气的有效供应，诱发无氧呼吸作用，加速果实的衰老与变质过程，从而缩减其贮藏寿命。一般认为，橙类贮藏的空气相对湿度可保持在 90％～95％，橘类以 80％～85％为宜。相反，维持适宜的高湿度环境对保持果实新鲜度至关重要。因此，在实践操作中，应依据柑橘品种的特定需求来调控湿度水平，以优化贮藏条件并延长果实的保鲜周期。

9.3.3.5　商品化处理

果蔬采后的商品化处理主要包括清洗、打蜡、烘干、分级、包装等环节。通过该处理不仅可有效地保持果蔬的营养成分和新鲜程度，还能延缓其新陈代谢过程，延长其贮藏寿命[24]。蜡是在水果表面形成的一层蜡膜，作为天然的保护层，与水果的品质和贮藏息息相关。去除采后蓝莓果实的表皮蜡会加速水分流失和果实腐烂，并缩短贮存期。在番茄果实中，蜡合成的关键基因 CER1-1 催化蜡质烷烃的生物合成，从而提高果实的保质期和耐旱性。在西葫芦果实中，烷烃生物合成途径和表皮形态在采后果实质量中起着重要作用。

人造水果蜡是一种用于提高水果品质的防腐剂。主要以动植物蜡为成膜剂或用动植物蜡乳化而成。采后打蜡是避免水果质量损失的有效方法。其操作方便，易于推广，不仅可以提高水果品质，还可以延长水果的贮存期和保质期。菠萝采后打蜡可以延缓果实颜色的变化，有效提高果实品质，抑制果实成熟[25]。枣和百香果的打蜡处理也产生了类似的结果。经研究发现，蜡涂层与低温贮存结合可以更好地延长黄瓜果实的保质期。在芒果果实中，打蜡与一氧化氮（NO）相结合可以在 13℃ 下保持果实硬度 18d[26]。

9.3.4　颜色控制技术

控制食品褐变的关键在于酶活性的抑制与氧气的控制，主要途径有：通过热加工或添加特定抑制剂来减弱酶活性；改变环境条件（例如最适 pH）以干扰酶的功能；采取措施减少氧气接触（如抽真空或应用吸氧材料）、加入抗氧化剂以及金属离子螯合剂来阻断氧化反应。

（1）化学方法　为了控制新鲜水果和蔬菜中的褐变，包括研究在内的许多行业都采用了各种化合物。这种方法通过掩盖酶的活性或各种化学反应（如还原、酸化等）改变其催化活性。PPO 的 pH 值是涉及这些化学试剂的研究的主要焦点。抗氧化剂是通过防止氧化反应来防止细胞损伤反应的化合物。它们可以通过与能够造成细胞损伤的自由基反应来抑制新鲜水果和蔬菜中的褐变反应。水果和蔬菜工业中用于抑制酶促褐变的一些抗氧化剂包括抗坏血酸、柠檬酸、还原型谷胱甘肽、L-半胱氨酸盐酸盐、异抗坏血酸、*N*-乙酰半胱氨酸、4-己基间苯二酚、香兰素、褪黑素等。抗氧化剂控制酶促褐变的基本机制是与内源性酚类或其他中间体反应，阻断色素产生的链式反应。抗氧化剂对水果和蔬菜的影响很大程度上取决于环境因素，如 pH 值、温度、大气成分、光照供应等。作为抗褐变剂的最传统和广泛使用的抗氧化剂是抗坏血酸，它归因于其底物还原活性，而不是直接攻击 PPO。

酸化剂是一种天然存在于组织中的抗褐变剂。它由柠檬酸、苹果酸、抗坏血酸和磷酸等酸的混合物组成。除此之外，酸味剂如丙酮酸、乳酸、草酰乙酸、丙二酸、酒石酸、醋酸等也可以用作抗褐变剂，尽管它们的用途有限。使用这些类型的试剂，其基本原理是通过 pH 值抑制或降低酶的活性。通常认为 PPO 在 pH 值为 6～7 时具有活性。据报道，pH 值低于 3 会导致 PPO 活性下降，酸化剂的添加会降低 pH 值，从而降低 PPO 的活性。Son 等人[27]对各种酸味剂和多种抗褐变剂对苹果片褐变的抑制作用进行了研究。通常建议将酸味剂与其他抗褐变剂一起使用，以获得有效的对抗酶促褐变的效果。此外，酸性焦磷酸钠是马铃薯加工的标准抗褐变剂，而酸性硫酸钠是一种越来越受欢迎的新型酸化剂。

（2）物理方法　低温贮藏因可抑制 PPO 以及其他酶的活性，可以延缓褐变，延长货架期。热加工具有广泛的食品应用。它们被用于延长水果和蔬菜等易腐商品的保质期。许多类型的果汁、果泥、花蜜和其他产品都可进行热处理，以延长其保质期。目前，几种创新的热加工技术，如欧姆加热、微波加热、介电加热和射频加热被用于食品加工。欧姆加热利用目标食品在电流流动中产生的电阻产生的热量。它被认为是用于食品处理的更快速产生热量的方法。在微波加工方法中，当电磁波穿过食品材料时，它们会产生振荡，从而产生热量。虽然，这些新颖的热处理方法具有与传统热加工相同的缺点，但由于这些技术中使用的快速加热方法，这些方法被用作传统处理的替代方法。经研究发现，PPO 的热稳定性取决于食品的来源、种类、性质和行为等许多因素。即使同一物种不同来源，也观察到 PPO 活性的不同行为。大多数情况下，在 70～90℃的高温下可观察到 PPO 的完全失活。PPO 的活性还取决于氧的扩散能力，而氧的扩散过程可以通过温度调节来控制。在冷藏条件下，低温阻止了氧气的扩散，抑制了 PPO 的活性。超声波是一种新兴的食品保存方法，用于在水果和蔬菜加工过程中灭活酶。超声波通过改变 PPO 的结构使 PPO 失活。低频高强度超声波通过初始解离和随后的聚集引起纯化的 PPO 的失活效应和构象变化[28]。

高压加工（HPP）或高静水压加工（HHP）是一种很有前途的食品加工技术，用于在室温下有效灭活食品酶，从而保留食品的风味、香气和营养价值，而不会影响最终产品的保质期。高压加工技术于 1900 年代首次被著名科学家 Hite 和他的团队用于保存牛奶。在这种方法中，大多数包装产品（液体或固体）被放置在含有水的压力室内，在特定时间内施加所需的压力，减压后，加工过的产品被取出贮存以供最终使用。HHP 被认为是热处理的更好替代品，因为它可以在温和的温度下有效地破坏腐败酶，从而保持新鲜食品的质量。许多研究表明，HHP只能破坏酶之间的非共价氢键，而不具备破坏酶中肽键的能力，由于酶的弱氢键受到影响，因此，该方法会引起酶的结构变化（一级、二级和三级）。在HHP处理过程中，由于静电和疏水相互作用的破坏，酶的二级和三级结构在>600MPa的高压下破裂。因此，这种结构修饰可能与PPO活化或失活现象有关。现在，这种方法已成功用于几种食品（包括果汁、鲜切水果和蔬菜、牡蛎和火腿等）的巴氏杀菌。

（3）其他方法　蛋白酶是商业上最重要的酶，因为它们在食品、制药和洗涤剂行业中有多种应用。来自植物的蛋白酶制剂在食品工业中具有巨大的潜力，它们被用于许多应用，如奶酪制作、肉类软化、酿造和饮料行业。它们还可通过延缓变质、防止不必要的相互作用、改变溶解度、发泡、凝固和乳化能力等功能特性来改善食品的营养特性。大多数植物来源的蛋白酶被归类为半胱氨酸蛋白酶，使用最广泛的植物蛋白酶是木瓜蛋白酶（papain）、菠萝蛋白酶（bromelain）和无花果蛋白酶（ficin），其分别从番木瓜、菠萝和榕树中提取。从理论上讲，如果受到强蛋白水解酶的影响，PPO也可以通过消化而失活。因此，蛋白酶对PPO的降解将诱导其失活。已有研究证明了无花果蛋白酶、菠萝蛋白酶、木瓜蛋白酶作为酶促褐变抑制剂的有效性。尽管Lozana-De-Gonalez等人[29]测试了多种菠萝汁作为褐变抑制剂对苹果切片的影响。他们报告说，与果汁的非蛋白质组分（含有低分子化合物）相比，蛋白质组分的酶促褐变抑制作用较低。然而，在这些研究中，大多数蛋白酶制剂的使用都没有考虑到PPO与蛋白酶的失活是一个耗时的反应，并且PPO在大多数消化过程中可能仍然具有活性。因此，蛋白水解消化需要一定的孵育时间才能灭活PPO。所需的孵育时间取决于蛋白水解活性的比率，而蛋白水解活性的比率由蛋白酶（基团、浓度、特异性等）和底物（PPO）负载量以及反应条件（pH值、温度）决定。

9.3.5 微生物控制技术

在鲜切水果和蔬菜加工领域，决定新鲜产品质量的最主要因素是它们的质地、风味、颜色、营养价值、外观和微生物安全性。与整个果蔬相比，鲜切的果蔬发生变质的机会更大，因为在果蔬清洗、分拣、去皮、去核和切割等中间加工操作中，其呼吸速率急剧增加，导致糖、有机酸和脂质的利用率增加，乙烯产生增加，进而刺激成熟，最终导致衰老。新鲜切割的裸露表面有利于水分和溶解氧含量的增加，给微生物提供了一个理想的生长繁殖条件。延长鲜切产品的保质期以及保持其微生物安全性仍然是主要问题。控制鲜切果蔬微生物的方法主要分为物理法和化学法。

9.3.5.1 物理法

抑制微生物生长的物理法包括气调包装、高强度脉冲电场、微波、红外线、紫外线、超声波、高静水压、防腐剂、辐照和臭氧处理、薄膜和涂层的应用、可食用薄膜及纳米技术的应用等。有研究表明，使用高强度超声（HIU）联合抗褐变化学品（氯化钙和抗坏血酸）能有效抑制猕猴桃块褐变，并且经HIU在4℃条件下处理鲜切猕猴桃样品显著限制了（$p<0.05$）微生物生长（细菌、酵母和霉菌）。与几种化学消毒剂相比，新鲜和鲜切农产品的紫外线照射处理在减少腐败和致病生物的生长和存活方面同样有效。Kim和Hung[30]发现，与电解水和臭氧处理相比，UVC照射处理在减少蓝莓和苹果上的大肠杆菌方面更有效。此

外，用紫外线照射处理新鲜农产品（如生菜、豆芽和其他绿叶蔬菜），可以显著减少其内化的病原体。研究表明，新鲜农产品在贮存前暴露在紫外线照射下可有效减缓采后疾病的发展。在马铃薯中，当应用于马铃薯块茎和切片时，UVC 可以显著减缓总需氧嗜温细菌在贮藏过程中的生长，而高静水压的应用可以延缓贮藏过程中微生物生长或完全灭活肠杆菌科细菌。紫外线会影响 DNA 的结构，从而阻止细胞复制，其有效性取决于施加的强度和照射时间等因素。HHP 具有复杂的效果，它可使蛋白质变性和核糖体破坏，从而影响细胞的结构组织和代谢过程，其有效性取决于施加的压力、处理的持续时间和温度、所用悬浮培养基的特性以及内在因素，如 pH 值、水分活度、微生物相关因素或酶的类型。此外，其他因素可能会影响这些方法的功效，例如植物材料的特性、包装或所使用的抗褐变剂[31]。与传统热水处理相比，微波的应用具有许多优势：①在没有温度梯度的情况下进行深度加热；②更高的加热速率和更短的加热时间；③可避免维生素、香料、色素、碳水化合物和其他水溶性成分的浸出；④使酶复合物失活。少量研究表明，微波照射降低了整个桃子、油桃和梨的采后疾病（与霉菌有关）的发生率，微波照射是灭活负责褐变的酶的一种非常有效的方法。胡萝卜用微波焯水 30s 后过氧化物酶急剧失活，从而比水焯的胡萝卜具有更好的风味、颜色、质地和营养价值。采用纳米技术保存具有长期杀菌和防腐能力。它的工作原理是将纳米级抗菌剂填充到包装材料中。常用的抗菌剂包括纳米银、纳米 ZnO、纳米 TiO_2 等。它们具有抗菌和抗病毒特性，透氧性低，可作为二氧化碳的屏障，并具有其他特性，因此在水果和蔬菜保鲜中发挥着不可或缺的作用。

9.3.5.2 化学法

在鲜切果蔬生产中，化学处理有氯（次氯酸盐）、溴、碘、磷酸三钠、有机酸（过氧乙酸）、H_2O_2 及臭氧等的应用。用于微生物控制的化学方法包括化学清洗和化学抑菌。

（1）化学清洗　切割果蔬后，采取科学的化学清洁方式，能大幅降低其表面微生物，并彻底去除残留的细胞液，从而可有效预防贮存过程中微生物污染的风险。在清洗过程中，氯和过氧乙酸（PAA）是采后清洗最常用的消毒剂，因为它们具有已知的抗菌活性且易于使用。然而，如果处理不当，氯和 PAA 可能会对工人的健康构成重大风险，此外，它们在控制附着在生产表面的病原体方面不是很有效。目前研究人员将天然抗菌剂称为传统消毒剂（如氯和 PAA）的潜在替代品，用于新鲜农产品的采后清洗。天然抗菌剂，特别是精油（EOs），以其抗菌特性而闻名，并已被研究作为化学消毒剂的替代品来对抗食源性病原体，包括大肠杆菌、沙门氏菌和单核细胞增生李斯特菌。精油的抗菌活性归因于生物活性化合物的存在，例如萜烯和酚类化合物，这些化合物已被发现对各种微生物有效。

（2）化学抑菌　抑菌剂作用机制的关键在于改变微生物赖以生存的环境参数（如 pH 值、气体成分和水分活度），从而有效抑制微生物的增殖与扩散。常用的抑菌剂多为有机酸，包括柠檬酸、苯甲酸、山梨酸、醋酸、乳酸、中链脂肪酸、草酸和植酸等。这些有机酸通过降低体系的 pH 值，创造出一个不利于微生物生存的条件，进而实现对其生长的有效遏制。浸入有机酸可用作防褐变技术。经研究发现适当的草酸（OA）浓度能够降低鲜切卷心莴苣的呼吸速率。此外，将 OA 浸渍与低 O_2 相结合，以聚乙烯（PE）/聚丙烯（PP）为材料的 MAP 能够减少叶缘褐变、质量损失和电解质泄漏，并能降低呼吸速率，在 8℃下可保持鲜切生菜的视觉品质至 8d。另外，诸如糖类、盐分、香草醛、多元醇、脂肪酸及其酯类等非直接作用的抑菌剂，虽展现了一定程度的抑菌活性，但其可能对鲜切果蔬的原有风味构成干扰。因此，在选择适用于鲜切果蔬特性的抑菌剂时，必须兼顾其抑菌效率与对食品品质的影响，以达到最佳的保质效果且最小化对果蔬天然属性的改变。除有机酸外，微酸性电解水（SAEW）也可作为抑菌剂。微酸性电解水的应用是一种非热灭菌技术。根据不同的pH值、有效氯浓度（ACC）和氧化还原电位（ORP），酸性电解水可分为强酸性电解水（pH＜2.7；ACC，20～200mg/L；ORP，900～1200mV）、弱酸性电解水（pH2.7～5.0；ACC，20～60mg/L）和SAEW（pH5.0～6.5；ACC，10～90mg/L；ORP 700～900mV）。在SAEW pH范围内，超过90%的有效氯以次氯酸的形式存在，其杀菌活性是次氯酸盐的80～150倍。因此，SAEW在低ACC下具有相对较高的杀菌活性。在贮藏过程中，SAEW处理抑制了微生物生长，降低了维生素C和总糖含量的下降速度，减缓了失重和褐变过程，维持了组织的pH值，从而减缓了贮藏中鲜切苹果重要品质参数的恶化，延长了其货架期。

9.3.6 包装

近年来，在越来越多的物理、化学和生物技术中，气调包装（MAP）作为一种高效、廉价和方便的食品包装技术，在科学和工业社区中都具有保持果蔬采后质量和延长果蔬保质期的巨大潜力。在MAP期间，水果和蔬菜经常被包装在被动或主动改性的气氛中，其主要由O_2、CO_2以及作为平衡气体的N_2组成。最初，两者都是低O_2和/或高CO_2。MAP已被证明能够通过抑制腐败微生物的生长和繁殖以及生物体代谢活动来延长水果和蔬菜的保质期。

食品变质的一个主要原因是包装。食品包装材料是指用于包装和盛装食品的塑料、纤维、玻璃等材料。包装可以防止食品泄漏或破裂，保护食品免受外部环境的不利影响；还可以通过文字或图像信息与消费者进行交流，为消费者提供更大的便利；它可以容纳各种尺寸和形状的产品，使其易于运输和处理；它还可以起到保护作用，可以在一定程度上延缓食物的变质。目前研究了各种可食用水果和蔬菜材料，包括果泥、残留物、提取物和果汁。可生物降解的薄膜保鲜是指使用可生物降解的高分子材料制作用于水果和蔬菜保鲜的薄膜。这些材料可以在自然环境中迅速降解，而不会对环境造成污染。在当今日益严峻的环境形势下，这种方法值得推广和大规模应用。代表性的可降解材料有聚乳酸（PLA）、聚对苯二甲酸丁二醇酯（PBAT）、聚丁二酸丁二醇酯（PBS）、聚乙烯醇（PVA）、明胶等。该技术还可以与气调包装技术相结合，不仅可增加保鲜效果，而且可以让包装基材自然降解。该方法减轻了环境压力，具有广阔的发展前景。

9.3.7 冷链贮藏销售

冷链是指食品在生产、加工、贮藏、运输、销售等各个环节始终处于规定的低温环境下，以保证食品质量，减少运输损耗的物流运输方式。鲜切果蔬贮藏销售最好在冷链中进行。低温可抑制鲜切果蔬的呼吸作用和酶的活性，降低各种生理生化反应速率，延缓衰老和抑制褐变；同时也可抑制微生物的活动。鲜切果蔬包装后，应立即放入冷库中贮藏，冷藏温度必须≤5℃，以获得足够长的货架期及确保产品食用安全。贮藏时，生鲜产品冷链物流的温度区可分为0℃以上运输温度区和0℃以下运输温度区。各类生鲜产品对运输温度的要求如表9-3所示。0℃以上运输温度范围一般为0～10℃。它适用于水果、蔬菜、乳制品和其他新鲜产品。运输过程中，需要保持一定的低温以延长产品贮存寿命，但不宜过低，以免冻伤或质量下降。

表 9-3　不同生鲜产品的贮存温度要求

运输温度区	产品	温度/℃	贮存寿命
0℃以上	石榴	5	2～3 个月
	马铃薯(晚熟)	4.5～13	5～10 个月
	豆类,绿色的或脆皮的	4～7	7～10d
	鳄梨	3～13	14～28d
	酸奶、奶酪、巴氏杀菌牛奶	2～6	—
	荔枝	1.5	3～5 周
	辣椒(干)	0～10	6 个月
	橘子	0～9	56～84d
	苹果	0～4	2～7 个月
	冰鲜肉	0～4	—
	腰果、苹果	0～2	5 周
	草莓	0～0.5	5～7d
0℃以下	樱桃(酸)	0	3～7d
	蓝莓	-0.5～0	2～3d
	桃子	-0.5～0	2～4 周
	樱桃(甜)	-1～0.5	2～3 周
	黄油和食用脂肪,包括用于制作黄油的奶油	-14	—
	速冻食品	-18	—
	水产品	-18	—

参考文献

[1]　宿玲绮，傅佳立，彭勇，等．切前处理技术预防鲜切果蔬褐变的研究进展［J］．食品研究与开发，2024，45（15）：196-203.

[2]　张戆，马良．对我国鲜切果蔬微加工行业及安全性的思考［J］．江南大学学报（人文社会科学版），2016，15（05）：110-114.

[3]　鞠天奎．鲜切水果加工工艺及保鲜技术［J］．中国果菜，2019，39（06）：12-15.

[4]　王晓东．鲜切水果加工工艺及保鲜技术研究进展［J］．青海农林科技，2017（04）：53-57.

[5]　李路遥，程朝辉，刘长虹，等．鲜切水果品质控制研究进展［J］．食品工业，2016，37（07）：252-255.

[6]　许传兵，宋丽廷．鲜切果蔬褐变控制研究进展［J］．食品安全导刊，2022（33）：188-192.

[7]　孟祥春，高子祥，蒋依辉．鲜切水果加工工艺及保鲜技术研究现状与发展趋势［J］．保鲜与加工，2008（05）：4-7.

[8]　张艳明，刘飞，孟东，等．鲜切水果甘蓝的保鲜方法［J］．农产品加工，2023（16）：46-48.

[9]　罗云波．园艺产品贮藏加工学［M］．北京：中国农业大学出版社，2010.

[10] Gutiérrez-Villamil D A, Magnitskiy S, Balaguera-López H E. Physiological and molecular functions of brassinosteroids during fruit development, ripening, and postharvest damage of horticultural products: A review [J]. Postharvest Biology and Technology, 2024, 214: 112984.

[11] 茅林春, Huber D J. 乙烯诱导西瓜果实的水渍化败坏 [J]. 植物生理与分子生物学学报, 2004 (03): 284-290.

[12] Maynard D N. Postharvest biology [J]. HortScience, 2019, 40 (7): 1936.

[13] 毕阳, 王斌, 姜红, 等. 果蔬的采后愈伤 [C]. 中国食品科学技术学会第十七届年会, 中国陕西西安, 2020.

[14] 韩聪. 紫外辐照促进鲜切果蔬多酚类物质富集的调控机理研究 [D]. 济南: 齐鲁工业大学 (山东科学院), 2021.

[15] Toivonen P M A, Brummell D A. Biochemical bases of appearance and texture changes in fresh-cut fruit and vegetables [J]. Postharvest Biology and Technology, 2008, 48 (1): 1-14.

[16] Soliva-Fortuny R C, Martín-Belloso O. New advances in extending the shelf-life of fresh-cut fruits: a review [J]. Trends in Food Science & Technology, 2003, 14 (9): 341-353.

[17] 袁越, 王一钰, 马杨欣, 等. 果蔬贮藏保鲜技术研究现状综述 [J]. 农业科技与装备, 2023 (05): 56-59.

[18] Sui X, Meng Z, Dong T, et al. Enzymatic browning and polyphenol oxidase control strategies [J]. Current Opinion in Biotechnology, 2023, 81: 102921.

[19] Feng Y, Liu Q, Liu P, et al. Aspartic acid can effectively prevent the enzymatic browning of potato by regulating the generation and transformation of brown product [J]. Postharvest Biology and Technology, 2020, 166: 111209.

[20] Martín-Diana A B, Rico D, Frías J M, et al. Calcium for extending the shelf life of fresh whole and minimally processed fruits and vegetables: a review [J]. Trends in Food Science & Technology, 2007, 18 (4): 210-218.

[21] Zahid G, Iftikhar S, Shimira F, et al. An overview and recent progress of plant growth regulators (PGRs) in the mitigation of abiotic stresses in fruits: A review [J]. Scientia Horticulturae, 2023, 309: 111621.

[22] Zhang W, Jiang H, Zhang Y, et al. Synergistic effects of 1-MCP and hot air treatments on delaying softening and promoting anthocyanin biosynthesis in nectarines [J]. Postharvest Biology and Technology, 2021, 180: 111598.

[23] Ali S, Sattar Khan A, Ullah Malik A, et al. Combined application of ascorbic and oxalic acids delays postharvest browning of litchi fruits under controlled atmosphere conditions [J]. Food Chemistry, 2021, 350: 129277.

[24] 陈婷, 王日葵, 陆智明. 柑橘果实采后风味劣变机理的研究进展 [J]. 农产品加工 (学刊), 2010 (02): 56-59.

[25] Li X, Zhu X, Wang H, et al. Postharvest application of wax controls pineapple fruit ripening and improves fruit quality [J]. Postharvest Biology and Technology, 2018, 136: 99-110.

[26] Vázquez-Celestino D, Ramos-Sotelo H, Rivera-Pastrana D M, et al. Effects of waxing, microperforated polyethylene bag, 1-methylcyclopropene and nitric oxide on firmness and shrivel and weight loss of 'Manila' mango fruit during ripening [J]. Postharvest Biology and Technology, 2016, 111: 398-405.

[27] Son S M, Moon K D, Lee C Y. Inhibitory effects of various antibrowning agents on apple slices [J]. Food Chemistry, 2001, 73 (1): 23-30.

[28] Sui X, Meng Z, Dong T, et al. Enzymatic browning and polyphenol oxidase control strategies [J]. Current Opinion in Biotechnology, 2023, 81: 102921.

[29] Lozano-De-Gonzalez P G, Barrett D M, Wrolstad R E, et al. Enzymatic browning inhibited in fresh and dried apple rings by pineapple juice [J]. Journal of Food Science, 1993, 58 (2): 399-404.

[30] Kim C, Hung Y. Inactivation of E. coli O157: H7 on blueberries by electrolyzed water, ultraviolet light, and ozone [J]. Journal of Food Science, 2012, 77 (4): 206-211.

[31] Pelaić Z, Čošić Z, Repajić M, et al. Effect of UV-C irradiation and high hydrostatic pressure on microbiological, chemical, physical and sensory properties of fresh-cut potatoes [J]. Processes, 2023, 11 (3): 961.

第 10 章

生鲜果蔬冷链保鲜与物流品质监测技术

10.1　生鲜果蔬冷链技术概述

10.1.1　冷链技术的定义

冷链技术是指新鲜食品从生产者运输到消费者的过程中始终处于适宜的低温条件下，以保证食品质量，减少食品损耗的一项系统工程。其依靠科学技术进步和制冷技术的发展而建立，其基础为食品冷冻工艺学，手段为制冷技术[1,2]。冷链起源于 19 世纪下半叶的欧美国家，已有 150 年的发展历程。包括加工、贮藏、运输、销售四个环节，流程见图 10-1。

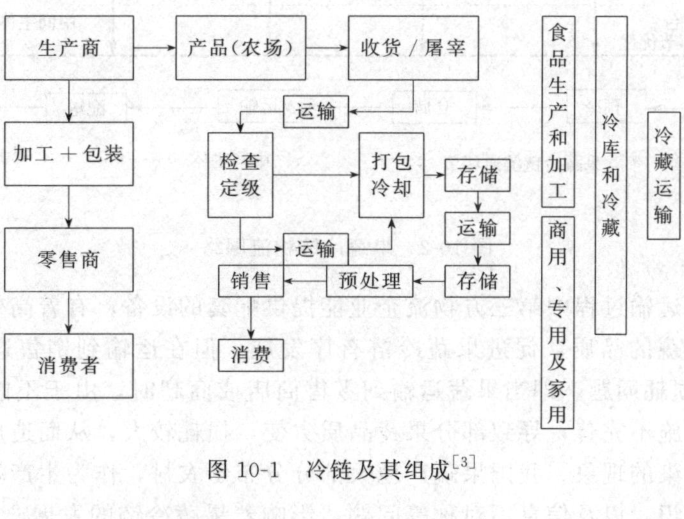

图 10-1　冷链及其组成[3]

10.1.2　生鲜果蔬冷链物流系统

果蔬冷链物流是指果蔬从采摘、加工、贮藏、运输、销售到消费者手中始终保持在适宜的温度条件下，以确保产品质量安全、减少损耗的供应链系统。我国年产水果 2 亿吨以上，蔬菜 7 亿吨以上，人均消费量及产量均居世界第一。我国统计表明，蔬菜和水果损失分别占总产量的 27.7%和 13.2%，其中分配阶段造成的果实损失占总损失的比例最大。果蔬冷链物流主要有以下特点：

① 易腐烂　蔬菜和水果都有呼吸作用。在呼吸过程中，脂肪、蛋白质和有机酸与碳水化合物一起代谢，这是一个不可逆的过程，长时间作用会影响果蔬的品质。同时，果蔬由于含水量较高（75%～90%），容易腐败变质，且贮存期很短，持续交货时间很容易增加损失率。

② 时效性强　由于其易腐烂，时效性强，对运输配送要求高，必须尽快送达消费者手中。

③ 跨地区运输　果蔬生产受环境因素影响，不同地区适合生产的果蔬种类不同，因此需要跨地区运输。

④ 对输送设备要求较高　水果、蔬菜在运输过程中需要有适宜的温度和湿度。

果蔬易腐烂、保鲜期短，需要适合的流通模式以阻止其被污染以及损坏，进而保障消费者的安全，提高消费者的生活质量。我国冷链物流在果蔬方面处于初步发展阶段，需要进一步完善成为一体化的冷链物流系统。

果蔬冷链物流根据生产端、中间层、消费端这三级进行划分，各级主体持续进行冷链物流活动，形成果蔬农产品冷链物流网络，如图 10-2 所示[4]。

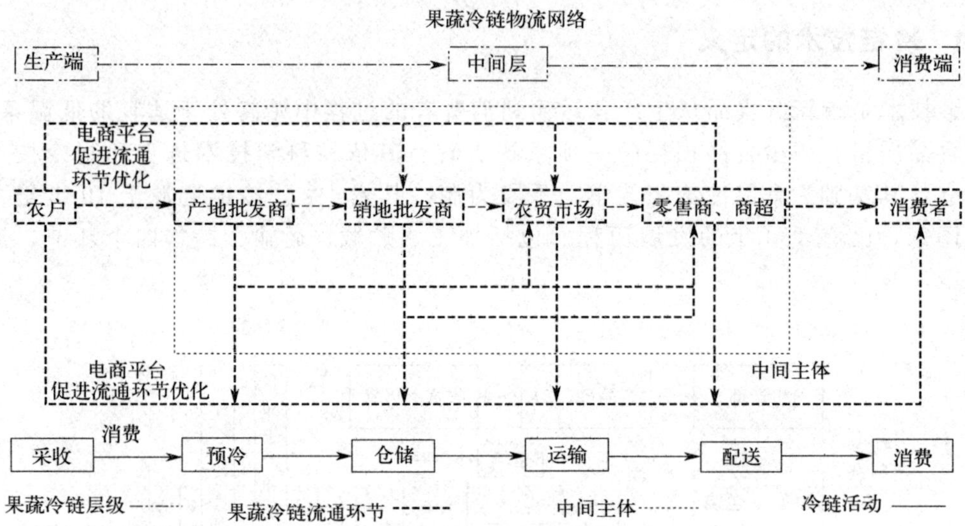

图 10-2　果蔬冷链物流网络

其中，贮藏和运输过程中第三方物流企业能提供配套的设备，有着高效的管理制度，技术成熟，可保证果蔬的品质，促进果蔬冷链有序发展。但在运输到销售这个环节中，存在“最后一公里”的损耗问题。即当果蔬运输到零售商店或商超时，由于不能及时到达消费者手中，并且冷链设施不完善，导致部分果蔬品质劣变，损耗较大，从而造成一种大面积的物料浪费和对环境污染的现象。我国果蔬产地大部分分布于农村，作为生产端而言存在缺乏设备、技术和冷链意识，以及信息不对称等问题，影响着果蔬冷链的发展[5]。推广预冷技术，以及不断改善预冷设备的性能，提高果蔬农产品预冷率，降低冷链运输成本等，是我国果蔬冷链系统仍需努力的方向。

10.1.3 生鲜果蔬冷链流通

冷链流通是指果蔬采收后经过挑选、加工等处理，在被消费者购买前的过程中，始终保持果蔬的品质。也就是说，果蔬从脱离土壤直到出现在消费者眼前都处于“冷链”中流通。据统计，每年全球约有三分之一的粮食损失，价值 83 亿美元。其中，我国冷藏食品运输率仅为汽车运输的 10%～20%，为铁路运输的 25%和水路运输的 1%，而发达国家的冷藏食品运输率则为 80%～90%。水果和蔬菜占全球粮食损失的 40%～50%。中国新鲜农产品的损失率为 20%～30%，每年损失约 8000 万吨。在发达国家，新鲜农产品损失率仅为 1.7%～5%[6]。为了提高农产品的新鲜度，有效降低长途运输过程中的数量损失率，可以采用冷链物流。目前，我国果蔬冷链流通存在生产端冷链意识低、中间端运输技术低、流通环节长等问题。

在果蔬生产地要对果蔬进行严格的处理和加工，以保证冷链环节产品的质量。此外还可以引入果蔬追溯系统，完成对果蔬从产地到餐桌的监管，保障果蔬产品的安全、健康。溯源环节包括原材料采购、生产、配送、仓储、销售、召回、回收等物流环节。消费者和监管机构可通过计算机系统访问冷链物流管理系统的电子档案，及时了解产品采购、生产、配送、仓储、销售、召回、回收等信息，掌握冷链物流中产品的数量和位置，从而提高冷链物流的供应链绩效[7]。同时，访问冷链供应链系统的电子档案，可以对各种冷链物流车辆进行全面的动态监控，为食品安全审查提供可追溯的信息支持。在运输环节，可选择第三方冷链物流企业，建立一个果蔬流通体系（图 10-3）。该体系具有设备设施完善，贮藏技术高效等优点，可以降低果蔬的腐烂率。对初级农产品进行深加工后再运输，可使产品保值增值。冷链物流使得果蔬在整个流通环节中始终处于低温环境中，可保障果蔬的品质。将流通环节外包给第三方冷链物流企业，可提高整个流通环节的效率，节约流通时间，让更多的产品准时到达消费者的手中，推动农产品的经济发展，降低产品在产地和流通环节中的损耗[8]。

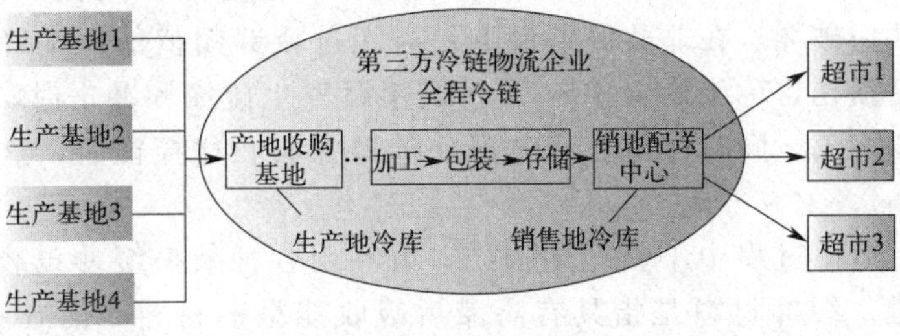

图 10-3　第三方冷链物流企业为主导的果蔬流通体系

10.2　生鲜果蔬冷链技术

10.2.1　物流包装材料与技术

包装可以维持果蔬在运输、贮藏过程中的品质和商品价值。合成石化塑料是最受欢迎的包装材料，包括聚对苯二甲酸乙二醇酯（PET）、聚乙烯（PE）、聚丙烯（PP）、聚氯乙烯（PVC）和聚苯乙烯（PS）。其具有良好的拉伸性能，同时是氧气和芳香化合物的出色阻隔层，但水蒸气透过率通常差，部分种类（如 PET、PE、PP）可以回收，但整体回收率低。此外，它们主要来自不可再生资源，不可生物降解，不可堆肥，废弃后容易对环境造成长期污染并可能危害生态和人类健康[9]。由聚苯乙烯泡沫（EPS）、发泡聚丙烯（EPP）、真空绝热板（VIP）、珍珠棉（EPE）这几种材料所制成的保温箱具有可循环利用、抗压缓冲、保温效果好等特点，受到学者的关注，但由于成本高，并未被大量应用于市场。为顺应可持续发展理念，弥补以上材料的不足和解决日益严重的环境问题，可降解、来源安全、可食用的包装材料受到学者的青睐。

可生物降解包装材料可分为三大类：

第一类涉及基于多糖（即纤维素和淀粉）、蛋白质（如酪蛋白、麸质等）的产品，它们是直接从农作物等天然来源中提取的聚合物。

第二类是生物衍生化合物，这些化合物经过化学改性作为包装材料。发酵过程中产生的乳酸可以聚合成聚乳酸（PLA）并用作聚酯。

第三类涵盖微生物产生的用于贮存能量的聚合物——聚羟基丁酸酯（PHB），这是一种源自微生物的常用聚合物。

可食用包装材料是一类可以食用或能够像它所包含的食品一样可有效生物降解的包装材料。可食用包装材料可分为涂料和薄膜等两大类。涂料以液体形式涂覆，而薄膜作为独立结构获得，然后作为包装涂覆[10]。为改善包装材料的气体阻隔性、抗菌性、机械性和热特性，食品包装产品可能会直接或间接地加入纳米材料。

10.2.2 减振包装技术

果蔬在运输过程中会因为振动胁迫造成机械损伤，导致果蔬呼吸速率上升，乙烯产生量增加，进而促进果蔬衰老，导致营养物质损耗[11]。果蔬的振动破坏有共振和疲劳两种类型。当运输过程中振动频率与果品包装系统频率相差不大或相等时，果蔬的振动速度峰值会大比例放大，果蔬内部应力则大幅度增强；当超过一定值时，果品开始损伤，这种情况被称为共振破坏。在非共振条件下，当超过疲劳阈值的振动峰值数达到一定次数后也会出现果品损伤，称为疲劳破坏[12]。当果蔬发生碰撞和冲击时，导致产生损伤的组织表面出现褐变现象，同时碰撞力会向深处传递并吸收碰撞能量，这会使果皮下组织较深处也产生损伤。

为保护果蔬在运输过程中不受振动损伤，可利用各种减振缓冲包装，其中缓冲材料是减振包装的关键。缓冲材料是指具有高滞后吸收能量的材料，能有效减少果品损伤。缓冲材料主要包括瓦楞纸板、蜂窝纸板、纸浆模塑、缓冲包装纸、可降解泡沫塑料、再生泡沫塑料盒、发泡植物纤维等[13]。其中，瓦楞纸板重量轻，具有良好的重量比刚度和高强度特性等优点，在构建坚固的箱子和容器方面发挥着关键作用，其可以较低的成本安全运输和保护货物，是人们较早使用的一种缓冲包装材料，全球瓦楞纸、纸板的消费量约占全部纸和纸板总消费量的三分之一[14]。蜂窝纸板强度高，缓冲性能好，但比瓦楞纸板重，难以进行折叠和插入操作；纸浆模具塑料原料为废纸，可以方便地堆放和运输，但缓冲性能比蜂窝纸板和瓦楞纸板弱。纸基包装材料的常见缺点是防潮性差，但可以回收再利用，是最好的可降解包装材料。塑料主要包括气泡膜、泡沫塑料和缓冲气柱。气泡膜重量轻，需要对易碎产品进行多层包裹才能获得相应的缓冲性能；泡沫塑料重量轻，具有良好的抗冲击性；缓冲气柱缓冲性能好，重量轻，比其他塑料包装更环保，但在遇到尖锐物体时容易被刺穿，从而失去保护性能[15]。

为顺应时代发展，保护环境，绿色包装成为当今研究的热点。人们力图寻找可降解、安全、缓冲效果好的材料替代石油基材料。木质纤维素具有可再生、无毒且具有适当的结构和强度等特性，是解决这些问题的可行替代品。此外，以绿色废弃物为原料，提取纤维素后，经过黏合、发泡等过程可制成一种生物可降解的缓冲包装材料。不仅可减少城市绿色废弃物的浪费，还可给包装行业提供一种新思路[16]。废纸是最常见的生活垃圾类型之一，占世界城市固体废物的 25%～40%。以废纸为原料制备的一种不需要化学预处理的可生物降解泡沫，具有高孔隙率（>92%）、低导热率［0.044W/(m·K)］、优异的力学性能和出色的缓冲性能等优点，可用作环保缓冲包装，可有效替代泡沫塑料，保证产品在运输中的品质。

10.2.3　蓄冷技术

在整个冷链体系中，冷链物流是重点。冷链物流是在恒定的低温环境中将新鲜产品从生产者运输到消费者的过程。果蔬在运输过程中应贮藏在适宜的低温条件下才能保证其品质和安全。将冷链物流设备与蓄冷技术相结合可有效地提高能源利用效率，降低能耗和冷链物流成本，同时确保生鲜产品在低温环境下从生产端运输到消费者手中。

蓄冷材料主要有 3 种：显热储能（固态或液态比热储能）材料、半潜热储能（化学反应储能）材料、潜热储能（材料相变储能）材料。

显热蓄冷就是通过固态或液态材料温度的变化来储存低温能量，这种材料的比热容一般较大，并且大都是固定值，所以单位质量蓄冷材料储存的低温能量与该材料温度变化存在一定的比例关系[17]。这种材料可以是水泥、金属、砂子等固态物质，也可以是水、油等液态物质。显热蓄冷的储能方式简单易行，所需设备也很简易，所以成本较低，使用方便。显热蓄冷工作时，蓄冷材料本身温度会发生变化，材料状态保持不变。显热蓄冷材料释放低温能量的原理是蓄冷材料与环境温度间存在温差。显热蓄冷材料储能密度较低，冷量的增加需要增加蓄冷材料，所以显热蓄冷的应用并不广泛。

半潜热蓄冷即化学反应蓄冷，是利用化学反应来储存低温能量。这种蓄冷方式的储能密度高，但是要求化学反应必须可逆，反应条件苛刻，技术性要求较高，目前受到人们关注的有 4 种无机物的可逆水合/脱水反应：结晶水合物、氢氧化物、多孔材料和复合材料[17]。

相变蓄冷是通过材料相变时吸收或者释放热量来进行冷量的储存与释放，常见的潜热材料有金属及其合金、无机盐、水和有机物等。根据化学成分的差异，相变材料可以分为有机、无机和复合相变材料三种。有机相变材料主要分为烷烃、脂类、醇类和脂肪酸等；无机相变材料主要包括盐类、盐水合物和金属类；复合相变材料是两种或多种材料的混合物，旨在结合不同材料的优点，克服单一相变材料的局限性，并提高其整体性能[18,19]。相比于显热材料，潜热材料的蓄冷密度较高。相变蓄冷工作时，材料本身的温度保持不变，其物理状态发生变化，也就是蓄冷材料发生了相变，因此它能自行改变环境温度。相变蓄冷原理简单、设计灵活、使用方便，所以相变蓄冷的发展前景广阔，具有很高的利用价值，是目前市场上应用最为广泛的一种蓄冷方法[20]。

其中研究和应用最广泛的蓄冷技术是利用物质相态变化进行吸-放热，重点在于高性能相变材料的开发。许多有机、无机、生物基相变材料的相变温度在食品冷链物流所需的温度范围内，最常用的相变材料包括脂肪酸、石蜡、水合盐、共晶体等。大多数相变材料在室温条件下是液态的，很难将它们直接融入包装结构和冷藏设备中，微胶囊技术可以用成膜材料把固体或液体物质包覆形成微小的粒子。微胶囊化可以防止相变物质与周围环境反应，还可控制相转变时的体积变化，防止泄漏，增加传热，使用方便[21]。

10.2.4 冰温保鲜技术

冰温（controlled freezing-point）是指从 0℃开始到食品生物组织即将达到冻结的温度区域，而冰温贮藏（controlled freezing-point storage）是将食品的贮藏温度控制在其冰温带的范围内，即通过测试，确定不同食品的冰点温度，从而确定其“冰温带”，然后将该食品放置在自身的冰温带范围内的合适温度点进行贮藏[22]。冰温保鲜技术始于 20 世纪 70 年代，由日本山根昭美博士发现，之后在日本快速发展。20 世纪 80 年代冰温概念引入中国，2004 年我国开始对农产品冰温保鲜技术进行系统研究[23]。

10.2.4.1 基本原理

冰温保鲜的基本原理是将食品贮存在一个接近其冰点的温度范围内，由于冰点以下的温度会使食品中的水分冻结，而冰温区间恰好处于冰点之下但未达到使食品完全冻结的温度，因此可以最大限度地保留食品的水分、质地和风味，同时抑制微生物的繁殖和酶的活性。这种温度控制使得食品在延长保质期的同时，可保持较高的营养价值和新鲜度。

10.2.4.2 冰温保鲜技术的优缺点

冰温贮藏技术被誉为继冷藏和气调贮藏之后的第三代保鲜技术，与其他保鲜技术相比，冰温贮藏的果蔬既不会产生或残留对人体有害的物质，也不会对环境造成污染，是一种绿色无害的保鲜技术。表 10-1 对比了冰温贮藏、冷藏和冷冻的优缺点。

表 10-1 冰温贮藏与冷藏、冷冻的比较

项目	冰温贮藏	冷藏	冷冻
温度范围	0℃～冰点温度	0～10℃	－18℃以下
贮藏品质	更好的感官品质和食用品质	易受微生物污染而导致变质腐烂	解冻后汁液流失严重，风味损失严重
保鲜期	保鲜期比冷藏的长，且可活体保存	生鲜食品 0～7d	长期保存，但组织细胞坏死

具体而言，冰温贮藏保鲜技术具有以下优点：一是延长保质期，冰温保鲜技术能显著延长食品的保质期，同时保持食品的原有风味和质地；二是减少食品营养流失，由于避免了冻结过程中的冰晶形成，食品的细胞结构不易受到破坏，从而减少了营养成分的流失；三是节能，相比于传统的冷冻保鲜，冰温保鲜所需的能耗较低，因为不需要将食品降到更低的温度；四是减少解冻损失，冰温保鲜无需解冻过程，因此避免了因解冻而引起的汁液流失和品质下降[24]。

尽管冰温贮藏已经取得了很大进展，但仍然存在一些瓶颈问题，例如冰温技术中冰温的确定和准确维护、有效设备的开发和系统应用。由于冰温贮藏技术需要精确的温度控制和高效的设备管理，因此维护和操作相对复杂。另外水果和蔬菜的冰温是不同的，并且可能因物种以及组织、来源、成熟度和组成等而异，即使在同一物种内也是如此，目前尚缺乏针对不同水果和蔬菜物种的有效且普遍适用的设备。

10.2.4.3　冰温贮藏对果蔬贮藏品质的影响

（1）对果蔬呼吸作用的影响　冰温贮藏技术对果蔬的呼吸作用有显著影响，是其延长果蔬保鲜期的重要机制之一。冰温贮藏温度通常在－0.5～－3.5℃之间，这种低温条件能显著抑制果蔬的呼吸酶活性，从而降低呼吸速率。较低的呼吸速率意味着果蔬中碳水化合物的消耗减少，营养物质的流失减缓，果蔬的衰老过程延缓。冰温贮藏不仅抑制了呼吸作用，还能减缓其他与呼吸相关的代谢活动，如乙烯的合成和释放。乙烯是一种促进果蔬成熟的植物激素，通过延缓乙烯的释放，冰温贮藏技术进一步延长了果蔬的贮藏时间。另外在冰温条件下，果蔬代谢产生的二氧化碳和其他代谢产物减少，降低了对果蔬内部环境的压力，避免了因代谢产物积累而导致的品质劣化[25]。

（2）对果蔬化学成分的影响　由于冰温条件下，呼吸作用和其他代谢活动被显著抑制，因此与冷藏相比果蔬的化学成分变化较为缓慢。冰温贮藏技术能够较好地保留果蔬中的维生素，特别是维生素 C。由于温度较低，维生素 C 的氧化降解速度减慢，因此在冰温贮藏条件下，果蔬中的维生素 C 含量能保持较长时间。果蔬中的糖分是呼吸作用的重要底物，在冰温条件下，由于呼吸速率降低，糖分的消耗相应减少。因此，冰温贮藏能够有效保持果蔬的甜度，延缓由于糖分减少而导致的品质下降。冰温贮藏还有助于保持果蔬中的有机酸含量。这些有机酸在果蔬的风味和品质中起着重要作用，低温条件下有机酸的分解和代谢速率降低，这有助于维持果蔬的天然酸味和平衡口感。

（3）对果蔬质构的影响　冰温贮藏技术对果蔬质构的影响主要体现在对果蔬细胞结构的保护、硬度的维持以及脆性和弹性等质地特性的保持上。冰温条件下，细胞中的水分不会冻结成冰晶，从而避免了传统冷冻过程中的冰晶形成对细胞壁造成的机械性损伤。这使得果蔬的细胞结构保持相对完好，防止了质构的劣化。传统冷藏温度下，果蔬的硬度通常会随时间下降，而冰温贮藏通过抑制细胞壁多糖（如果胶、纤维素等）的降解，减缓了果蔬软化的速度。因此，果蔬硬度在冰温贮藏中能保持更长时间。另外在冰温贮藏条件下，果蔬的质地变化更为一致，避免了因局部温度波动导致的质构不均匀问题。这种一致性使得果蔬在贮藏期内能够始终保持稳定的质构特性，提升了产品的整体质量。

（4）对果蔬酶类的影响　冰温贮藏技术对果蔬酶类的影响主要体现在通过降低酶的活性，减缓与酶相关的生化反应，从而延长果蔬的保鲜期并保持其品质。冰温贮藏的温度通常在－0.5～－3.5℃之间，这种温度可以显著抑制果蔬中多种酶的活性。由于酶的活性对温度高度敏感，冰温条件下，大多数酶的催化效率大幅降低，这减缓了果蔬中的各种酶促反应。比如冰温贮藏能有效抑制多酚氧化酶的活性，减少褐变现象的发生，保持果蔬的外观和商品价值[26]；冰温贮藏条件下，果胶酶的活性显著降低，延缓了果胶的降解过程，有助于保持果蔬的硬度和质地；冰温贮藏能够抑制过氧化物酶的活性，从而减少与氧化相关的品质损失，延长果蔬的保质期[27]。

相比于传统的冷藏和冷冻方法，冰温贮藏在保持果蔬的新鲜度和品质方面表现更为优越，特别是在延长果蔬保鲜期的同时，可维持其原有的色、香、味和质地。

10.2.5　补冷链短板装备

中国是一个传统的农业大国，人口众多，每年的农产品消费量也非常多。根据《中国冷链物流发展报告（2020）》显示，近年来，中国冷链物流行业市场规模增速已达

14%，但仍存在大量产品损失，农产品日损耗可满足2亿人的日常需求。究其原因，是因为冷链规范建设不完善，造成农产品在装卸标准、操作程序、检验机制、运输、仓储、配送、销售等方面的严重损失。目前存在以下主要问题：冷链物流基础设施不完善，冷藏车数量少，运输成本高，冷库分布不均，结构不合理；冷链物流体系不健全，生鲜农产品运输过程损耗率高；信息不对称，电商平台管理存在安全隐患[28]。针对这些问题，开发了一些补冷链短板装备。

10.2.5.1 基于大数据的农产品冷链物流管理系统

大数据正在成为智能社会的基础。其先进的技术理念，以及海量数据的高效存储和计算能力，可以提高行业的生产力，帮助人们理解事态发展的客观规律。目前，我国农产品冷链物流规模正在迅速扩大，由于农产品易腐烂，农产品的冷链物流对温湿度、含氧量、运输时间控制等全过程都有严格的要求。在信息化、数据化的时代，要提高农产品冷链物流的配送效率，降低其运输成本，提高客户满意度，最有效的途径是科学合理地存储、处理、分析相关冷链物流数据，从而提高农产品冷链物流的智能化[29]。

国外学者对现代信息技术如何在冷链物流中应用进行了深入研究，取得了较好的效果。如美国在冷链物流的生产经营中应用了多种先进的现代信息技术，特别是引用了大数据的相关技术，大大提高了冷链物流的效率，获得了巨额利润。加拿大已建立覆盖9个国家和地区的全球最大的农产品生产和运输网络，并与相关人员和组织建立了联系网络，共享了冷链运输全过程信息[30]。

虽然这几年来我国的冷链物流发展已十分迅速，大数据相关技术也已经比较成熟，但是对于基于大数据的农产品冷链物流管理仍然存在较多问题。比如，对于冷链全程整个低温的状态缺乏深刻正确的认识，农产品缺少预冷的步骤，导致农产品的保质期大幅缩短；不间断地关闭制冷设备、中转站装卸货物时操作不当导致冷链中断状况时有发生，没有保持全程制冷，从而损害了农产品质量。因此，有必要实时监测和获取农产品冷链物流中的相关数据，并能够合理地划分数据以及及时地进行分析，以采取适当的措施。

10.2.5.2 冷链环境温湿度预测系统

在冷链运输过程中，温度波动和湿度波动是导致食品质量下降的主要原因，必须对冷链温湿度监测设备的测量性能和产品质量进行准确评估和量化。而冷链环境变化是复杂的非线性动态变化过程，如果出现制冷中断，重新实施制冷之后，冷链运输环境变化会存在一定的滞后性，因此需要对冷链运输环境变化进行提前预测[31]。掌握冷链环境变化规律，能有效对冷链运输环境进行管理。可通过监测数据分析冷藏环境的状态，掌握冷藏车厢内环境的变化趋势，进行及时警报提醒，以降低发生事故的概率。目前关于这方面的研究还有很大的空缺。

10.2.6 隔热材料与技术

保温隔热在果蔬冷链物流过程中不可或缺，其可以降低制冷能耗、保持果蔬物流微环境温度的稳定。目前运用于果蔬冷链物流外包装和冷藏运输车的保温材料主要是聚苯乙烯、聚氨酯等材料。聚氨酯泡沫是目前应用最广泛的保温材料之一。它具有优良的隔热性能，轻便且易于成型，常被用作冷藏车车厢、冷库墙体和保温箱的填充材料。真空绝热板通过将绝热材料置于真空环境中，大幅减少了热传导和热辐射，具有极高的隔热效果。它常用于需要高度保温的场合，如高端冷链运输设备。反射隔热材料通过反射热辐射来减少热量传入冷链系统，常用于冷藏车顶棚和冷库外墙，以防止太阳辐射导致的温度升高。另外还有空气幕技术，在冷藏车厢门口安装空气幕装置，可以在门开关时形成一道隔热屏障，减少冷气外泄和热空气进入，进一步提升隔热效果。

10.3　物流过程品质监测技术

在长距离的冷链运输过程中温度变化很大，而且冷藏车不同部位温度亦存在差异，势必影响生鲜果蔬的感官品质、理化成分和微生物指标。目前，温湿度传感器已被广泛应用于监测生鲜果蔬物流过程中的温湿度，基于相关模型可以推断部分果蔬的潜在货架期。为了掌握物流过程中生鲜果蔬品质的动态变化，开发实时监测技术是果蔬物流保鲜研究的重要内容。

10.3.1　挥发性代谢产物的分析

物流过程很难通过取样进行离线分析，开发气体传感器监测生鲜果蔬代谢导致的气体含量变化是掌握果蔬品质的重要手段。生鲜果蔬的代谢会消耗 O_2，产生 CO_2，利用近红外二氧化碳传感器可以实时了解果蔬的代谢情况。生物传感技术在食品运输中的应用刚刚起步，且有局限性，只有与之接触的水果被微生物感染时才能触发警报，探针取样存在障碍；更可行的方法是检测腐败微生物的气体代谢产物[32]。

乙烯是一种植物激素，可从高等植物的幼苗、叶子、花朵、果实和根的成熟细胞中释放出来。众所周知，它可以刺激植物的重要生长和发育过程，例如种子萌发、果实成熟、衰老、叶片脱落、受精、防御病原体和对外部因素的反应等。其中，乙烯作为果实成熟剂的作用最为重要，尤其是在呼吸跃变型果实中。即使在空气中浓度为百万分之几十甚至十亿分之几的情况下，它也可以刺激成熟过程。然而，每种商品对乙烯的反应并不相同[33]。

一方面，它被用作人工催熟剂，以加速猕猴桃、香蕉和鳄梨等呼吸跃变型水果的自然成熟过程。另一方面，由于快速成熟过程，不受控制地暴露于乙烯会大幅缩短果蔬收获后的寿命，导致果蔬过度成熟、衰老和最终变质。

此外，乙烯是水果商品可贮存性和可运输性的重要指标。乙烯的浓度，如果精确测量，可清楚地表明果实成熟的阶段，并且可以预测剩余的保质期。因此，乙烯的精确定量不仅可提供有关产品新鲜度的知识，而且还有助于管理贮存和运输环境，这实际上对于减少商品损失非常重要。

因此，在园艺行业，对紧凑、廉价和耐用的乙烯检测系统有着强烈的需求，且要求该系统能够在容器的恶劣环境中监测十亿分之几的浓度。为此，研究者提出了各种传感器技术，并在存储系统中检查了它们的操作。主要有三类检测方法在水果供应链中表现出良好的商业应用能力：电化学传感、气相色谱和光学检测。一些测量原理（小型气相色谱法、非色散红外光谱法和电化学测量）已被用于开发独立的移动设备[34]。

10.3.2 果蔬品质的无损检测

近几十年来，由于水果和蔬菜具有丰富的营养成分，如维生素、矿物质、纤维素和抗氧化剂等，因此它们的消费量大幅增加。此外，由于其易于食用的特点，鲜切果蔬的消费也出现了显著增长。果蔬的质量是由外观质量和内在质量决定的[35]。外观质量包括果蔬的颜色、大小和形状等视觉特征。其内在品质由可溶性固形物含量（SSC）、总酸（TA）、维生素C含量等有机物决定，内在品质直接决定果蔬的口感和营养价值。如何利用相同的方法快速检测不同种类果蔬的品质，一直是食品工业研究的热点之一。

10.3.2.1 近红外光谱无损快速检测技术

近红外光谱（near-infrared spectroscopy，NIR）通常指波长在780～2500nm之间的电磁波段。这个波段的光子能量较低，无法引起分子的电子跃迁，但足以引起分子中C—H、N—H、O—H等键的振动和转动。当近红外光照射到样品上时，样品中的化学键（如O—H、C—H、N—H等）会吸收特定波长的光能，从而引发分子振动。不同的分子基团会对应不同的吸收峰，这些吸收峰的强度和位置与样品的化学组成和结构密切相关。样品吸收近红外光后，会产生一个反射或透射的光谱信号。这个信号通常以吸收率或反射率的形式表示，横轴为波长（或波数），纵轴为吸收强度。通过分析这些光谱信号，可以提取出与样品化学组成相关的信息。利用化学计量学方法（如偏最小二乘回归，PLS），可以建立光谱信号与样品化学成分浓度之间的数学模型，从而实现对样品成分的定量分析。例如，通过建立近红外光谱与糖分、酸度、水分等参数之间的模型，可以实现对果蔬内部品质的无损检测。

近红外光谱法首先用于农业中测量谷物中的水分。园艺业的早期应用主要集中在洋葱的干物质含量、苹果的可溶性固形物含量和蘑菇的含水量[36]。由于近红外辐射在水果和蔬菜组织中的传播受其微观结构的影响，因此很快发现近红外光谱法也可用于测量与微观结构相关的属性，例如刚度、内部损伤，甚至感官属性。

10.3.2.2 声学快速检测技术

声学技术是以声学振动法为主要方法，以固定的速度对研究对象施加外部激励，由于研究对象的差异，产生的声学和振动响应信号也会有所不同，通过音频采集器采集信号后，可以通过控制系统获得果蔬质量与声学和振动信号之间的关系。基于声学特性的无损检测技术具有灵活性、便利性、成本低、适应性强等优点，具有很大的发展空间。声学检测系统的缺点是不易安装和调试，容易受到环境噪声的干扰，影响果蔬的自由振动。声学技术在果蔬无损检测中的应用主要基于果蔬对声波的响应特性，借助声波可以评估果蔬的内部品质和结构状态，如硬度、密度和内部缺陷等。

10.3.2.3 电子鼻检测技术

电子鼻（electronic nose，E-nose）技术在果蔬无损检测中的应用主要涉及气味和挥发性有机化合物的检测。果蔬在生长、成熟、贮存和腐败过程中会释放出不同的挥发性化合物，这些化合物的种类和浓度可以反映果蔬的品质、成熟度和新鲜度。电子鼻通过模拟人类嗅觉系统的工作原理，能够快速、无损地检测果蔬的气味特征，从而评估其品质。

（1）成熟度检测　不同成熟阶段的果蔬会释放出不同种类和浓度的挥发性有机化合物。电子鼻可以通过检测这些气味特征成分来判断果蔬的成熟度，帮助确定最佳采摘和销售时间。例如，香蕉、苹果和番茄在成熟过程中会释放出乙烯和其他挥发性化合物，电子鼻可以识别这些化合物的变化模式，从而无损评估果蔬的成熟状态[37]。

（2）新鲜度监控　在贮存和运输过程中，果蔬的新鲜度是一个重要的质量指标。电子鼻能够检测果蔬在新鲜状态下与腐败状态下所释放气体的差异，进而判断其是否开始腐败。对于草莓、葡萄等容易腐烂的果蔬，电子鼻可以通过识别特定的腐败气味标志物（如酒精、醋酸等）来监控其新鲜度[38]。

（3）品种鉴定和品质分类　不同品种的果蔬由于基因和种植条件的差异，会释放出特定的挥发性物质组合。电子鼻可以用于果蔬品种的快速鉴定和分类，帮助生产者和消费者识别不同品种产品。

（4）病害检测　果蔬在遭受病害或虫害侵袭时，会释放出特定的挥发性化合物。电子鼻能够检测这些病害气味标志物，早期发现果蔬的健康问题。例如，柑橘类果实受到青霉菌感染时，会释放出某些特定气味，电子鼻可以提前检测并预防大面积病害传播。

本章思考题

1. 选取一种冷链技术叙述其对果蔬贮藏期间品质的影响。
2. 我国目前冷链物流发展面临哪些问题？
3. 目前果蔬品质的无损检测技术主要有哪些？

参考文献

[1]　方桂芬，陈娟，张慧．河南省果蔬冷链物流研究［J］．经济研究导刊，2012（04）：222-223.

[2]　何霞，陈健勇．冷链物流的节能降耗问题研究［J］．食品工业，2016，37（11）：243-248.

[3]　Evans Judith，邵月月，范薇，等．冷链技术简介——第Ⅰ部分冷藏库和冷冻库［J］．制冷技术，2021，41（04）：88-93.

[4]　王勇，曹合荣，赵一霁，等．我国果蔬冷链物流发展现状问题及对策浅析［J］．南方农业，2023，17（01）：198-202.

[5]　彭雪．互联网环境下我国农村果蔬冷链物流发展模式研究［J］．中国储运，2023（08）：195-196.

[6]　Yan B，Fan J，Cai C，et al. Supply chain coordination of fresh agri-productsbased on value loss［J］. Operations Management Research，2020，13：185-196.

[7]　张珺．冷链物流中基于 RFID 公共平台的 E-Pedigree 系统设计与实现［J］．物流技术（装备版），2013（12）：96-99.

[8]　李莉．我国第三方冷链物流体系纵向联盟研究——以果蔬流通为例［J］．改革与战略，2017，33（09）：135-138.

[9]　Bayram B，Ozkan G，Kostka T，et al. Valorization and application of fruit and vegetable wastes and by-products for food packaging materials［J］. Molecules，2021，26（13）：4031.

[10]　Kadzińska J，Janowicz M，Kalisz S，et al. An overview of fruit and vegetable edible packaging materials［J］. Packaging Technology and Science，2019（10）：483-495.

[11]　刘峰娟．采后保鲜处理和振动胁迫对杏子生理及品质影响的研究［D］．石河子：石河子大学，2011.

[12]　王军，卢立新，李春飞，等．果品减振包装设计［J］．江南大学学报（自然科学版），2007（04）：451-454.

[13]　王虹，王文明，胡兵林，等．纸蜂窝材料的有效缓冲及其预压缩试验［J］．包装工程，2012，33（01）：20-23.

[14]　郭金玲．探讨瓦楞纸板的破坏模式和破损机理［J］．印刷技术，2012（02）：28-29.

[15] Zhu G, Wenping D, Ji X. Research on the reduction design of fragile product cushion packaging under the green development concept [J]. IOP Conference Series: Earth and Environmental Science, 2021, 657: 012057.

[16] Yu L, Liu X, Yu X. New technology of greening waste to make buffer packaging materials [J]. IOP Conference Series: Earth and Environmental Science, 2021, 781: 032006.

[17] 袁兴铃．蓄冷剂和精准温控箱在蓝莓、枸杞、葡萄配送物流中的应用 [D]. 沈阳：辽宁大学，2021.

[18] 仇豆豆，翟鑫钰，阮春晨，等．相变蓄冷材料研究进展 [J]. 新能源科技，2024，5 (03)：1-14.

[19] Li M, Xie B, Li Y, et al. Emerging phase change cold storage technology for fresh products cold chain logistics [J]. Journal of Energy Storage, 2024, 88: 111531.

[20] 赵晓晓，夏铭，管维良，等．蓄冷技术在生鲜果蔬贮藏和运输中的研究与应用 [J]. 保鲜与加工，2020，20 (01)：217-225.

[21] 吴泽玲，龙惟定．相变储热微胶囊技术在建筑节能中的应用 [J]. 建筑热能通风空调，2006 (06)：20-23.

[22] 高庆超，常应九，王树林．冰温贮藏技术在食品保藏中的应用 [J]. 包装与食品机械，2018，36 (6)：59-63.

[23] 杨曼倩．麻竹笋冰温保鲜技术研究 [D]. 重庆：西南大学，2017.

[24] 孙晶，康怀彬．食品冰温贮藏技术的研究进展 [J]. 农产品加工（下半月），2019 (11)：82-86.

[25] 付坦．冬枣冰温保鲜技术的研究 [D]. 天津：天津商业大学，2013.

[26] 赵迎丽，张微，杨志国，等．冰温贮藏对玉露香梨果心褐变的影响及代谢组学分析 [J]. 果树学报，2024，41 (08)：1665-1677.

[27] 胡慧慧．新疆若羌冬枣冰温贮藏过程中后熟与衰老生理生化的研究 [D]. 乌鲁木齐：新疆农业大学，2020.

[28] 付应霞，杨丽莎．乡村振兴战略下生鲜农产品冷链物流发展问题及对策研究 [J]. 物流科技，2024，47 (03)：141-142.

[29] 杨柳，雷金涛，兰梦，等．基于大数据的农产品冷链物流管理系统 [J]. 现代商业，2023 (04)：38-41.

[30] 左康达．基于大数据的农产品冷链物流管理系统 [D]. 南京：南京邮电大学，2021.

[31] 孙国庆．冷链运输环境温湿度预测方法及系统研究 [D]. 北京：中国农业机械化科学研究院，2022.

[32] 郜海燕，杨海龙，陈杭君，等．生鲜果蔬物流及包装技术研究与展望 [J]. 食品与生物技术学报，2020，39 (08)：1-9.

[33] 江川霞，杨宗美，陈佳志．乙烯脱除技术在果蔬保鲜中的研究进展 [J]. 广东化工，2021，48 (14)：93-95.

[34] Kaur K, Singh R, Kaur G. A comparative study of ethylene detection methods in fruit supply chains: a review [J]. Food Analytical Methods, 2024, 17: 14-32.

[35] 李志成，郑晓冬，闫新焕，等．果蔬品质无损检测技术研究进展 [J]. 中国果菜，2021，41 (03)：34-40.

[36] 李顺峰．苹果霉心病果肉生理及其近红外无损检测研究 [D]. 杨凌：西北农林科技大学，2012:

[37] Sun P, Han H, Xia X, et al. Towards an E-nose: Metal-organic frameworks based quartz crystal microbalance array for fruit ripeness indexing [J]. Talanta, 2023, 269: 125484.

[38] Xing M, Sun K, Liu Q, et al. Development of novel electronic nose applied for strawberry freshness detection during storage [J]. International Journal of Food Engineering, 2018, 14 (7-8): 20180111.